W0465911

Ma. Fi.

Marinefibel

von

Eberhard von Mantey
Vizeadmiral a. D., Dr. phil. eh.

Mit 45 zum Teil bunten Tafeln.

MELCHIOR
Historischer Verlag

Das seltene Werk

Marinefibel

von

Eberhard von Mantey

erscheint im Rahmen ausgewählter Literatur
als exklusive Reprint-Ausgabe in der
Historischen Bibliothek des Melchior Verlages.

Die Historische Bibliothek enthält wichtige
sowie interessante Bücher zur Geschichte
und lässt anhand dieser eindrucksvollen Zeitzeugen
bedeutende Ereignisse, Begebenheiten und Personen
aus längst vergangener Zeit wieder lebendig
erscheinen.

Nachdruck der Originalausgabe von 1939
nach einem Exemplar aus Privatbesitz.

M

Reprint
© Melchior Verlag
Wolfenbüttel
2016
ISBN: 978-3-945853-22-1

www.melchior-verlag.de

Inhaltsverzeichnis.

Einleitung.

Jeder Deutsche, der Sinn für die Wehrhaftigkeit unseres Volkes, für Ertüchtigung und Disziplin unserer Jugend besitzt, wird über das Leben und Treiben eines Landsoldaten einigermaßen Bescheid wissen, auch wenn er die Einzelheiten des Dienstes, die Schwere des militärischen Berufs nicht aus eigener Erfahrung kennt und die Hingabe, die Entsagung, die Pflichterfüllung des Soldaten als etwas ganz Selbstverständliches ansieht. Der Soldat steckt uns nun einmal von unsern Vorfahren her im Blut.

Etwas anderes ist es mit der Kenntnis von der Seefahrt sowohl von der Kriegs- als auch der Handelsmarine. Zwar waren die alten Germanen schon auf See heimisch, und im Deutschen liegt ein Sehnen nach der Ferne, nach See und Übersee, aber trotzdem besitzen von den Binnenländern nur äußerst wenige die einfachsten Begriffe dieses wichtigen militärischen Berufs, der selbst auf der Handelsmarine durchaus militärisch geregelt ist.

Es genügt nicht, wenn ein junger Mensch die kleidsame Matrosentracht trägt, wenn er etwas rudern oder auf einem Binnengewässer bei schönem Wetter segeln kann, wenn er weiß, was Backbord und Steuerbord ist. Der zur Zeit erfreulicherweise viel betriebene Seesport gibt neben körperlichen Übungen nur einfachste Seemannschaft, Bootsdienst, Steuermannskunde und Signaldienst in den Grenzen, die man als Klein- und Vorschule für den Seemann bezeichnen kann. Neben sehr bedeutenden praktischen Kenntnissen gehört zum Seefahren aber ein gewisses Vertrautsein mit den allgemeinen Lebensbedingungen, mit dem Dasein auf dem Wasser. Die Grundbegriffe hierfür ganz kurz zu geben, ist neben einigen praktischen Fingerzeigen der Zweck dieser Fibel. Sie beschränkt sich daher nicht auf das rein Seesportliche für einen bestimmten engen Kreis junger Seesportler und angehender Matrosen, sondern sie will auch der Allgemeinheit dienen. Es sind daher alle wichtigen Gebiete der Seefahrt in einfacher, volkstümlicher Darstellung gegeben. Die Seesportler sollen ihre Kenntnisse durch Stichworte und Hinweise an Hand der zahlreichen Bilder und Zeichnungen wiederholen und bereichern, und jedem seemännischen Laien soll ein Begriff von See und Seedienst, von Küste und Küstenkunde, von der Art, wie der Berufsseemann an Bord lebt und sein Schiff führt, gegeben werden. Vielleicht findet sogar der Berufsseemann in dieser kleinen Fibel auch einige Anregungen.

Wer zur Erholung aus dem Binnenlande ans Salzwasser geht, wird von der Fülle neuer Eindrücke und Begriffe erdrückt. Er wird zahlreiche Fragen haben, wird über Dinge, Einrichtungen und Ausdrücke staunen, die jedem Kinde an der Wasserkante völlig geläufig, ja selbstverständlich sind. Hier besonders soll die Fibel ein kleiner praktischer Ratgeber für jedermann sein. Da das Wort in praktischen Dingen viel weniger sagt als das Bild, ist die Fibel ganz besonders reich mit Bildmaterial aus der seemännischen Praxis ausgestattet worden.

Es muß besonders betont werden, daß in den rein praktischen Dingen der Seefahrt weder eine Fibel noch die dicksten und gelehrtesten Lehrbücher die Praxis ersetzen können. So ist auch diese Fibel nur eine einfache Brücke in ein unbekanntes, aber wunderschönes Gebiet. In ein Gebiet, das Menschen und Völker in hervorragender Weise erzieht und ertüchtigt.

Das Meer ist ein unbarmherziges Element, es duldet keine Schwächlinge, keine Stümper, keine Phantasten, sondern läßt sich nur meistern von dem wirklichen Könner, von dem starken Menschen, und einen solchen braucht unser Vaterland.

Wer zum ersten Male in seinem Leben das Meer erblickt, der fühlt, wenn er zu seinen Füßen jene stahlgraue, blinkende Fläche überschaut und den Blick bis dorthin schweifen läßt, wo Himmel und Meer sich scheinbar berühren, daß es über die Horizontlinie, die Kimm, hinaus weiter in die Ferne geht, daß vor ihm sich ein Weg öffnet, der hinausführt aus der engen Heimat in die Weiten der Welt. — *Das Meer ist der größte und wichtigste Weg unserer Erde*, ihn zu beschreiten bedeutet Reichtum und Glück.

Der Nordgermane ist für die Seefahrt ganz besonders geeignet. Noch heute sind die germanischen Stämme, die an der Nord- und Ostsee beheimatet sind, die besten Seeleute der Welt.

Die ältesten ausgegrabenen germanischen Schiffe, die Boote der Wikinger und Nordmänner, zeigen im Gegensatz zu den Schiffen der

Hansakogge.

Wikingerschiff.

Phönizier und Griechen eine ganz außergewöhnliche Seefähigkeit, die es gestattete, auch frei von jedem Landschutz, sich in die stürmischen Nordmeere, ja sogar bis in die Weiten des Ozeans hinauszuwagen. Das Wikinger-Boot, fest und schlank aus Eichenholz gebaut, wurde gerudert und gesegelt und widerstand den Stürmen der Nordsee. Die späteren Seefahrzeuge, die zur Zeit der Kreuzzüge verwendet wurden, die zwar noch schwerfällig, dafür aber wesentlich seefähiger wie die Mittelmeerschiffe waren, die Koggen von der Form einer halben Walnußschale sind rein nordischen Ursprungs. Die Hansakogge, die Kriegs- und Handelsschiffe der Niederländer und Dänen zeigen deutlich, wie besonders der Niedersachse und Friese in der Seefahrt die romanischen Völker des Mittelmeers, sowie die Portugiesen und Spanier auf See überholte. In der neuesten Zeit hat Deutschland sowohl im Handelsschiffbau als auch im Kriegsschiffbau in bezug auf Güte, Seefähigkeit, Schnelligkeit und Sicherheit alle anderen Nationen geschlagen. Unsere großen Schnelldampfer, aber auch die größten Segelschiffe sowie die Kriegsschiffe, die beim Skagerrak kämpften, erregten den Neid und die Bewunderung selbst der Engländer, die seit Jahrhunderten glauben, die Herren des Meeres zu sein. Die Tüchtigkeit und Leistungen unserer Seeleute, wie sie in hervorragender Weise der ungeheuer schwere Dienst auf U-Booten im Kriege gezeigt hat, macht uns kein Volk der Welt nach.

Wer auf deutschen Schiffen fährt, und jeder Deutsche sollte bei Seereisen grundsätzlich nur deutsche Schiffe bevorzugen, kann überzeugt sein, daß er in bester und sicherster Obhut auf See sich befindet.

Ein Volk, das auf dieser Erde mitreden will, muß teilhaben an der See. Wir sehen daher, daß alle Völker, die vorwärts streben, den Versuch machen, eine geeignete Küste, falls sie eine solche nicht besitzen, zu erlangen, dort große Häfen anzulegen und eine Handels- und Kriegsflotte zu bauen.

Zunächst ist es wichtig, ehe wir den Blick auf die See wenden, sich zuerst einmal über die deutsche Küste klarzuwerden.

Die deutsche Küste.

Die deutsche Küste ist außerordentlich langgestreckt und reicht von der Ems bis nach dem Eingang des Kurischen Haffs bei Memel. Durch die Halbinsel Jütland, die in ihrem größeren, nördlichen Teil

Die deutsche Küste.

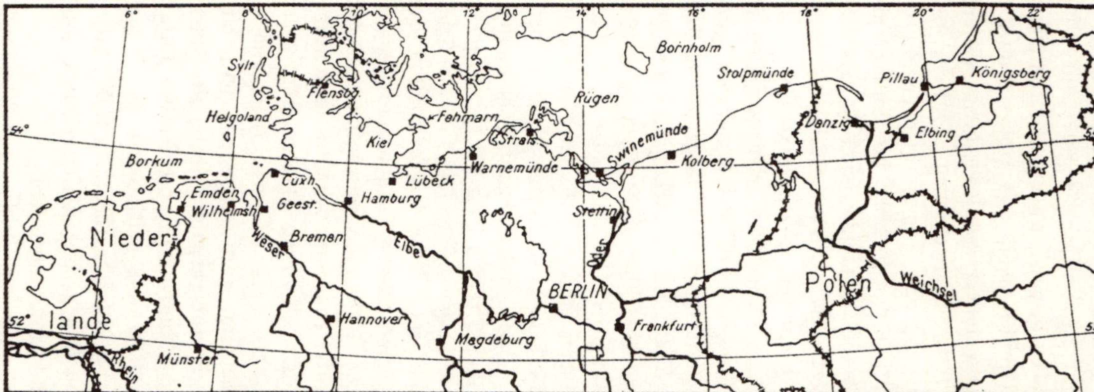

Nordsee = Inseln von West nach Ost: Borkum, Juist, Norderney, Baltrum, Langeoog, Spiekeroog, Wangeroog. — An der Küste von Schleswig=Holstein: Nordstrand, Pellworm, Amrum, Föhr, Sylt, Röm. Feuerschiffe zum Ansteuern der Nordseehäfen Borkum, Norderney, Weser, Außen=Jade, Elbe I und Eider Feuerschiff. — In der Ostsee als Feuerschiff weit in See bemerkenswert Adlergrund zwischen Rügen und Bornholm. Die ganze deutsche Küste ist so vorzüglich befeuert, daß alle Feuerkreise ineinander übergehen, so daß man fast stets zwei Feuer gleichzeitig in Sicht hat.

im Besitz der Dänen ist, wird unsere Küste in zwei Teile geteilt, die aber durch den Kaiser-Wilhelm-Kanal, der von Brunsbüttel nach Kiel geht, für die Schiffahrt eng verbunden sind.

Die Küste der Nordsee ist völlig anders gestaltet wie die der Ostsee. Eine große Anzahl flacher, meist aus großen Dünen bestehender Inseln ist der Küste vorgelagert. Zwischen diesen Inseln und dem Festlande sind zwar breite Wasserflächen, Watten, die aber von Schiffen gar nicht und selbst von Fischerfahrzeugen kaum befahrbar sind. Diese flache Sandküste von Borkum bis Sylt ist schwierig anzusteuern und daher verhältnismäßig leicht zu verteidigen. Zwei unserer größten Ströme münden in der deutschen Ecke der Nordsee, und zwar die Elbe mit unserm größten Hafen Hamburg und die Weser mit Bremen. Der an der Ems gelegene Hafen von Emden, der bereits unter dem Großen Kurfürsten brandenburgischer Kriegshafen war, spielt als Handelshafen im Gegensatz zu Hamburg und Bremen eine geringere Rolle. Dagegen ist der Kriegshafen von Wilhelmshaven von außerordentlicher Bedeutung. Das große Dreieck, dessen Spitze die Mündung der Elbe und dessen Seiten die friesischen und schleswig-holsteinischen Inseln sind, wird von deutschen Seeleuten als „das nasse Dreieck“ bezeichnet, weil dort namentlich zur Winterszeit Wind, Wetter und Seegang recht unangenehm sind. In der Mitte dieses nassen Dreiecks liegt die kleine, aber hohe Insel Helgoland, die bis 1814 den Dänen, bis 1890 den Engländern gehörte, dann durch Tausch gegen Teile unserer afrikanischen Besitzung in deutsche Hände überging. Wäre Helgoland in englischem Besitz geblieben, so wäre jeder Flottenbau unmöglich geworden. Bremen und Hamburg hätten unter englischen Kanonen und unter dauernder Aufsicht gelegen, und jeder Aufstieg unseres Schiffsverkehrs hätte jederzeit sofort unterbunden werden können. Helgoland war vor und im Kriege sehr stark befestigt und sicherte einerseits die Flußmündungen und Hafenstädte, andererseits bildete die Insel mit ihren schweren Kanonen einen Rückhalt für die Nordseeflotte. Durch den Vertrag von Versailles sind die Befestigungen von Helgoland völlig zerstört und leider ist auch in barbarischer Weise der mit ungeheuren Mühen und Kosten von uns gebaute Fischereihafen von Helgoland ebenfalls der Vernichtung anheimgefallen.

Ein besonders charakteristisches Zeichen der Nordsee zum Unterschiede in der Ostsee ist, daß in der Nordsee sich Ebbe und

Helgoland.

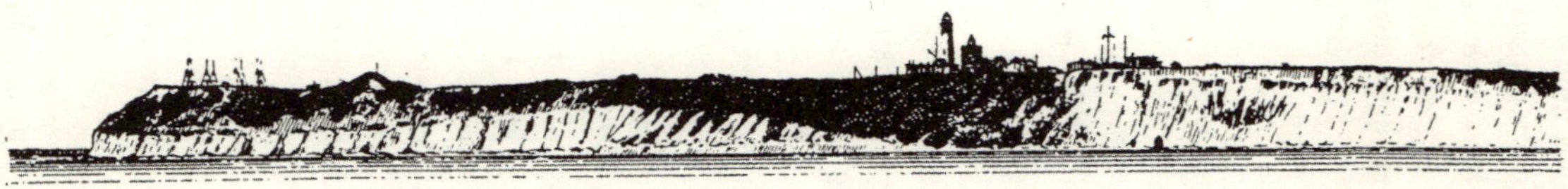

Arkona — Nordspitze der Insel Rügen.

Flut sehr stark bemerkbar machen. In Abständen von ungefähr sechs Stunden wechselt hohes und niedriges Wasser, so daß etwa zweimal am Tage Hochwasser, zweimal Niedrigwasser ist. Der Höhenunterschied zwischen hohem und niedrigem Wasser beträgt an unserer Nordseeküste im Durchschnitt etwa 3 m, doch kann er bei Sturm sich ganz wesentlich erhöhen oder auch vermindern, je nachdem, aus welcher Windrichtung der Sturm weht. Weststurm treibt das Wasser in das nasse Dreieck hinein, Oststürme dagegen hinaus. Der Wasserstand wird an einem Pegel (entweder eine Meßstange oder ein Schwimmer verbunden mit Zeigerwerk) abgelesen. Der Wechsel von Hoch- und Niedrigwasser erzeugt an der Nordseeküste einen starken Strom, der sechs Stunden auf das Nasse Dreieck zu, und sechs Stunden von dem Nassen Dreieck wegläuft. Den Stromwechsel bezeichnet man mit dem Ausdruck, der Strom kentert. Die kurze Zeit während dieses Wechsels ist Stromstille oder Stillwasser. Man kann die Stromstille leicht daran erkennen, daß Schiffe und Boote, die vor Anker liegen, anfangen, sich auf den neuen Strom, ähnlich wie eine Wetterfahne auf den Wind, einzustellen. Jeder, der an der Küste irgendwie dienstlich zu arbeiten hat, muß über den jeweiligen Strom genau Bescheid wissen. Es ist daher Erfordernis, daß man sich bei einer seemännischen Tätigkeit an der Küste von Berufsseeleuten, namentlich Lotsen und Seefischern, über den Strom Bescheid sagen läßt. Für jeden Ort sind Ebbe und Flut sowie die Stromverhältnisse in Tabellen, die jährlich erscheinen, genau angegeben. Der Strom wirkt sich auch an jedem Ort der Nordseeküste verschieden aus und tritt auch zu verschiedenen Zeiten ein. Liegt ein Schiff im Strom vor Anker, so schwoit es auf den Strom, das heißt, es dreht an der Ankerkette um den Anker bei jedesmaligem Stromwechsel so, daß es stets mit dem Bug (dem Vorschiff) gegen den Strom liegt. In Gegenden ohne Strom legt sich das Schiff „auf den Wind“, das heißt mit dem Bug „in den Wind“. — Der Strom wirkt auf ein Schiff stärker als der Wind. Die Ursache von Ebbe und Flut und damit des Stromes hängt mit der Anziehungskraft und Stellung des Mondes zusammen.

Anders wie die Nordseeküste ist unsere Ostseeküste gestaltet. Von vorgelagerten Inseln kann eigentlich nicht gesprochen werden, wenngleich wir in den Inseln Fehrmarn und Rügen auch in der Ostsee Inseln besitzen, doch sind diese nicht als Watteninseln zu bezeichnen. Die Ostseeküste ist bei uns fast durchweg flache Sandküste, nur bei Rügen haben wir hohes Land mit Kreideabhängen. Die Pommersche Küste ist meist dünenartig, doch kann man verhältnismäßig dicht und auf gute Sichtweite an der Küste entlang fahren. Die Mecklenburgische Küste zeigt schon den Übergang zu der buchtenreichen, schön bewaldeten Holsteinschen Küste. Ebbe und Flut machen sich nicht bemerkbar. Infolgedessen ist die Ostseeküste wesentlich leichter zu befahren wie die Nordseeküste; dies muß für den Kriegsfall, weil sie auch für den Feind nur geringe Schwierigkeiten macht, besonders berücksichtigt werden. In der Nordsee genügt als erste schnelle Verteidigung, alle Seezeichen wegzunehmen und die Leuchtfeuer zu löschen. Dann hat der Gegner bereits viele Schwierigkeiten, so daß man etwas Zeit zur Abwehr findet. Die Ostseeküste läßt sich fast überall, auch ohne Seezeichen, bei einigermaßen sichtigem Wetter sehr gut ansteuern, weil viele Landmarken, Kirchen, Mühlen, Bäume, Häuser den Weg weisen. Selbstverständlich haben die Einfahrten zu den zahlreichen Häfen der Ostsee auch eine genaue Bezeichnung, deren Anordnung genau wie in der Nordsee ist, das heißt einfahrend an Steuerbord rote Spierentonnen und an Backbord schwarze spitze Tonnen. Die Zahl der Feuerschiffe ist wesentlich geringer. Bemerkenswert sind vor Kiel auf einer Untiefe das Stollergrund- und das Gabelsflach-Feuerschiff und außerhalb Rügens das Adlergrund-Feuerschiff.

Die für die Küstenfahrt erforderlichen Land- und Seezeichen werden in dem nächsten Abschnitt behandelt.

Leuchttürme, Feuerschiffe, Seezeichen.

Um eine schwierige Küste ansteuern und befahren zu können, sind zahlreiche Leuchttürme, Feuerschiffe und Seezeichen auf den Hauptfahrstraßen vorhanden. Jeder Leuchtturm ist äußerlich durch die Bauart, Form und Farbe, aber auch durch die Höhe und durch die Art des Feuers (Lichtes), das er zeigt, von andern Leuchttürmen verschieden. Die Feuerschiffe sind rot angestrichene, sehr fest verankerte Fahrzeuge, welche an ihrem Mast ähnlich wie Leuchttürme ein besonders starkes Licht zeigen. Auch hier ist Farbe und Art des Lichtes auf jedem Feuerschiff verschieden. Außer den wegweisenden Lichtern haben alle Feuerschiffe besondere Schall-Nebelsignale und neuerdings auch Unterwasser-Schallsignale. Die Feuerschiffe, die an unserer Nordseeküste liegen, bezeichnen den Weg von und nach unsern Haupthäfen, den ein Schiff bei der Ein- oder Ausreise wählen muß. Wenn man beispielsweise von See nach Hamburg fahren will, dann wird man entweder das am weitesten nach Westen liegende Feuerschiff von Borkum, oder wenn man von Norden kommt, die Insel Helgoland ansteuern, und von da aus ist dann das Elbefeuerschiff und damit die Elbmündung mit den flachen zu beiden Seiten liegenden Untiefen gut zu finden. Wenn man bei dem äußersten Elbefeuerschiff ist, also in die Elbe einläuft, ist bei normalem Wetter von Land meist fast nichts zu sehen. Man bleibt in tiefem Fahrwasser, wenn man dann zwischen Fahrwasserbojen hindurchfährt.

Das Vorstehende liest sich sehr leicht, ist aber in Wirklichkeit nicht ganz so einfach auszuführen. Wind und Strom versetzen ein Schiff seitlich, und bei trübem Wetter, wie es in der Nordsee vielfach ist, muß man scharf aufpassen, oft suchen, um die Seezeichen zu finden und dann nicht zu verwechseln.

Wenn man von See kommend in die Flußmündungen nach dem Hafen zu einläuft, dann muß man auf der rechten Seite, die man die Steuerbordseite nennt, die roten Spierenbojen und auf der linken Seite, das heißt der Backbordseite, die schwarzen Spitzenbojen haben. Rot und schwarz gestreifte Bojen liegen im Fahrwasser, bezeichnen dort eine Untiefe und können an beiden Seiten passiert werden. Grüne Tonnen bezeichnen den Ort, wo ein Wrack liegt. Heul-, Leucht- und Glockentonnen sind Marken zur Ansteuerung, ähnlich wie Feuerschiffe. Die Art und Form der Bojen und Tonnen und vor allen Dingen die Abzeichen, die diese an der Spitze tragen, ist so verschieden, daß man in jedem Fahrwasser sich an Hand der Seekarte, auf der diese Bojen und Tonnen mit ihren Abzeichen genau abgebildet sind, stets informieren muß. Bei unsern Einfahrten an der Küste ist es vorgeschrieben, einen Lotsen zu nehmen, weil nur diese ortskundigen Männer über alle Bojen, Seezeichen, nachts über die Lichter, über den Strom und namentlich über besondere Bestimmungen, die zu beachten sind, Bescheid wissen.

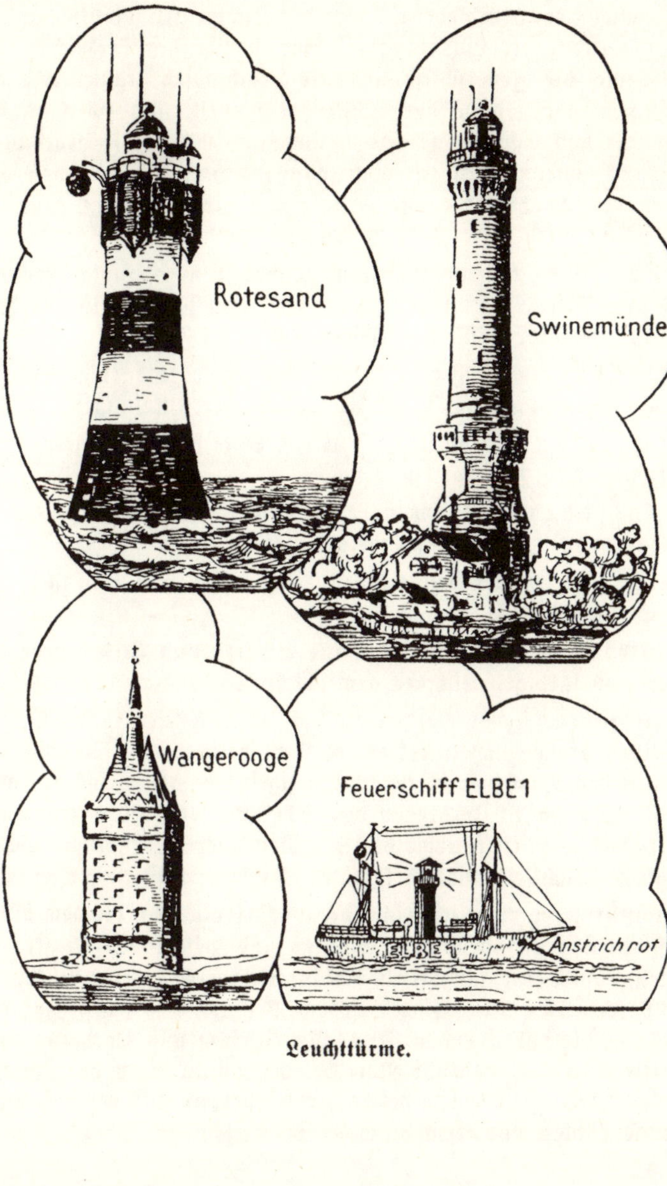

Leuchttürme.

Die Befeuerung der Küste (Lichter).

Man muß zwei verschiedene Arten der Lichter grundsätzlich unterscheiden. Erstens die Lichter oder Feuer, welche die Seezeichen, die Leuchttürme, die Feuerschiffe und die Leuchtbojen tragen und die der Allgemeinheit, d. h. der Schiffahrt dienen, und zweitens die Lichter, die von Schiffen gezeigt werden und mit der Fahrordnung und den Ausweichregeln zusammenhängen. Hier soll nur von den Lichtern der Leuchttürme und Feuerschiffe die Rede sein. Auf die Schiffslichter wird später zurückgekommen werden.

Festes Feuer nennt man ein gleichbleibendes, ruhig brennendes Feuer. Dieses kann sowohl weiß als auch farbig sein. Es darf aber nicht in der Lichtstärke wechseln.

Unterbrochene Feuer zeigen weiße oder farbige Scheine und dazwischen in gleichmäßigen Abständen Verdunkelungen.

Wechselfeuer sind solche Feuer, die die Farbe wechseln, z. B. abwechselnd weiß und rot leuchten.

Blinkfeuer zeigen weiße oder farbige Blinke, die ebenfalls beliebig zu Gruppen zusammengelegt werden können.

Blitzfeuer zeigen weiße oder farbige Blitze. Ein Blitz ist kürzer als 2 Sekunden.

Mischfeuer sind Feuer, die aus Blinken und Blitzen oder aus weißen und farbigen Lichtern gemischt sind.

Unterbrochene Feuer werden vielfach dadurch hervorgebracht, daß man einen großen Scheinwerfer langsam herumdreht. Solange das Licht auf den Beschauer zu leuchtet, erscheint es als Blink und verdunkelt sich beim Weiterdrehen des Scheinwerfers. Man sieht dann am Himmel wie Riesenarme die Strahlen über die Wolken huschen. Das große Leuchtfeuer von Helgoland ist in dieser Weise eingerichtet.

Leuchttürme, namentlich solche, die an Orten stehen, die dem Weltverkehr dienen und besonders wichtige und gefahrvolle Punkte bezeichnen, haben eine ganz große Reichweite ihres Feuers; sie können auf 30 Seemeilen oft gesehen werden. Bei uns sind das Feuer von Helgoland, die hohen Leuchttürme von Borkum und Norderney und der mitten in See stehende Rote-Sand-Leuchtturm in der Nordsee die wichtigsten. Feuerschiffe haben viel niedrigere und weniger weitreichende Lichter, nur etwa 8 bis 10 Seemeilen.

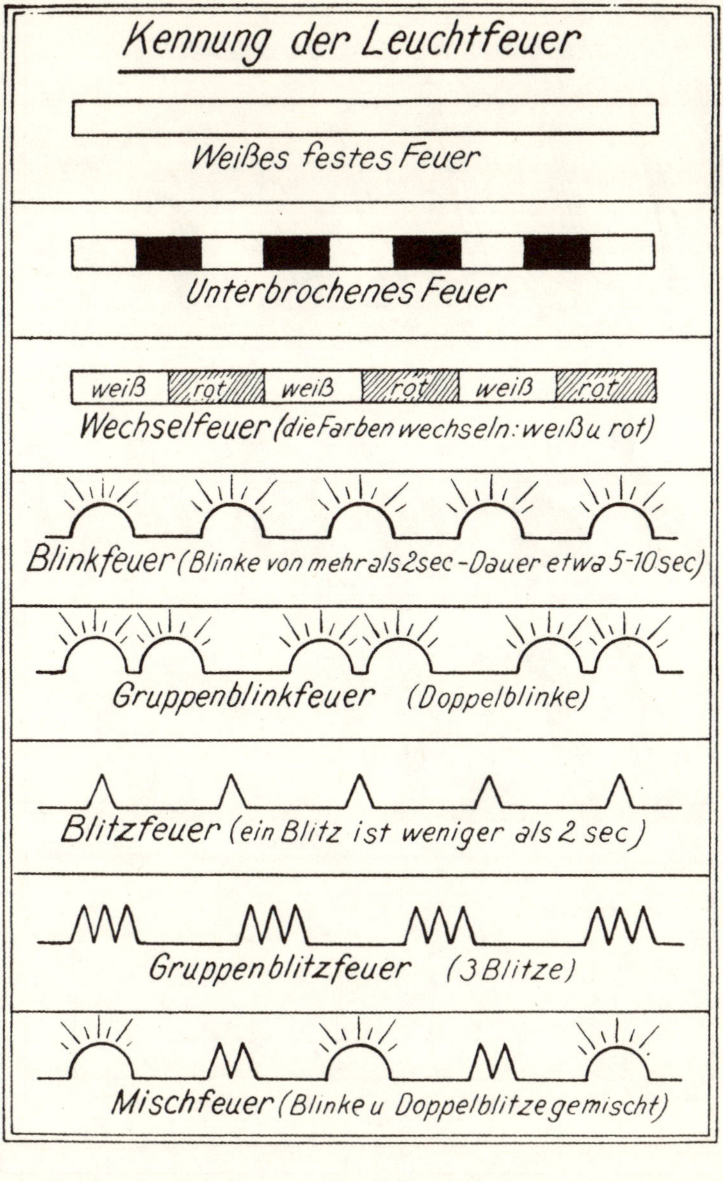
Kennung der Leuchtfeuer
Weißes festes Feuer
Unterbrochenes Feuer
weiß
rot
weiß
rot
weiß
rot
Wechselfeuer (die Farben wechseln: weiß u rot)
Blinkfeuer (Blinke von mehr als 2 sec - Dauer etwa 5-10 sec)
Gruppenblinkfeuer (Doppelblinke)
Blitzfeuer (ein Blitz ist weniger als 2 sec)
Gruppenblitzfeuer (3 Blitze)
Mischfeuer (Blinke u Doppelblitze gemischt)

Schwimmende deutsche Seezeichen
St.B. Seite: Buchstaben
Nebenfahrwasser
rot
rot
rot
rot
rot
rot
rot
An St.B. Fahrwasserseite (einkommend) rote Spieren oder Tonnen
Backb Seite: Zahlen
schwarz u. rot
Gabelung
Wiedervereini-
gung
schwarz
schwarz
Backb. vom Fahrwasser
Mitte Fahrwasser
Mittelgrundtonnen
Ansteuerung
Warnung
rot
rot
rot
rot
NAME
Bakentonnen
Leuchttonne
Heultonne
Glockentonne
mit Topzeichen
grün
WRACK
weiß
weiß
weiß
weiß
weiß
Wracktonne
auf-
nördl.-
östl.-
südl.-
westl.-
einer Untiefe

Die Seekarte.

Eine Seekarte unterscheidet sich rein äußerlich von einer Landkarte dadurch, daß das Land meist grau getönt (gerastert) ist und daß die weiße Fläche der Karte die See bedeutet. Auf dieser weißen Fläche befinden sich eine große Menge Zahlen, die die Tiefen des Wassers an der betreffenden Stelle angeben. Auf der deutschen Seekarte bedeuten diese Zahlen immer Meter, auf einer englischen Seekarte aber stets Faden. Ein Faden, ungefähr die Länge von Fingerspitze zu Fingerspitze bei ausgebreiteten Armen eines großen Mannes, beträgt 1,83 m, und umgekehrt ein Meter ist gleich 0,55 Faden. Die Unterteilung von Meter sind Dezimeter und Zentimeter, die Unterteilung von Faden sind Fuß und Zoll (ein Fuß = 0,305 m und ein Meter = 3,3 Fuß). Der Engländer hat keine Absicht, seine ihm gewohnten Längenmaße aufzugeben. Auf der Seekarte ist an vielen Stellen vermerkt, wie der Meeresgrund beschaffen ist, z. B. Sand, Stein, Schlick. Dies ist wichtig, damit ein Schiff, welches ankern oder loten will, weiß, welchen Ankergrund es hat und ob der Anker gut halten wird oder nicht. Alle Seezeichen sind in der Seekarte eingetragen, an Land die Leuchttürme, die Baken und solche Gebäude und sichtbaren Punkte, die für einen Seefahrer von Wert sein könnten, z. B. Kirchtürme, gut freistehende Windmühlen, besonders auffallende Baumgruppen, Lotsenstationen, Rettungsstationen u. ä. Selbstverständlich sind niemals auf einer Seekarte Befestigungen und Angaben über Küstenverteidigung enthalten. Diese Dinge müssen im Interesse der Landesverteidigung geheimgehalten werden. Wer etwas davon weiß, hat grundsätzlich darüber zu schweigen, das ist Pflicht. Neben jedem Leuchtturm ist vermerkt die Höhe des Turmes und die Art seines Feuers. Vielfach ist auch um den betreffenden Leuchtturm als Mittelpunkt auf der Karte ein Kreis gezogen, der bedeutet, wie weit der Lichtschein des Leuchtturms für ein mittelgroßes Schiff von der Kommandobrücke aus zu sehen ist. Je höher man steht, desto weiter kann man das Licht sehen. Ein Ausguckposten oben im Mast wird den Leuchtturm eher sehen als der Offizier auf der Kommandobrücke, und dieser sieht den Leuchtturm eher als ein Mann auf dem niedrigen Deck. Rings um das Land ist auf den Seekarten sehr häufig eine feine Linie eingetragen. Diese bedeutet die 10-m-Linie.

Der Tiefgang der Schiffe ist sehr verschieden, aber man kann annehmen, daß außerhalb der 10-m-Grenze jedes, auch das größte Schiff fahren kann. Bojen, Feuerschiffe, auch solche Stellen, die vielleicht dadurch gefährlich sind, daß dort ein Wrack liegt, sind auf der Seekarte ebenfalls verzeichnet. Ferner ist stets auf jeder Seekarte eine Kompaßeinteilung.

Ein Maßstab wie auf Landkarten findet sich bei einer Seekarte nicht. Die Seekarte ist vielmehr durch Linien, die parallel den Rändern der Karte laufen, in ein Gradnetz eingeteilt. Die Linien, die quer über die Karte laufen, sind die Breitenkreise oder Breitengrade. Die Linien, die senkrecht hierzu laufen, und zwar von Nord nach Süden der Karte, sind die Längenkreise oder Meridiane.

Vom Äquator, der die Erde in zwei gleiche Teile teilt, bis zum Nordpol oder bis zum Südpol sind je 90 Breitenkreise vorhanden. Der Abstand von einem Breitenkreis zum andern beträgt auf der Erdoberfläche gemessen 60 Seemeilen. Eine Seemeile ist 1852 m. Will man auf einer Karte eine Entfernung messen, so braucht man nur mit dem Zirkel am rechten oder am linken Rande der Karte nachzumessen, wieviel Breitengrade oder Teile eines Breitengrades die betreffende Entfernung beträgt. Dann hat man sofort die Entfernung in Seemeilen. Da die Geschwindigkeit der Schiffe nach Seemeilen berechnet wird, so kann man dann leicht ausrechnen, in wieviel Zeit man die betreffende Strecke zurücklegen kann. Niemals darf man den oberen oder unteren Rand zur Messung benutzen, weil die Abstände der Längenkreise auf jeder geographischen Breite verschieden sind.

Die Seekarten werden zu den verschiedenen Zwecken, wozu man sie benutzt, in verschiedenen Größenmaßstäben hergestellt. Man hat Seekarten, die einen ganzen Ozean umfassen. Diese benötigt man nur, um eine große Reise ganz allgemein übersichtlich festzulegen. Sowie man glaubt, in die Nähe der Küste zu kommen, nimmt man eine andere Karte, die den betreffenden Teil der Küste darstellt, eine Küstenkarte. Läuft man auf einen Ankerplatz oder in einen Hafen, muß man die entsprechende Hafenkarte benutzen. Als Regel gilt, stets diejenige Karte zu nehmen, welche die Gegend, in der man sich befindet, am größten und deutlichsten darstellt, weil auf dieser Karte meist alle Eintragungen, die man braucht, am klarsten zu ersehen sind.

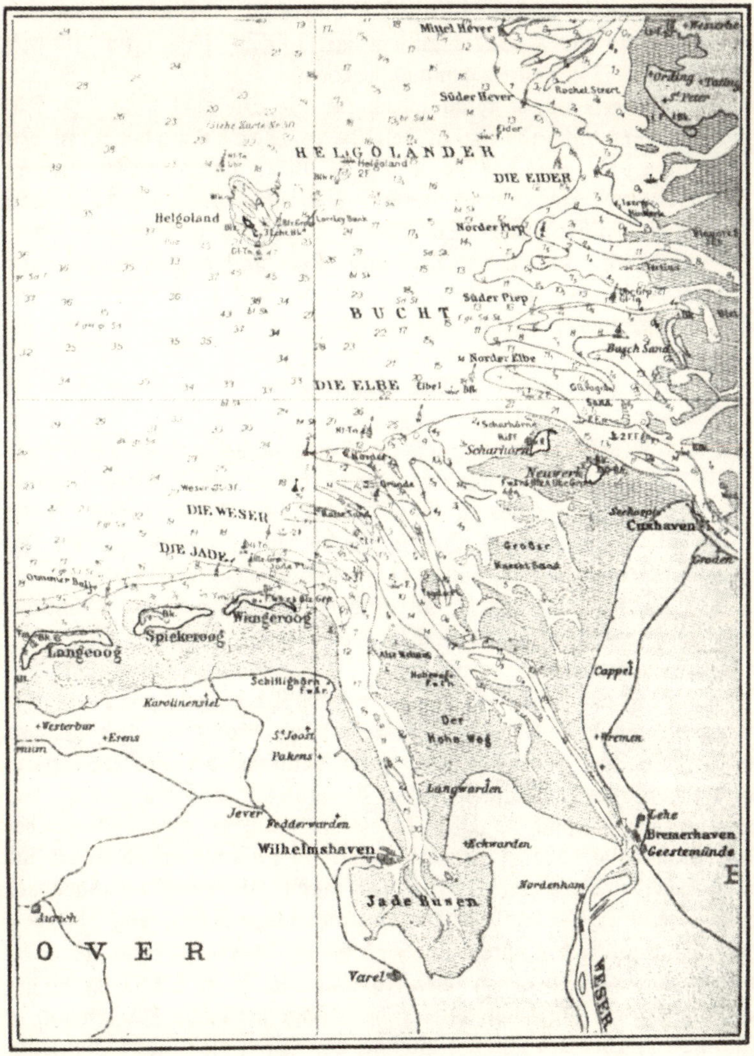

Seekarte — Deutsche Bucht.

Man trägt auf der Seekarte stets die Kurse ein, die man zu laufen beabsichtigt, und kontrolliert während der Fahrt dauernd, auf welchem Punkte der Kurslinie sich das Schiff befindet. Alle Eintragungen in die Seekarte müssen mit spitzem, schwarzem Bleistift, niemals mit Tintenstift, gemacht werden.

Die Seekarte allein reicht jedoch für die Seefahrt nicht aus. Für jeden Meeresteil gibt es ein besonderes Seehandbuch, in dem alles drin steht, was der Seemann für diesen Ort zu wissen braucht. Seekarte und Seehandbuch müssen gemeinschaftlich benutzt werden.

Für die Führung des Schiffes ist besonders wichtig eine sehr genaugehende Uhr. Diese muß stets nach dem Zeitsignal verbessert werden. — Besonders feingehende, sichere Uhren werden als Chronometer bezeichnet.

Der Kompaß.

Der Kompaß ist neben Seekarte, Seehandbuch und Uhr das wichtigste Instrument, was man für die Führung des Schiffes benötigt. Die Konstruktion eines Kompasses, der für Schiffe brauchbar ist, kann nur durch einen Sachverständigen, einen Feinmechaniker, beherrscht werden. Es ist daher hier nicht nötig, die Einzelteile, aus denen ein Kompaß besteht, anzuführen. Es sei nur das Wichtigste das man wissen muß, kurz angegeben.

Man unterscheidet zwei Sorten von Kompassen. Erstens den Magnetkompaß und zweitens den Kreiselkompaß. Der Magnetkompaß besteht seit der Erfindung des Kompasses bis zur Gegenwart. Er beruht darauf, daß ein Magnet oder mehrere miteinander verbundene Magnete, wenn sie ganz frei aufgehängt sind, das Bestreben haben, sich ungefähr in die Nordsüdlinie einzustellen. Über den Magneten, aber fest mit ihnen verbunden, befindet sich eine Scheibe, die Kompaßrose. Diese macht also alle Drehungen der Magnete mit. Es sei besonders darauf hingewiesen, daß die vielfach an Land gebrauchten Taschenkompasse nur aus einer Magnetnadel ohne Rose bestehen. Die Kompaßrose ist in Striche eingeteilt, die ganze Rose hat 32 Striche. Fängt man von Norden an, so sind von Norden bis Osten 8 Striche, von Osten bis Süden wiederum 8 Striche, von Süden bis Westen und von Westen weiter bis nach Norden auch je 8 Striche. Diese Striche sind in halbe, viertel und

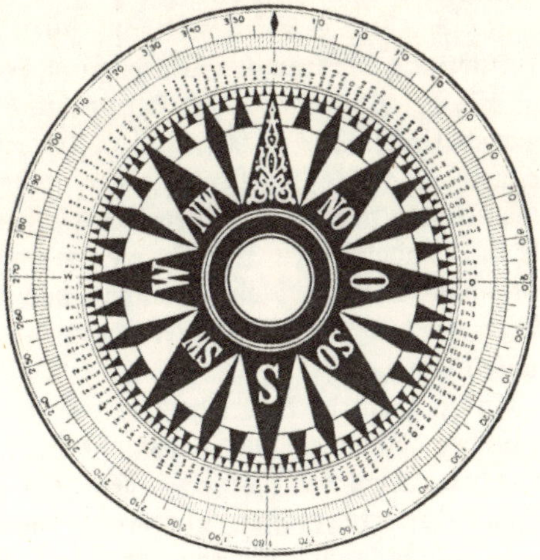

Rose eines Steuerkompasses.

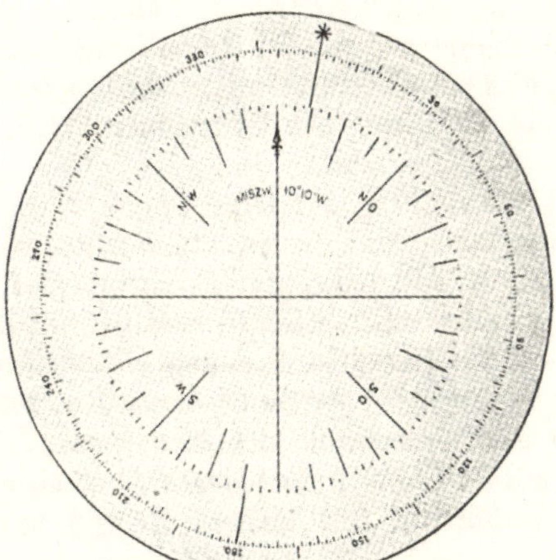

Kompaß auf einer Seekarte.

achtel Striche unterteilt. Die Stricheinteilung wird neuerdings auf allen großen und schnellen Schiffen und auf allen Kriegsschiffen durch die Gradeinteilung verdrängt. Diese beginnt bei Nord mit 0° und geht genau wie der Uhrzeiger rechts herum bis 360°, so daß 0° und 360° aufeinanderfallen. Ost ist 90°, Süd ist 180° und West 270°. Sind die Magnete und die Rose auf einer spitzen Nadel, der Pinne, in einem luftgefüllten Gehäuse drehbar gelagert, dann nennt man einen solchen Kompaß einen T r o c k e n k o m p a ß. Schwimmen dagegen die Magnete und die Rose, getragen von einem dünnen blechernen Schwimmer, in einer Flüssigkeit, dann nennt man solche Kompasse F l u i d k o m p a s s e.

In der neuesten Zeit wurde es bei großen eisernen Schiffen sehr unbequem empfunden, daß die Magnetkompasse stark durch das im Schiffbau verwendete Eisen beeinflußt werden. Ein eisernes Schiff ist gewissermaßen selbst ein großer, allerdings schwacher Magnet. Es kommt hinzu, daß alle neuen Seeschiffe starke elektrische Einrichtungen, Licht- und Kraftmaschinen haben. Auch diese beeinflussen den Kompaß. Infolgedessen war der Kompaß nicht mehr so zuverlässig trotz aller Maßregeln, die man dagegen ergriff, wie man es namentlich für sehr schnelle Seefahrt benötigte. Aber namentlich auf U-Booten mit ihren großen elektrischen Anlagen und der völlig geschlossenen Eisenhülle zeigten sich die Magnetkompasse fast unbrauchbar. Glücklicherweise wurde diese Schwierigkeit kurz vor dem Kriege durch die Erfindung des sogenannten Kreiselkompasses beseitigt.

Der K r e i s e l k o m p a ß hat keine Magneten. Er ist vielmehr darauf begründet, daß ein kleiner, etwa tellergroßer, aber sehr schwerer Kreisel, der mit ungeheurer Geschwindigkeit elektrisch dauernd in Gang gehalten wird, das Bestreben hat, sich stets mit seiner Drehachse in einer bestimmten Richtung einzustellen. Die langen Granaten und Spitzgeschosse der Handfeuerwaffen erhalten durch die Züge im Rohr oder Gewehrlauf auch eine schnelle Drehung um die Längsachse, damit sie sich nicht überschlagen. Auch diese Beibehaltung der Richtung beruht auf dem gleichen Prinzip wie der Kreiselkompaß.

Der Kreisel ist im Kompaßgehäuse ziemlich tief unter der Kompaßrose so gelagert, daß seine Drehachse wagerecht liegt. Er ist äußerlich nicht sichtbar.

Ein solcher Kreiselkompaß ist auf allen Kriegsschiffen, aber auch auf allen Passagierdampfern jetzt eingeführt. Kleine Schiffe, z. B. alle Küstenfahrer und Segelschiffe, haben diese Einrichtung nicht, sie sind auf den Magnetkompaß angewiesen. An Land ist ein solcher Kreiselkompaß selbstverständlich niemals erforderlich. Äußerlich, für den Beschauer und für den Matrosen, der am Ruder stehend nach dem Kompaß steuert, sieht ein Kreiselkompaß mit seiner Rose genau so aus wie ein Magnetkompaß.

Der Kreiselkompaß wird auf Kriegsschiffen möglichst geschützt gegen Artilleriefeuer aufgestellt. Von diesem Kreisel-Hauptkompaß, den man den Mutterkompaß nennt, gehen elektrische Übertragungen nach Kompaßrosen an alle diejenigen Schiffsstellen, wo man solche Kompaßrosen zum Steuern oder Peilen benötigt. Diese vom Mutterkompaß abhängigen Kompaßrosen nennt man Tochterkompasse. Es ist hier genau das gleiche wie die elektrisch von einer Zentraluhr auf einer Sternwarte geregelten Normaluhren in einer Stadt. — Die Mutteruhr ist auf der Sternwarte oder einem Hauptpostamt, und alle übrigen Uhren sind bloß elektrische Zeigerwerke, die das anzeigen, was die Mutteruhr betätigt.

Bei der Verwendung des Kompasses kommen einzelne Bezeichnungen vor, die hier erklärt werden müssen.

Mißweisung: Ein Magnetkompaß zeigt nicht genau nach Norden, sondern vielmehr nach dem magnetischen Nordpol der Erde, der etwas südlich von dem Nordpol der Erde ungefähr über der Mitte von Nordamerika liegt. Dieser kleine Unterschied in der Richtung vom eigenen Standpunkte zwischen der Linie nach dem Nordpol und nach dem magnetischen Nordpol nennt man die Mißweisung. Diese Mißweisung ist für jeden Ort etwas verschieden und befindet sich auf der Seekarte angegeben. Der magnetische Kompaß zeigt also mißweisenden Kurs, die Gradeinteilung der Seekarte ist rechtweisend. Der Kreiselkompaß dagegen zeigt rechtweisenden Kurs, d. h. genau nach dem Nordpol.

Deviation ist der kleine Winkelbetrag beim Kompaß, der dadurch erzeugt wird, daß das eiserne Schiff jeden Kompaß ein wenig ablenkt. Diese Deviation, die auf jedem Kurse verschieden ist und bei gut aufgestellten und entsprechend ausgeglichenen Kompassen nur wenige Grade beträgt, wird von dem wachhabenden Offizier oder

Steuermann, auf Handelsschiffen von dem Kapitän, auf Kriegsschiffen von dem Navigationsoffizier, dauernd kontrolliert.

Kompensieren eines Kompasses heißt, durch Eisenstäbe und Magnete, die am oder unter dem Kompaß angebracht sind, die Fehler des Kompasses (Deviation) zu verbessern.

Die Kompaßpeilung.

Auf jedem Kompaß, der frei aufgestellt ist, befindet sich eine Peilvorrichtung. Diese ist nichts weiter als ein Visierapparat, der im allgemeinen aus einem Sehschlitz oder einem Korn und einem Visierfaden besteht, wobei durch eine Spiegeleinrichtung an der Stelle, wo das Auge herangelegt wird, gleich der Kompaß abgelesen werden kann. Will man wissen, in welcher Gradrichtung ein bestimmter Gegenstand vom Schiff aus gesehen wird, so visiert man über die Peilvorrichtung, oder wie es seemännisch heißt, man peilt den Gegenstand ein und kann dann unmittelbar am Kompaß die Richtung ablesen. Eine kleine Beleuchtung sorgt dafür, daß man auch Nachtpeilungen nehmen kann. Peilt man zwei Gegenstände gleichzeitig an Land ein, so schneiden sich diese Peilungslinien an dem Punkte, an dem man sich selbst befindet. Man nennt dies eine Kreuzpeilung. Man kann auch eine Peilungslinie dadurch erhalten, wenn zwei Gegenstände, z. B. Kirche und Mühle, in eine Linie kommen und sich decken. Eine solche Peilung nennt man eine Deckpeilung.

Um eine Peilungslinie, die für die Ortsbestimmung des Schiffes wichtig ist, in die Karte einzutragen, benutzt man zwei hölzerne Dreiecke. Man nimmt das eine Dreieck, legt es mit einer Seite an den in jeder Seekarte eingezeichneten Kompaß so, daß diese Seite, durch den Mittelpunkt des Kompasses gehend, genau so eingestellt wird, wie der Peilapparat ergeben hat. Dann legt man das andere Dreieck fest daneben und schiebt nun, mit beiden Dreiecken arbeitend, diese so auf der Karte herum, daß die Dreiecksseiten aneinandergleiten, bis die Peilungslinie durch den Gegenstand läuft, den man an Land anvisiert hat. Dann zieht man mit dem Bleistift den Strich, auf dem man sich selbst befindet.

An Land wird es vorkommen, daß man von einem Beobachtungsort angeben muß, in welcher Peilung ein vorüberfahrendes Schiff gesehen worden ist. Dies ist z. B. äußerst wichtig, wenn man das

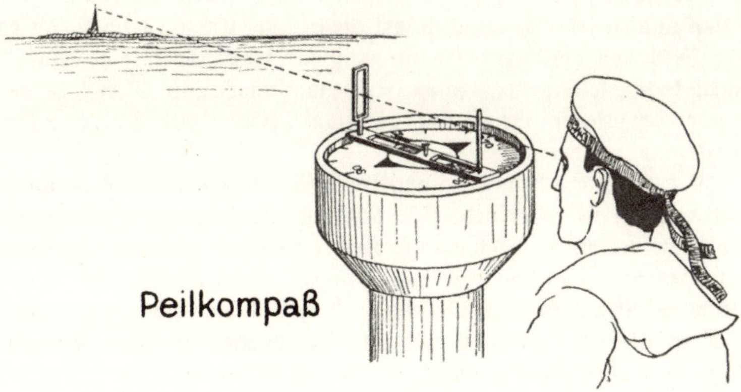

Peilkompaß

Augenabstand durch Drehung um die Mitte einstellen.

Prismen-Doppelglas.

Austrittspupille A (der helle Kreislauf der Okularlinse) ist gleich dem Durchmesser der Objektivlinse B dividiert durch die Vergrößerung.

Die Lichtstärke = $A \times A$

Je größer die Lichtstärke, desto besser ist das Doppelglas als Nachtglas.

Tag-Artilleriegläser haben sehr starke Vergrößerung, daher meist geringere Lichtstärke, sie sind daher als Nachtgläser wenig geeignet.

Schiff im Verdacht hat, daß es Minen legt, oder wenn man eine Stelle bezeichnen will, wo ein Unglücksfall geschehen ist. Beobachtet man von Land einen Gegner, so muß man diesen so oft als möglich peilen und zu jeder Peilung sofort die genaue Uhrzeit nach Minuten und Sekunden eintragen. Es ist dann für jeden, der etwas Mathematik kennt, leicht, durch solche Reihenpeilungen mit Uhrzeiten den Gegner festzulegen. Es ist gut, zu jeder Peilung eine Entfernungsbestimmung zu machen.

Hat man keinen Kompaß und steht an der Küste auf Beobachtungsposten, dann ist es erforderlich, daß man den eigenen Standpunkt, den man bei einer Beobachtung stets einnimmt, durch einen Pflock markiert und im Abstande von einigen Metern um diesen Pflock die wichtigsten Himmelsrichtungen durch andere Pflöcke genau festlegt, damit man bei Peilungen und Schätzungen über den Daumen keine zu großen Fehler macht.

Die Taschenuhr als Kompaß. Hat man keinen Kompaß, aber eine richtiggehende Taschenuhr bei sich und ist die Sonne am Himmel, dann läßt sich leicht die Nord-Süd-Linie festlegen. — Man lege die richtiggehende Uhr flach auf die Hand so, daß der kleine Stundenzeiger nach der Sonne zeigt, dann ist genau in der Mitte zwischen dem kleinen Zeiger und der Uhrzahl 12 Süden. Die anderen Himmelsrichtung lassen sich ganz leicht feststellen. Süden gegenüber liegt Norden, und sieht man nach Süden, so ist rechts Westen und links Osten.

In der Nacht wird die Nord-Süd-Linie durch den Polarstern leicht ermittelt.

Das Doppelglas.

Zu allen Beobachtungen gehören heute, wo man mit sehr weiten Entfernungen und großen Schnelligkeiten rechnet, besonders bei Fliegerbeobachtungen, gute Doppelgläser. Wer als Beobachter irgendwo, sei es auf einem Schiff oder an Land, aufgestellt ist, muß ein Doppelglas besitzen. Bei Posten gehen diese Doppelgläser beim Wachtwechsel von einem zum andern über. Jeder, der ein solches Doppelglas übernimmt, muß die Gläser außen mit einem sauberen, trockenen Leinen- oder Lederlappen (nicht Wolle) gut abreiben und sofort für sein eigenes Auge einstellen. Doppelgläser dürfen nicht von einer zur andern Person herumgereicht werden, da fast alle Augen verschieden sind. Es sei auch bemerkt, daß die eigenen Augen, rechtes und linkes, ebenfalls fast immer verschieden sind. Dies ist bei der Einstellung von Doppelgläsern zu beachten. Das Doppelglas muß stets bei der Hand, am besten um den Hals getragen sein und auf der Mitte der Brust oben ganz kurz hängen. Die Gläser sind gegen Feuchtigkeit und Staub, vor allen Dingen gegen Salzwasser, und an Land gegen den feinen Dünensand nach Möglichkeit zu schützen. Niemals dürfen Doppelgläser, auch nicht in ihrem Behälter, in der Sonne herumliegen, da hierdurch die Doppelgläser außerordentlich leiden. Es ist ganz unzweckmäßig und schadet stets mehr, als es nützt, wenn man Doppelgläser auseinandernimmt, um das Innere zu reinigen. Ein Doppelglas ist als Feininstrument zu behandeln. Ganz allgemein kann man sagen, daß sehr scharfe Doppelgläser mit engen Linsen meist nur Taggläser, dagegen Gläser mit geringerer Vergrößerung und großen Linsen bessere Nachtgläser sind. Operngläser sind auf See unbrauchbar.

Das Log.

Um die Geschwindigkeit eines Schiffes zu messen, bedient man sich an Bord des Logs.

Alle großen und schnellen Schiffe benutzen auf längeren Fahrten nur noch das Patentlog. Dieses besteht aus einem spitzen Schwimmkörper von etwa einem viertel Meter Länge, auf welchem außen, ähnlich wie eine Schiffsschraube, mehrere kleine Schraubenflügel angesetzt sind. Dieser Schraubenkörper wird an einer langen Leine während der Fahrt des Schiffes dauernd hinterhergeschleppt. Infolge des Fahrtstromes, der auf die kleinen Schraubenflügel wirkt, dreht sich der Logkörper genau wie die Papier-Windmühlen, die man als Kinderspielzeug häufig sieht. Hierdurch wird auch die ganze Leine gedreht, und man kann an einem Zeigerwerk an Bord ablesen, wieviel Seemeilen das Schiff durch das Wasser läuft. Auf Kriegsschiffen, die in bezug auf ihre Maschinenleistungen und Schraubenumdrehungen sehr genau eingefahren sind, kann man die Geschwindigkeiten unmittelbar aus den Umdrehungen der Schiffsmaschine ersehen.

Auf langsam fahrenden Schiffen, namentlich auf Segelfahrzeugen, benutzt man zur Geschwindigkeitsmessung das Handlog mit dem Logbrettchen. Dieses ist ein dreieckiges Holzbrettchen, dessen untere Seite mit Metall so beschwert ist, daß es mit der Spitze nach oben senkrecht im Wasser schwimmt. Das dreieckige Brettchen hat etwa die Größe eines diagonal durchgeschnittenen Quartbogens. An der oberen Spitze dieses Brettchens ist die Logleine befestigt, welche in bestimmten Abständen kleine Marken mit Knoten trägt. Damit das Logbrettchen beim Nachschleppen senkrecht im Wasser schwimmen bleibt, sind die beiden unteren Ecken des Brettchens mit einem kurzen Bändsel versehen, der mit einem Holzstöpsel an der langen Logleine befestigt werden kann. Man wirft das Logbrettchen über Bord, dieses schwimmt aufrecht und bewirkt durch seinen Wasserwiderstand, daß die Logleine, die auf einer ganz losen Rolle aufgerollt ist, abläuft. Mit Hilfe einer kleinen Sanduhr (Eieruhr) oder einer Taschenuhr wird 14 Sekunden lang die Leine ablaufen gelassen und dann mit der Hand festgehalten. Man kann dann an den Knoten unmittelbar ablesen, wieviel Seemeilen das Schiff läuft; denn die Abstände der Knoten = 6,8 m voneinander haben das entsprechende Verhältnis von Zeit und durchlaufenem Raum. Holt man die Leine ein, dann löst sich der kleine Holzstöpsel, das Brettchen stellt sich mit der Spitze nach vorn, und der Wasserwiderstand wird gering. Auf Segelschiffen wird die Geschwindigkeit mit dem Log gewöhnlich alle Stunde festgestellt.

Durch das Log kann nur die Geschwindigkeit durch das Wasser gemessen werden. Wenn man mit dem Strom läuft, dann kommt dieser zur Geschwindigkeit hinzu, wenn man gegen den Strom läuft, muß derselbe abgezogen werden, um die Geschwindigkeit des Schiffes *über dem Grund* zu erhalten, und auf diese kommt es bei der Seefahrt an.

Das Lot.

Zur Bestimmung der Wassertiefe benutzt man das Lot. Man hat drei verschiedene Arten von Loten.

Das *Handlot* ist ein Bleigewicht ungefähr von Größe und Form einer kleinen Weißweinflasche. Der Boden ist wie bei einer Flasche ein wenig ausgehöhlt. Am oberen Ende ist an einem Auge die Lotleine befestigt. Das Loten mit dem Handlot geschieht in der Weise, daß das Lot so weit wie möglich aus vollem Arm heraus nach vorn geworfen wird, damit es möglichst tief gesunken ist, wenn der Lotgast bei der Fahrt des Schiffes über dem Lot ist. Die Lotleine hat

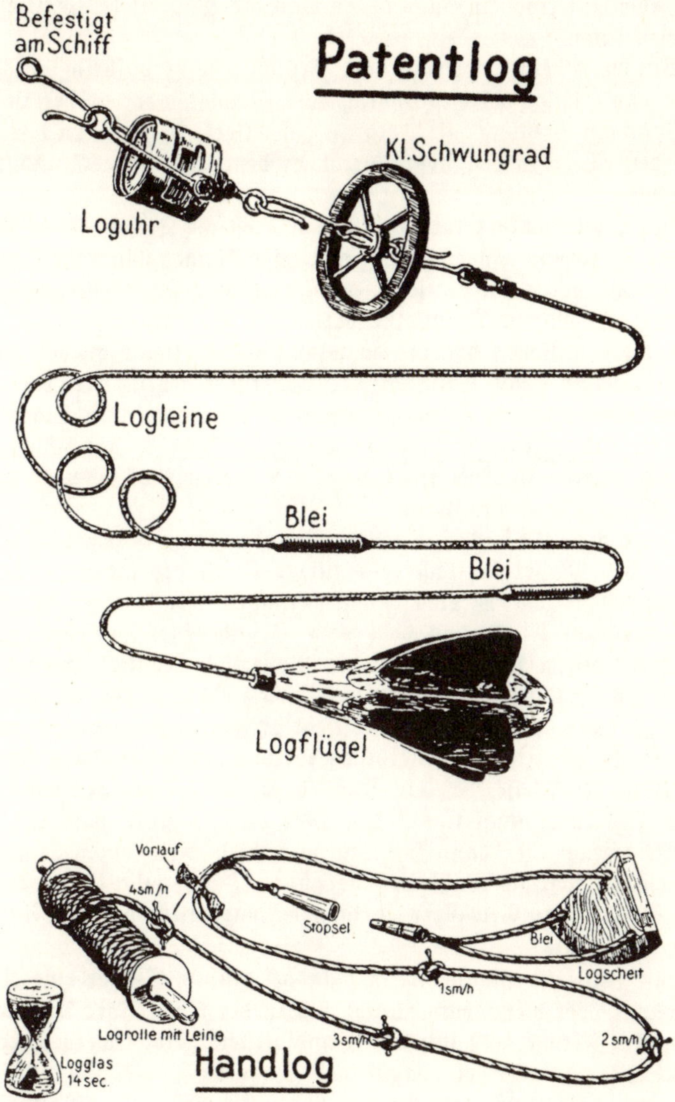

Befestigt am Schiff
Patentlog
Kl. Schwungrad
Loguhr
Logleine
Blei
Blei
Logflügel
Vorlauf
4sm/h
Stopsel
Blei
Logscheit
1sm/h
Logrolle mit Leine
3sm/h
2 sm/h
Handlog
Logglas 14 sec.

eine Anzahl bunter Läppchen, weiß, rot, gelb, blau (wie die Farben der Kompanietroddeln), aus denen man die Wassertiefe unmittelbar ablesen kann.

Will man beim Tiefloten eine Grundprobe heraufbringen, dann wird das Tieflot, welches ähnlich dem Handlot, aber größer ist, an der unteren Höhlung mit Talg ausgeschmiert. Wenn dann das Lot auf den Meeresboden stößt, bleibt in dem Talg eine Grundprobe kleben.

Das Patentlot für das Messen größerer Tiefen bei schneller Fahrt besteht aus einer etwa $1/2$ m langen dünnen Glasröhre, welche an ihrem oberen Ende geschlossen ist und in einer Messinghülse an einer ganz dünnen Drahtleine versenkt wird. Empfindet man, daß das Lot den Boden berührt, so wird die Drahtleine wieder eingekurbelt. Man kann dann an der Glasröhre sehen, wie stark der Wasserdruck war, der durch das untere offene Ende in die Glasröhre gewirkt hat, in der ein farbiger Belag im Inneren der Röhre abgespült worden ist. Mit Hilfe eines besonderen Maßstabes ist dann die Wassertiefe zu ermitteln.

Das Echo-Lot ist eine neuere Erfindung und besteht darin, daß unter der Wasseroberfläche ein kurzer Knall erzeugt wird, dessen Schallwellen vom Meeresgrunde zurückgeworfen werden. An der Zeit zwischen Knall und dem vom Grunde zurücklaufenden Echo kann mit einem Kurzzeitmesser die Wassertiefe ermittelt werden.

Da die Schallgeschwindigkeit im Wasser 1500 m in der Sekunde beträgt, so kann das Echolot nur auf sehr großen Tiefen benutzt werden.

Das Freilot, das neuerdings vielfach zur Anwendung kommt, wirkt in der Weise, daß ein Knallkörper über Bord geworfen mit 2 m Fallgeschwindigkeit auf den Meeresboden sinkt, dort erst den Knall erzeugt, der dann sofort gehört wird. Nach einer Stoppuhr kann man leicht die Wassertiefe berechnen. Das Freilot ist für Tiefen wie sie in unsern Gewässern vorkommen, namentlich vor dem Ankern sehr brauchbar.

Das Loten ist wichtig, wenn man bei trübem Wetter eine Küste ansteuert oder wenn man glaubt, sich in der Nähe einer Untiefe zu befinden. Ferner muß mit dem Handlot stets gelotet werden, bevor das Schiff zu Anker geht, damit man genau weiß, wie lang die Kette sein muß, die man beim Ankern auslaufen läßt. Im allgemeinen nimmt man mindestens die dreifache Wassertiefe als Ankerkette.

Wind und Wetter.

Schon an Land spielt das Wetter eine wichtige Rolle. Auf See ist die Wetterbeobachtung für die Führung des Schiffes ein notwendiger Dienst; auch die modernste Dampfschiffahrt ist noch heute vom Wetter abhängig. Es ist daher von großer Bedeutung, eine Wetterkarte richtig lesen zu können. Diese Wetterkarten werden in allen Küstenstationen ganz regelmäßig täglich verausgabt und ihr Inhalt wird durch Funkspruch verbreitet. Das Schlimmste für den Seefahrer ist nicht etwa starker Wind oder ein Sturm auf offener See, sondern unsichtiges Wetter und Nebel. Bei dickem Nebel ist die gesamte Seefahrt, namentlich in solchen Gewässern, wo starker Strom und viel Verkehr herrscht, sofort lahmgelegt.

Die einfachste Wetterregel, die immerhin so zuverlässig ist, wie manche Wetterprophezeiungen überhaupt, ist die, daß man an der Nordseeküste sagen kann, daß das Wetter, das heute in London ist, sehr bald wahrscheinlich in Hamburg sein wird. Denn bei uns in unserer Nordseegegend verschiebt sich der Wetterdruck fast regelmäßig von Westen nach Osten.

Betrachtet man eine Wetterkarte, so sind auf dieser eine große Anzahl von Linien verzeichnet. Es sind dies Linien gleichen Luftdrucks. Diese Linien werden mit dem Fremdwort Isobaren bezeichnet. Meist findet man auf jeder Wetterkarte auch noch die Buchstaben H = Hoch bedeutet hoher Druck (Maximum) und T = Tief bedeutet tiefer oder niedriger Druck (Minimum).

Unsere Erde ist eingehüllt von einem Luftmantel, der nicht ganz gleichmäßig auf den Erdboden bzw. auf das Meer drückt. Wenn nämlich durch die Bestrahlung der Sonne und durch die verschiedenen Wolkendecken die Erde und die Luft ungleichmäßig erwärmt werden, dann treten Unterschiede im Luftdruck ein. Warme Luft steigt aufwärts, während kalte Luft herniedersinkt. Ist nun an gewissen Stellen der Luftdruck geringer als an anderen, dann wird die Luft von dem Ort des hohen Drucks nach dem des niedrigen Drucks hinfließen. Dieses Hinfließen würde ziemlich gleichmäßig geschehen, wenn nicht die Erde sich drehete. Durch die Drehung der Erde von Westen nach Osten wird die Luft, die nach dem Tiefdruckgebiet hinströmt, derart abgelenkt, daß sie ungefähr in einer Spirale, die in unseren Gegenden entgegengesetzt der Drehung eines Uhrzeigers läuft, in das Tiefdruckgebiet hineinfließt. Der Wind ist um so stärker, je größer die Druckunterschiede sind zwischen dem Hochdruck und dem Tief. Man kann dies auf der Wetterkarte dadurch leicht erkennen, daß die schwarzen Linien, die Isobaren, die den gleichen Luftdruck anzeigen, sehr zahlreich sind und dicht aneinanderliegen.

Auf einer Wetterkarte sind die wichtigsten Ortschaften und Häfen, von welchen das Wetter gemeldet worden ist, durch kleine Kreise bezeichnet, und diejenigen Orte, die den gleichen Luftdruck haben, sind dann auf der Wetterkarte durch schwarze Linien verbunden. Die kleinen Kreise können entweder ganz schwarz sein, dann ist der ganze Himmel an der Stelle bedeckt, ist der Kreis weiß, dann ist klarer Himmel vorhanden. Halb schwarz und halb weiß oder drei Viertel schwarz und ein Viertel weiß zeigen an, wie das Verhältnis vom bedeckten zum unbedeckten Himmel ist. An jeden dieser kleinen Kreise ist ein Pfeil gezeichnet, dessen Spitze in der Mitte des Kreises zu denken ist. Die Richtung des Pfeiles gibt die Windrichtung, die Anzahl der Federn an dem Pfeil die herrschende Windstärke an, und zwar so, daß eine Feder gewöhnlich zwei Windstärken bedeutet. Hat z. B. der Pfeil drei Federn, dann ist an dem Ort Windstärke 6. In Gegenden, wo auf der Wetterkarte das Wort H o ch oder H steht, ist im allgemeinen schönes Wetter. In Gegenden, wo das Wort T i e f oder T steht, ist das Wetter schlecht, Wind oft bis zur Sturmstärke und Regen, namentlich wenn der Wind aus solchen Gegenden kommt, die vom Wasser bedeckt sind. Unser Regen kommt meistens aus westlicher Richtung, weil im Westen und Nordwesten die Nordsee und der Atlantische Ozean liegen. Die Regenkopfbedeckung der Lotsen und Seeleute trägt deshalb den Namen Südwester, weil südwestlicher Wind auf kommenden Regen deutet. Ostwind und Südostwind bringen im allgemeinen keinen Regen, sondern Trockenheit, weil in dieser Richtung von uns große Landmassen liegen.

Ein Tief oder ein Hoch bleibt aber nicht an der gleichen Stelle stehen, sondern es wandert mit der Erddrehung von Westen nach Osten, jedoch nicht mit der Schnelligkeit der Erddrehung. Die Erfahrung zeigt, daß die Wege, die ein solches Tief macht, vielfach die gleichen sind. Man nennt diese Wege die Z u g s t r a ß e n v o n T i e f d r u c k g e b i e t e n, oder mit einem Fremdwort, der barometrischen Minima. Die Hauptzugstraße der Tiefdruckgebiete, die unsere Küste berühren (auf dem Bilde 3a und b), führt von Süd-

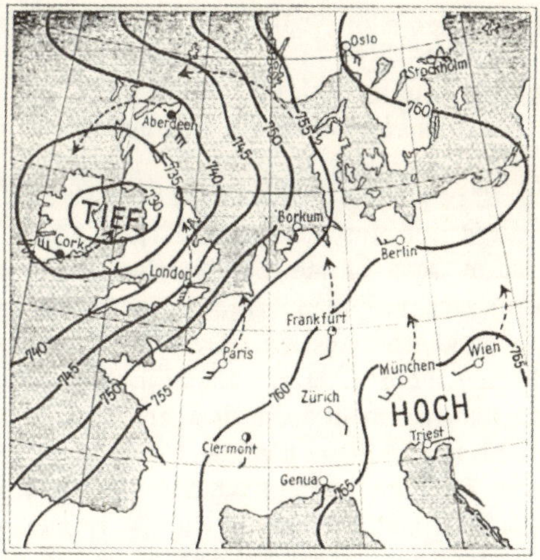

Wetterkarte.

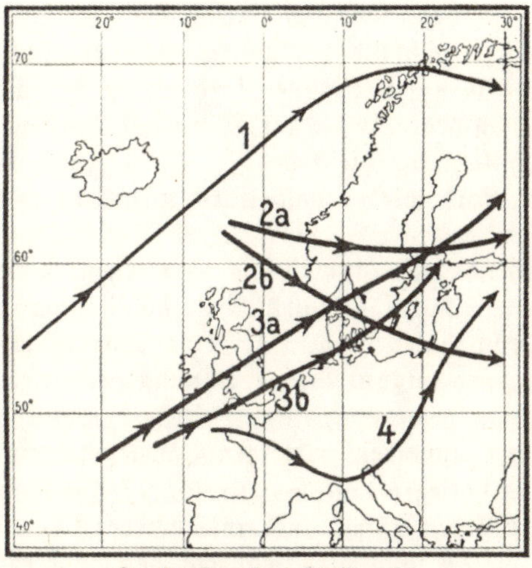

Zugstraßen des Tiefdrucks.

1 und 4: Berühren Deutschland nicht.
2a und b: Tief nördlich von England, geht durch mittlere Ostsee.
3a und b: Tief im südlichen England, geht durch südliche Nordsee.

england über die Nordsee in das Nasse Dreieck, dann quer durch das südliche Holstein und dann weiter an der schwedischen Südküste. Daher wurde auch vorstehend gesagt, daß wir im allgemeinen damit rechnen können, daß unser schlechtes Wetter an der Elbmündung etwa 1 bis 2 Tage später eintritt als in London.

R ü c k t e i n T i e f, e i n e S c h l e c h t w e t t e r z o n e h e r a n, so erscheinen zuerst bei uns meist im Westen etwas ansgefranste Federwolken, dann bald dünne Schichtwolken, und zwar vielfach, bevor das Barometer zu fallen beginnt. Allmählich verdichten sich die Wolken. Es entstehen zuweilen Höfe und Ringe um Sonne und Mond. Die Wolken werden immer dichter und grauer, so daß nun die Sonne nur noch als heller Lichtfleck erscheint. Dann sieht man bald Fetzen niedriger Wolken, die auf baldigen Regen hindeuten. Es folgen starke Regenwolken und schütten ihren Regen aus. Das Barometer hat jetzt meist seinen Tiefstand erreicht. Dem gleichmäßigen Regen folgen nun bei steigendem Barometer vereinzelte Regenschauer. Die Wolken fangen an sich aufzulösen, blaue größere Flecke erscheinen am Himmel. Der Seemann spricht dann von diesem Blau, es sei so viel, daß man sich eine Mütze daraus machen könnte. — Der Wind hat während der ganzen Zeit allmählich, meist von Südwest einsetzend, auf West und Nordwest, d. h. rechts herum wie der Uhrzeiger, sich gedreht. Ist der Wind auf Norden angekommen, dann ist gewöhnlich das Tief vorüber. Dreht jedoch der Wind von Nordwest oder Nord wieder nach links zurück, dann ist ein neues Tief im Anzuge.

Nach Vorstehendem kann man auf See einen kommenden Weststurm am ehesten daran erkennen, daß die dünnen Wölkchen am Westhorizont ausfransen und wie Ziegenhaare aussehen. Gleichzeitig fängt die See in ganz langer Dünung sich an zu bewegen. Es ist dies eine Wellenbewegung, die von einem noch fernen Sturm herrührt und die zusammen mit den ausgerissenen Wolken auf schlechtes Wetter schließen läßt. Es gilt als eine Seemannsregel, daß, wenn zuerst der Regen einsetzt und hinterher der Wind kommt, dieser Wind gewöhnlich stürmisch wird, während der umgekehrte Fall meist auf Abflauen schließen läßt. Ein Spruch lautet:

Kommt der Wind und dann der Regen,
Kannst dich ruhig schlafen legen.

Kommt erst der Regen, dann der Wind,
Mach deine Segel fest geschwind.

Wenn die Sonne klar, ohne jeden Hof und ohne Wölkchen untergeht, dann ist dies im allgemeinen ein Zeichen, daß über Nacht der noch bestehende Wind schwächer werden wird.

Wenn klar die Sonne unterweht,
Schönes Wetter in Aussicht steht.

Hat dagegen die Sonne oder der Mond einen Hof, so ist dies ein Zeichen, daß das Wetter sich nach der ungünstigen Seite ändert. Diese ringförmigen Höfe entstehen dadurch, daß Feuchtigkeit oder Eiskristalle in den Luftschichten, die Vorboten der Federwolken, vorhanden sind. Nebel bildet sich vorwiegend bei ruhiger Luft, und zwar meistens durch Abkühlung feuchter warmer Luft an kühlerem Boden; am deutlichsten kann man dies im Winter über Eisfeldern beobachten, wenn man plötzlich wärmere Luft ohne stärkere Winde spürt.

Seestärken (nach Beaufort).

Stärke	Benennung	Wellenhöhe
0	Vollkommen glatte See	0 m
1	Sehr ruhige See	0—¼ m
2	Ruhige See	¼—¾ m
3	Leicht bewegte See	¾— 2 m
4	Mäßig bewegte See	2— 4 m
5	Ziemlich grobe See	3— 6 m
6	Grobe See	5— 8 m
7	Hohe See	7—10 m
8	Sehr hohe See	mehr als 10 m
9	Gewaltig schwere See	mehr als 10 m

Windstärken (nach Beaufort).

Stärke	Benennung	Geschwindigkeit m je Sekunde	Kennzeichen an Land
0	Windstille	0	—
1	Leiser Zug	1,5	Rauch steigt fast gerade hoch
2	Flaue Brise	3	Eben fühlbarer Luftzug
3	Leichte Brise	5	Bewegt Baumblätter
4	Mäßige Brise	7	Bewegt Zweige
5	Frische Brise	9	Bewegt größere Zweige
6	Steife Brise	11	Bewegt große Äste, hörbar
7	Harter (steifer) Wind	13	Bewegt kleine Baumstämme
8	Stürmischer Wind	15,5	Bewegt ganze Bäume
9	Sturm	18	Leichte Schäden (Ziegel usw.)
10	Starker Sturm	22	Wirft Bäume um
11	Schwerer Sturm	27	Zerstörungen und Verwüstungen
12	Orkan	30—40	Zerstörungen und Verwüstungen

Bezeichnung der Wolkenarten.

Benennung	Bedeutung
	Oberes Gewölk
Cirrus	Federwolke
Cirro-Cumulus	Schäfchenwolke
Cirro-Stratus	Streifchenartige Federwolke; oft den Himmel leicht beziehend; Höfe um Sonne und Mond bildend.
	Unteres Gewölk
Stratus	Streifchenwolke; oft den Himmel gleichmäßig beziehend.
Cumulus	Haufenwolke.
Strato-Cumulus	Auseinandergezogene Haufenwolken. Die häufigste Wolkenform in gemäßigten Zonen.
Wulst-Cumulus	In wulstigen Streifen auseinandergezogene Haufenwolken.
Cumulo-Stratus	Gestrichene Haufenwolke, mit breiter, dunkler Basis.
Nimbus	Regenwolke.

Es ist nötig, mindestens alle vier Stunden das Barometer und Thermometer abzulesen und zu notieren. Nur durch den Vergleich der Unterschiede namentlich im Barometerstand und gleichzeitige Beobachtung von Wind und Wolken kann man auf das weitere Wetter schließen.

Barometer und Thermometer.

Quecksilberbarometer sind etwa 1 m lange Glasröhren, die am unteren Ende nach oben umgebogen und erweitert sind. Die Glasröhre ist mit Quecksilber gefüllt, über dem Quecksilber ist ein luftleerer Raum. Der Druck der Luft wirkt auf den offenen Teil der Glasröhre und drückt das Quecksilber mehr oder weniger stark in die Glasröhre hinein. Daher kommen die Ausdrücke hoher Druck und tiefer (besser geringer) Druck. In unsern Gegenden haben wir gewöhnlich einen Luftdruck von etwa 750 mm, das heißt, daß der Druck der Luft, der am Ort des Barometers ist, so groß ist, daß er das Quecksilber in einer unten offenen, oben geschlossenen Glasröhre 750 mm hoch drückt. Der Luftdruck in unseren Gegenden schwankt ungefähr zwischen 765 und 740 mm.

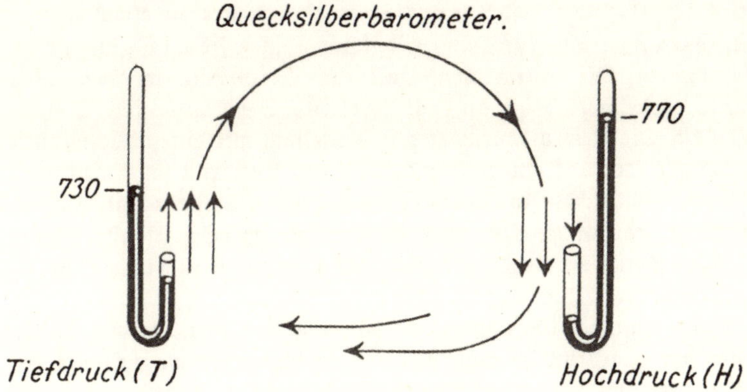

Schreibbarometer (Barograph).

An Stelle von Quecksilberbarometern hat man vielfach auch Aneroidbarometer (an = ohne und aer = Luft, aus dem Griechischen). Diese bestehen aus einer oder mehreren etwa taschenuhrgroßen oder röhrenförmigen, dünnwandigen, fast luftleeren Metalldosen, die durch den Luftdruck beeinflußt werden. Ein kleines Hebelwerk zeigt an, wie stark der Druck auf diese Metalldosen ist. Die Aneroidbarometer sind vielfach mit einem Schreibstift verbunden, der auf einem Papierband den Luftdruck selbsttätig aufzeichnet. Ein solches Instrument, das auf allen Schiffen und Wetterstationen vorhanden ist und das man im Schaufenster jedes größeren optischen Geschäftes sehen kann, nennt man einen Schreib-Barometer oder Barographen.

Wenn man das Barometer abliest, um zu sehen, wieviel Millimeter der Luftdruck beträgt, dann ist es ganz zweckmäßig, leise mit der Fingerspitze gegen das Barometer zu klopfen. Im Barometer ist wie in jedem Instrument eine gewisse Trägheit, d. h. das Zeigerwerk läuft ein ganz klein wenig hinter der Wirklichkeit her. Klopft man an das Barometer, dann wird das Zeigerwerk von dieser Trägheit befreit, der Zeiger fängt leicht an zu schwingen, und je nach welcher Seite er ausschwingt, wird man auf das kommende Wetter schließen können.

Das Thermometer ist der übliche Wärmemesser, der wohl in jedem Hause zu finden ist. Es ist jetzt ganz allgemeine Sitte geworden, nur noch nach Celsiusgraden zu rechnen. 0 Grad bedeutet den Gefrierpunkt, 100 Grad den Punkt, bei welchem Wasser bei normalem Luftdruck zu kochen beginnt. Früher rechnete man in Deutschland auch vielfach nach Reaumurgraden. Der Nullpunkt war der gleiche. Jedoch zeigten bereits 80 Grad das Kochen von Wasser an. Das bedeutet, daß 4 Grad Reaumur immer 5 Grad Celsius sind. Es sei hier eingeschaltet, daß die Amerikaner oft noch nach Fahrenheit rechnen. Der Schmelzpunkt des Eises liegt bei Fahrenheit bei +32° und der Siedepunkt des Wassers bei 212°. Da diese Thermometereinteilung bei uns in Deutschland nicht gebräuchlich und auch recht unpraktisch ist, soll hier nicht weiter darauf eingegangen werden.

Es ist wichtig, daß Barometer und Thermometer stets in einem wind- und sonnengeschützten Ort aufgehängt werden, da namentlich direkte Sonnenbestrahlung diese Instrumente so beeinflußt, daß völlig falsche Ablesungen herauskommen.

Bootsmannsgerät.

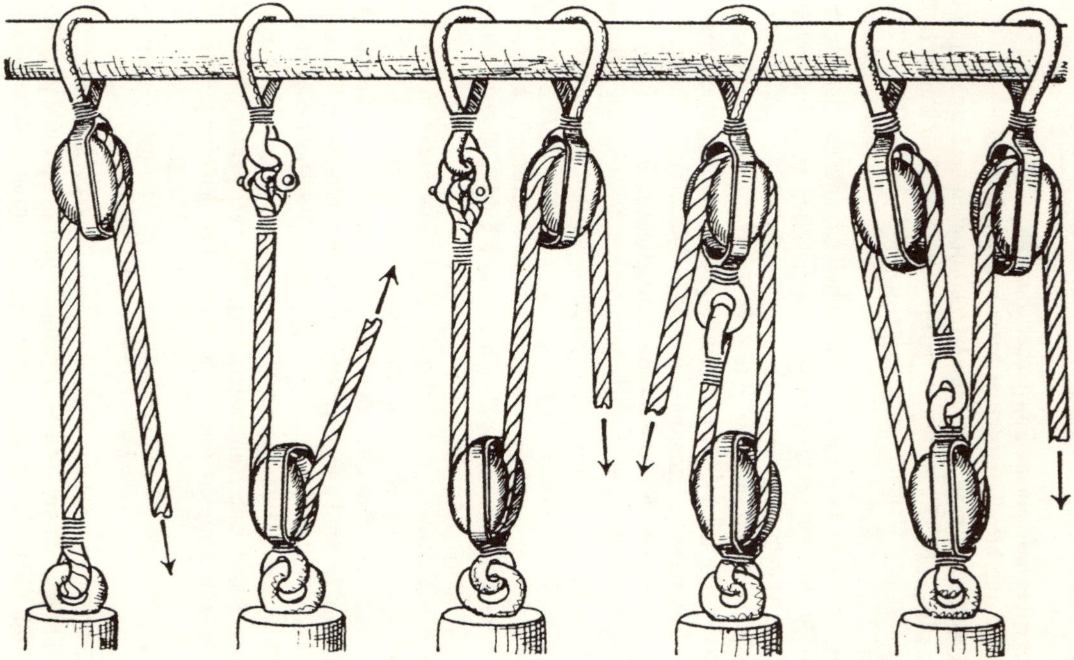

Jollentau. Klappläufer. Zwei- und mehrscheibige Arbeitstaljen.

Seemannschaft.

Tauwerk — Blöcke.

Jeder, der mit einem Schiff oder Boot zu tun hat, muß über das Tauwerk und die Verwendung desselben Bescheid wissen.

An Bord hat man Hanftauwerk, Manilatauwerk und Stahltauwerk. Am meisten gebraucht wird das *Hanftauwerk*. Das Manilatauwerk kommt im allgemeinen nur bei stärkeren Trossen (dicken Tauen) vor.

Das *Manilatauwerk* ist ungeteert und von schöner weißgelber Farbe. Es hat den großen Vorteil, daß es auf dem Wasser schwimmt. Aus diesem Grunde benutzt man das Manilatauwerk gern, wenn man mit einem Boot eine dicke Trosse an Land bringen muß. Die Hanfleine würde auf den Grund sinken und sehr schwer zwischen Schiff und Land zu transportieren sein. Die Manilaleine schwimmt und wird bequem hinter dem Boot hergezogen. *Stahltauwerk* wird nur benutzt, wo es sich um ganz besondere Festigkeit und Starrheit handelt, z. B. zum Stützen der Masten, zum Festmachen großer Schiffe in der Werft. Die Stärke des Tauwerks wird nach seinem Umfang berechnet. Man bezeichnet dünnes Tauwerk, das weniger als 10 cm Umfang hat, als *Leinen*, und dickes Tauwerk, mehr als 10 cm Umfang, als *Trossen*.

Dient das Tauwerk auf einem Schiff als feste Stütze, ist also gewissermaßen unbeweglich, dann bezeichnet man es als das *stehende Gut*. Geht das Tauwerk aber über Rollen und wird bewegt, dann nennt man es das *laufende Gut*. Zu dem laufenden Gut gehören Blöcke mit Rollen, die aus Holz oder Stahl angefertigt werden können. Für jede Art von Tauwerk gibt es auch verschiedene Arten von Blöcken, Haken und Kauschen (Ösen). Die verschiedenen Verbindungen zwischen Tauwerk und Blöcken zeigt die Zeichnung S. 41.

Poller, Klampen, Belegen.

Poller und *Klampen* sind metallene oder hölzerne Pflöcke oder Stützen, um ein Tau zu befestigen, zu *belegen*. Ein Poller ist eigentlich nichts anderes als eine besonders große Klampe, er dient zum Festmachen von Schiffen im Hafen und sind bei Hafenanlagen so stark, daß auch Ankerketten und Stahlleinen belegt werden können.

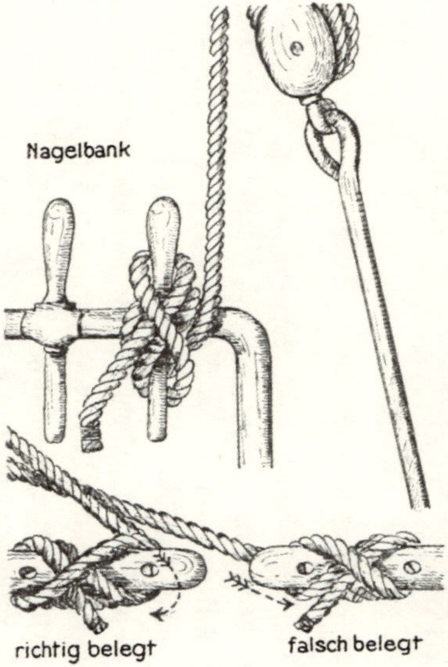

Belegen
(klar zum Fieren).

Kutter seefest im Davit.

Gewöhnlich stehen die Poller paarweise zusammen. Eine besondere Abart der Poller ist die Beeting. Dies ist an Bord ein großer eiserner Poller, der nicht weit von der Ankerkette steht, so daß die Bordankerkette zu besonderen Zwecken um diese Beeting herumgelegt werden kann. — Klampen finden sich auf Schiffen und Booten überall, wo laufendes Tauwerk schnell befestigt werden muß, sie sind zweiarmig, so daß das Tauwerk in Form einer 8 zunächst herumgelegt wird, und zwar so, daß die erste Hauptkraft auf den Fuß der Klampe und nicht auf die Arme kommt. Ist das Tauwerk so belegt, dann wird ein Kopfschlag (eine halbe Drehung zum Festkneifen) darüber gemacht, damit es nicht abrutscht. Poller und Klampen dienen aber nicht nur zum Belegen, sondern auch zum Fieren eines Endes. Wenn man einen Kutter zu Wasser fiert, müssen stets zwei Mann an jedem Läufer klar sein. Beide fassen den Kutterläufer (das Tau, an dem der Kutter hängt und das an der Klampe belegt ist) an. Dann wird der Kopfschlag abgenommen, der Vorhandsmann fiert dann vorsichtig über die Klampe und der zweite Mann steht „hinter der Hand", um jederzeit festhalten zu können. Bei besonders schweren Trossen ist nur *ein* Vorhandsmann, aber *mehrere* Leute sind hinter der Hand, dies gilt namentlich für Stahlleinen. Wo viel Tauwerk dicht aneinander belegt wird, hat man eine Nagelbank. Die Klampe wird hier durch einen großen Nagel ersetzt. Große Festmacherpoller, die im Wasser stehen und aus mehreren dicken Pfählen zusammengesetzt sind, heißen „Dig"*dallen* (Deichdollen, fälschlich Ducdalben genannt).

Fieren — Heißen — Holen — Festholen.

Das laufende Tauwerk dient dazu, Gegenstände, z. B. Boote, Raaen, Lasten, zu bewegen. — Als Beispiel hierfür sei ein Boot angenommen: Ein Kutter hängt in Davits (Kränen) in Bootstaljen, die an Klampen belegt sind. — Will man das Boot zu *Wasser* bringen, so wird es *gefiert*, indem der Vorhandsmann das Tau vorsichtig über die Klampen *gleiten* läßt. — *Fieren* ist ein vorsichtiges Losegeben in der Zugrichtung, in diesem Falle ein Herunterlassen. — Die Handbewegung, die der leitende Offizier macht, besteht darin, daß er mit der flachen Hand von sich fort langsam

(Photo Norddeutscher Lloyd Bremen.)

Festmachertrosse mit Auge wird um einen Poller gelegt.

winkt. — Die dem Fieren entgegengesetzte Arbeit ist das Heißen. — In diesem Falle fassen die erforderlichen Leute an den Läufer der Talje (das Tau), auch die holende Part genannt, und ziehen den Kutter nach oben, oder seemännisch ausgedrückt, sie heißen das Boot, indem sie das Ende (Tau) holen. Das Heißen geschieht auf Kommando „Hol steif", das bedeutet, es soll alle Lose durchgeholt werden — dann folgt im gegebenen Augenblick, der bei Seegang gut abgepaßt werden muß, „Heiß auf". Das Boot wird nun schnell „aufgelaufen", d. h. geheißt (schwere Boote im Gleichschritt). Auf das Kommando „Festheißen" oder „Fest" wird das Ende (das Tau) nicht weitergeheißt, sondern festgehalten. Das Zeichen mit der Hand ist von dem Offizier hier die geballte Faust = gut festhalten, stehenbleiben, nicht weiterheißen. — Will man noch ein wenig weiterheißen, dann wird mit der flachen Hand auf den eigenen Körper zu gewinkt, dies bedeutet, noch etwas holen.

Knoten und Steke.

Bei der Benutzung von Tauwerk werden eine große Anzahl von Knoten oder Steke gebraucht, von denen die einfachsten Knoten und Steke jeder nicht nur kennen, sondern auch selbst ausführen muß.

Als Grundsatz ist zu merken, daß ein Stek ganz leicht und schnell hergestellt werden muß. Er muß so einfach sein, daß er nach dem Gefühl auch bei völliger Dunkelheit in der Nacht gemacht werden kann. Kommt es darauf an, daß der Stek etwas Besonderes zu halten hat, dann muß derjenige Teil, auf den die Kraft wirkt, den anderen Teil festkneifen. Ebenso leicht wie ein Knoten zu machen ist, muß er auch schnell gelöst werden können.

Wenn eine Leine oder Troß bricht (der Ausdruck zerreißen ist unseemännisch), dann kann man sie, ohne einen Knoten zu machen, wieder zusammensplissen (zusammenfügen). Man unterscheidet eine Kurzspliß, wenn man die beiden Teile der Bruchstelle ineinanderflechtet. In diesem Fall wird die Bruchstelle fast doppelt so stark wie der übrige Teil der Leine. Eine Kurzspliß hält zwar ebensogut wie die Leine selbst, geht aber wegen ihrer Dicke nicht durch Blöcke hindurch. Will man eine Leine splissen, so daß sie durch Blöcke geht, dann benutzt man eine Langspliß. Hierbei

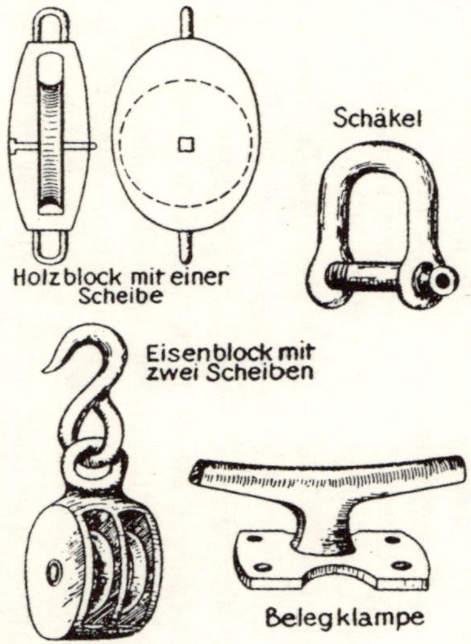

Bootsmannsgerät.

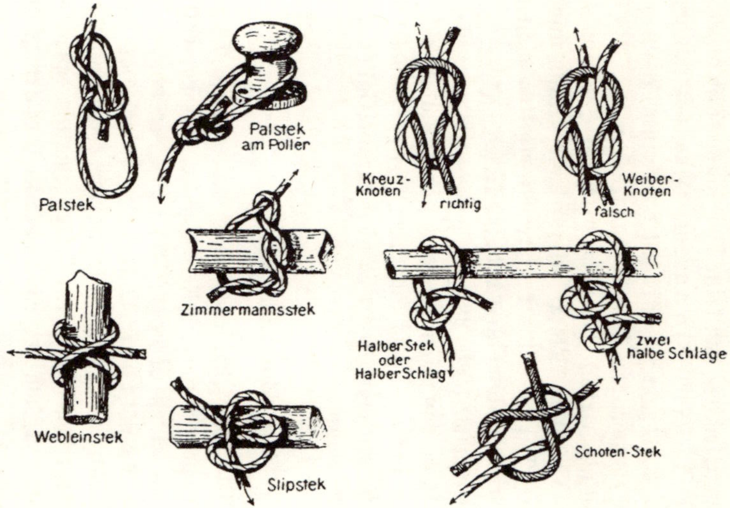

Knoten und Steke.

werden die Teile der Leine wesentlich weiter auseinandergedreht und so zusammengeflochten, daß keine Verdickung entsteht. Außerdem kommt noch die Augspliſſung vor, wenn nämlich am Ende eines Tauwerks, z. B. zum Überstreifen über einen Pfahl an Land für dauernden Gebrauch, ein Auge vorhanden sein soll. Das Splissen ist eine seemännische Arbeit, die namentlich bei Stahltauwerk nur rein praktisch und nicht an Bildern erlernt werden kann und einiges Geschick erfordert. Darum sollen weitere Einzelheiten nicht gegeben werden, es genügt der Name und der Zweck.

Zu allen Arbeiten wird ein Marlspieker benutzt. Es ist dies eine ungefähr ¼ m lange entsprechend starke Stahlnadel, die bei Arbeiten in der Takelage stets an einem starken Bändsel um den Hals getragen werden muß, damit sie nicht herunterfallen und einen Menschen verletzen kann.

Anker und Ketten.

Um ein Schiff in See festzulegen, muß man ankern. Es gibt verschiedene Sorten von Ankern. Ältere Schiffe und namentlich alle Segelschiffe haben einen Normalanker, der in der Marine die Bezeichnung Admiralitätsanker führt. Der Anker besteht aus dem Schaft, den beiden Pflugen, dem Stock und dem Ring. Zu bemerken ist bei diesem Anker, daß das Loch für den Stock so in den Schaft gebohrt ist, daß der Stock quer zu den Armen steht, die in den Pflugen enden. Da dieser Anker verhältnismäßig viel Platz fortnimmt und eine gewisse Schwerfälligkeit hat, sind auf allen größeren neueren Dampfschiffen Patentanker eingeführt. Diese Patentanker haben keinen Stock, sondern nur einen Schaft, um den sich die an einer gemeinsamen festen Achse befindlichen Pflugen des Ankers drehen können (siehe Zeichnung von Normalanker und Patentanker). Es gibt eine ganze Reihe von Patentankern, die aber im wesentlichen auf dem gleichen Prinzip beruhen.

Ankerketten sind besonders schwere Ketten, die sich von andern Ketten dadurch unterscheiden, daß jedes Kettenglied in der Mitte einen Quersteg hat, damit sich die Kette nicht recken kann. Die Ankerketten bestehen aus kurzen Längen von 25 m, die durch Schäkel (offene Kettenglieder und Querbolzen) aneinandergeschäkelt werden. In der vordersten Länge einer Ankerkette, dem Vorlauf, befindet

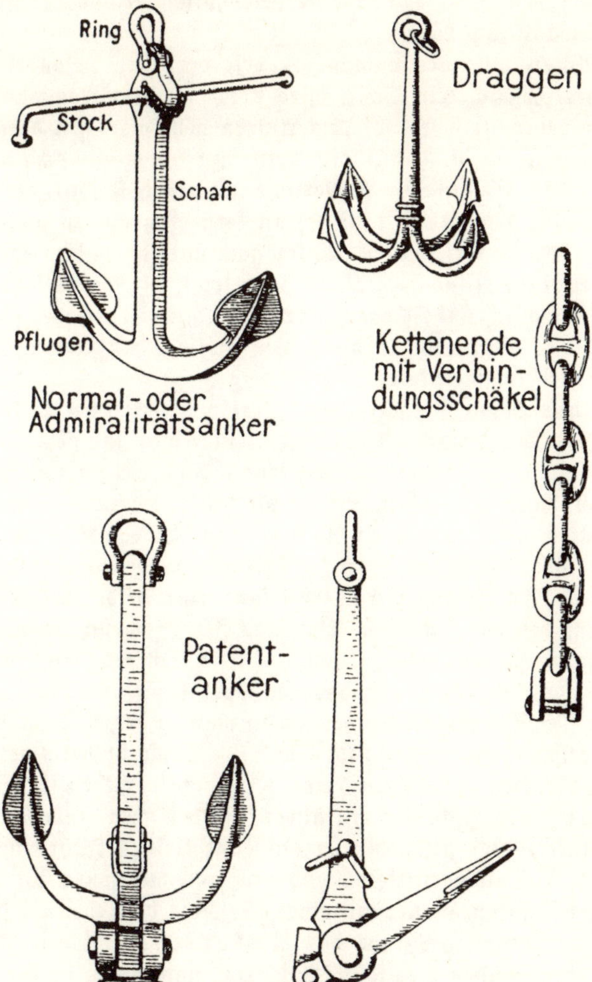

Anker und Kette.

sich vielfach ein eiserner Wirbel, damit Drehungen aus der Kette von selbst herausgehen. Über 30 bis 40 m Wassertiefe ankert man ungern. An unserer deutschen Küste ist die gewöhnliche Ankertiefe größerer Schiffe etwa 15 bis 25 m.

Alle Anker- und Kettenmanöver erfordern ein besonderes seemännisches Geschick. Ein Schiff wird stets von dem Kommandanten zu Anker gebracht. Kurz vor dem Ankern geht man mit dem Schiff ganz langsam zurück, damit die Kette gut ausrauschen kann. Beim Ankern ist auf die Wassertiefe zu achten, damit der Anker gleich bis auf den Grund fällt. Es ist ferner darauf zu achten, daß man nur dort ankert, wo ein Anker auch wirklich halten kann und das Schiff gegen Wind und Strom sicher liegt. Ein Anker faßt gut in Lehm und Schlick, auf Felsgrund kann ein Anker entweder gar nicht fassen oder so unglücklich in die Felsen greifen, daß man ihn später nicht heraufbekommen kann.

Unter besonderen Verhältnissen ankert man mit zwei Ankern. In diesem Falle wirft man erst den einen Anker weg und geht vorsichtig so weit rückwärts, bis man an die Stelle kommt, wo der zweite Anker fallen soll, dann hievt man etwa die Hälfte der vom ersten Anker ausgesteckten Kette wieder ein, so daß dann das Schiff genau in der Mitte zwischen beiden Ankern liegt. Durch einen besonders eingerichteten großen Schäkel mit Wirbel kann man beide Ankerketten so verbinden, daß das Schiff im Ebb- und Flutstrom sich drehen kann, ohne daß die Ketten unklar kommen. Diesen Schäkel nennt man den Mooringsschäkel, und das Manöver heißt „vermooren". Ein Schiff muß vermoort werden, wenn man in engem Gewässer mit Stromwechsel längere Zeit liegen will. — Sonst ist der zweite Anker eines Schiffes nur Reserveanker. Kriegsschiffe haben für Sonderzwecke noch einen Heckanker mit allem erforderlichen Zubehör.

Das Ankerlichten geschieht nur auf ganz kleinen Fahrzeugen mit der Hand, auf allen mittleren und größeren mit einer Winde, die auf großen Schiffen immer mit einer Maschine betrieben wird. Man nennt eine derartige Winde das Ankerspill. Schiffe, die geankert haben, müssen dies sofort äußerlich, namentlich in der Nacht, durch Setzen der Ankerlaterne anzeigen, damit andere Schiffe sich entsprechend danach richten können. Kriegsschiffe zeigen, bevor sie ankern oder den Anker lichten, die Flagge A (Anton), eine weiße Flagge mit liegendem roten Kreuz (Andreaskreuz).

Kleine Anker mit 4 Armen ohne Stock bezeichnet man als Draggen. Sie werden nur von kleinen Fahrzeugen zum Ankern oder zu Sonderzwecken benutzt. Sind die Draggen so klein, daß man sie durchs Wasser über den Grund schleppen kann, dann nennt man sie auch Sucher, weil sie zum Suchen von Gegenständen auf dem Grund, z. B. Kabeln, dienen.

Eine besondere Abart der Anker bilden die Pilzanker. Es sind dies kreisrunde eiserne Scheiben, etwa wie riesige Kochdeckel. Das Ankertau ist bei Pilzankern gewöhnlich eine Stahlleine, die von oben nach der Mitte des Pilzankers führt. Pilzanker dienen zum Verankern von Minen und von Seezeichen (Bojen, Tonnen).

Boote und Bootsdienst.

Jedes Schiff hat eine Anzahl von Booten, die für ihren Zweck besonders gebaut und verwendet werden. Für große, schwere Arbeiten, z. B. zum Transport von Lasten oder zahlreichen Mannschaften hat man Barkassen und Pinassen. Die Hauptgebrauchsboote werden gewöhnlich als Kutter bezeichnet. Kleinere Arbeitsboote sind die Jollen, und die kleinsten Verkehrsboote werden Dingis genannt. Außerdem gibt es verschiedentlich auf einzelnen Schiffen für Sonderzwecke Gigs. Diese letzteren dienten früher hauptsächlich dem offiziellen Besuchsaustausch und kommen zur Zeit immer mehr in Fortfall. Haben die Boote statt der Riemen die Fortbewegung durch Dampf oder Ölmotoren, bezeichnet man sie als Dampfbarkassen, Dampfpinassen, Motorkutter, Motorjollen usw.

Die Boote sind entweder als Klinkerboote, das heißt die horizontalen Holzplanken der Außenhaut liegen dachziegelartig übereinander, oder sie sind karvel gebaut, dann stoßen die Planken ganz glatt aneinander und sind innen gut versteift. Sind zwei Plattengänge innen und außen zusammengefügt, so werden die einzelnen Platten schräg übereinander gekreuzt. Es ist dies ein besonders fester Bau, der bei schweren Booten Verwendung findet; man nennt diese Art Diagonalkarvel oder einfach Diagonalbau. Bei mittleren und kleinen Booten wird der billige und völlig ausreichende Klinkerbau bevorzugt. Für den Kiel, die Spanten und die Außenhaut wird hauptsächlich Eichenholz verwendet. (Luxusboote sind aus Mahagoni, billige Vergnügungsboote kleinerer Art aus Fichtenholz.)

Die wichtigsten Benennungen von Bootsteilen.

Kiel ist der unterste Plattengang oder ein besonderer Kielbalken.

Vorsteven und Achtersteven sind die Verlängerung des Kieles vorn und achtern nach oben.

Spanten sind die Rippen des Bootes, die die Beplankung halten.

Außenhaut ist die äußere Beplankung. (Klinker, Karvel, Diagonal.)

Duchten sind die Sitzbänke der Ruderer quer zum Boot. Die Sitzbänke hinten im Boot heißen nicht duchten, sondern Bänke.

Scheuerleiste ist eine Leiste außen um das Boot dicht unter dem Dollbord, um Beschädigungen der Bootsplanken zu vermeiden. Das Boot soll sich gegen die Anlegestelle nur mit der Scheuerleiste lehnen.

Dollbord: Der starke obere Abschluß der Außenhaut, in welchem die Dollen, das sind die Halter für die Riemen, angebracht sind.

Dollen: Rudergabeln für die Riemen zum Rudern.

Setzbord: Eine breite, dünne Planke, die auf das Dollbord mit Zapfen aufgesetzt werden kann, wenn man das Dollbord beim Segeln erhöhen will.

Die Fisch: Der starke Bodenbelag über dem Kiel.

Spiegel: Die hintere Fläche eines Bootes, wenn es wie die meisten Boote achtern breit (nicht in einer Spitze auslaufend) gebaut ist.

Ruder: Das Steuerruder — niemals die Riemen.

Pinne: Der horizontale Handgriff, um das Ruder zu bewegen.

Ruderjoch: Kommt nur in Gigs vor und ist quer auf dem Ruderkopf gelagert. Man bewegt das Joch mit Leinen.

Runzeln sind Einschnitte halbkreisförmig im Dollbord zum Rudern an Stelle der Dollen.

Fußleisten sind Leisten, um die Füße beim Rudern gegenzustemmen.

Mast darf niemals Mastbaum genannt werden..

Wanten: Die seitlichen Stützen eines Mastes.

Stagen: Die vorlichen Stützen eines Mastes.

Klüverbaum: Der am Bug nach vorn fast horizontal liegende Baum zum Setzen der dreieckigen Vorsegel (Klüver).

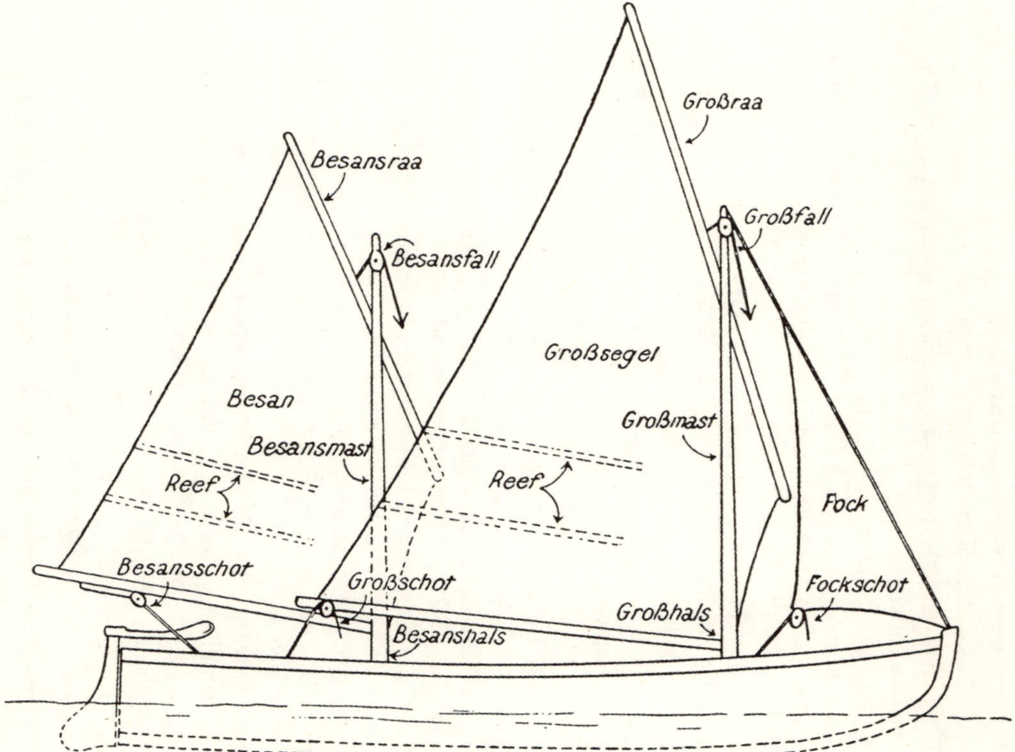

Die wichtigsten Benennungen der Kuttertakelage.

Burgsprit ist ähnlich dem Klüverbaum, bloß fest angebracht bei größeren Fahrzeugen, während der Klüverbaum zum schnellen Einnehmen eingerichtet ist.

Raa: Das obere Rundholz an einem Segel.

Baum: Das untere Rundholz an einem Segel.

Gaffel: Ein Rundholz ähnlich einer Raa, jedoch mit einer Klau am Mast gleitend.

Schoten: Die Taue, die die Schothörner, die hinteren, unteren Ecken eines Segels bedienen. Ist das Schothorn an einem Baum fest, dann gehen die Schoten durch einen Block am Baum. Schoten sind lose.

Halsen: Die Taue, die den Hals des Segels, die vordere, untere Ecke des Segels festsetzen. Der Hals ist fest.

Geitaue sollen das Segel zusammenziehen, aufgeien.

Reefe sind Reihen von Bändseln, um das Segel bei viel Wind zu verkleinern.

Großsegel: Das große Segel am Großmast.

Fock: Meist im Boot ein dreieckiges Vorsegel, das vom Großmast nach dem Bug am Fockstag führt.

Klüver: Ebenfalls ein dreieckiges Vorsegel, das aber außerhalb der Fock nach dem Klüverbaum gesetzt ist.

Besan: Ein Segel am Besansmast, der hinter dem Großmast steht, aber kleiner als der Großmast ist.

Treiber: Ein kleiner achtern stehender Mast.

Dirk: Ein Tau, um den Baum eines Segels „aufzudirken“, das heißt hoch zu bäumen.

Segel bestehen aus Segeltuch verschiedener Stärke, haben eine Taueinfassung, das Liek, und an den vier Ecken eingenähte Kauschen, das heißt metallene Ringe.

Unterschlagen heißt ein Segel an der Raa befestigen.

Das Benehmen im Boot.

Verantwortlich für das Boot ist der Bootssteurer. Dieser hat dafür zu sorgen, daß im Boot alles vorhanden ist, was für den Dienst und die Arbeit mit dem Boot für den gegebenen Zweck erforderlich ist.

Im nachstehenden soll ein Marine-Kutter als Muster angenommen werden.

Es gehören in das Boot hinein die vorschriftsmäßige Anzahl (10—14) von Bootsriemen (2 Reserveriemen). Die Riemen liegen längs im Boot mit den Blättern nach vorn. Bug- und Schlagriemen in der Mitte des Bootes, die Bugriemen mit den Blättern nach achtern. Zwei Bootshaken, eine Pütze (Holzeimer oder Segeltucheimer), ein Ösfaß (hohle Holzschaufel, um Wasser auszuschöpfen = auszuösen), Laterne mit Licht und Streichhölzern (wenn möglich Sturmstreichhölzer), ein oder zwei Faß Trinkwasser, für besondere Zwecke die Segeltakelage, Rettungsboje, Schwimmwesten, Kompaß, Fackelfeuer, eine Kanne mit Öl und Proviant.

Die Kutter zum sofortigen Gebrauch hängen in Davits (Kranbalken) und werden, weil sie sofort klar sein müssen, auch als Rettungsboote benutzt und bezeichnet. Das Herunterbringen und Aufheißen eines Rettungsbootes, namentlich im Seegang, ist eine seemännische Arbeit, die stets vom Offizier geleitet wird und in dieser Fibel nicht beschrieben werden kann, da hierzu größere seemännische Praxis gehört.

Die Besatzung des Bootes, das sind der Bootssteuerer und die Leute an den Riemen, befindet sich jeder sitzend auf seinem Platz. Nur die Leute der vordersten und achtersten Ducht (Ruderbank) dürfen zur Bedienung der Bootshaken und der Leinen, die das Boot vorn oder hinten festhalten, stehen. Jeder, der ins Boot kommt, hat sich sofort hinzusetzen. Aufstehen im Boot während der Fahrt ist streng zu vermeiden. Im Boot darf nicht geraucht werden, es sei denn, daß bei sehr langen Fahrten der älteste Verantwortliche im Boot das Rauchen ausdrücklich gestattet. Über den Bootsrand darf nichts herausragen, z. B. darf niemand seine Arme über das Dollbord hängen (den oberen Rand des Bootes). Beim An- und Ablegen legt man, damit das Boot nicht scheuert, die Wielings (kleine Ledersäckchen oder Taustroppen) aus; diese dürfen während der Fahrt niemals sichtbar sein. Große Wielings aus Kork oder Holz werden Fender genannt. Im Boot hat Ruhe zu herrschen. Alle Befehle im Boot gibt der Bootssteuerer, und dieser ist als Vorgesetzter zu betrachten. Den Dienst im Boot versieht nur die Bootsbesatzung. Es ist unzulässig, wenn ein Mitfahrer sich an irgendeiner Arbeit, z. B. am Helfen beim Rudern, beim Absetzen des Bootes oder sonstwie beteiligt.

Ein Anruf des Bootes in der Nacht „B o o t a h o i" beantwortet nur der Bootssteurer mit den bestimmten Antworten, die ihm dienstlich vorgeschrieben sind.

Der Bootssteurer hat sich lediglich um sein Boot zu kümmern und hat nur die vorschriftsmäßigen Kommandos beim Ab- und Anlegen und für das Fortbewegen des Bootes zu geben.

Das B o o t s r u d e r n will genau so gelernt werden w i e d i e G r i f f e m i t d e m G e w e h r. Es ist daher überflüssig, auf die Handhabung der Riemen näher einzugehen. Nach dem Absetzen des Bootes werden die „R i e m e n b e i"genommen, auf „R u d e r a n" losgerudert in einem gleichmäßigen Schlag, den der S c h l a g r i e m e n, dies sind die Leute auf der hintersten Ducht, die jeder Ruderer, der bekanntlich mit dem Gesicht nach achtern schaut, sehen kann, angibt. Vor dem Anlegen kommandiert der Bootssteurer „B u g", worauf die Leute von der vordersten und achtersten Ducht die Riemen leise ins Boot legen, die Bootshaken ergreifen und sich klar halten, die ihnen zugeworfene F a n g l e i n e wahrzunehmen. Dicht vor der Anlegestelle erfolgt der Befehl „R i e m e n e i n". Will man ein Boot aus irgendwelchen Gründen, wenn z. B. ein Gegenstand über Bord gefallen ist, schnell zum Stehen oder Rückwärtsfahren bringen, dann gibt der Bootssteurer den Befehl „H a l t W a s s e r" oder „S t r e i c h d i e R i e m e n". Ersteres bedeutet, daß die Riemenblätter senkrecht ins Wasser getaucht werden, letzteres heißt rückwärts rudern.

Das Kommando „R i e m e n h o c h" dient im allgemeinen als Ehrenbezeigung. „R i e m e n k r e u z e n" als Ruhepause. Der höchste Vorgesetzte steigt z u l e t z t in das Boot ein, aber zuerst wieder aus. Der Bootssteurer hat den höchsten im Boot befindlichen Offizier vor dem Ablegen des Bootes zu fragen: „D a r f i c h a b s e t z e n?"

Gutes Bootsrudern ist ein Zeichen von guter Zucht im Boot und von Disziplin; niemals darf ein Bootsgast sich gehen lassen. Gerade der Bootsdienst, im besonderen das Rudern, wird auf allen Häfen, namentlich im Ausland, scharf beobachtet und auch von Zivilpersonen als äußeres Zeichen zur Beurteilung des Dienstbetriebes kritisiert und angesehen.

Vom Bootssegeln.

Ein Boot gut zu segeln, ist eine Kunst, die nicht jedem gegeben ist. Genau wie es verschiedene Sorten Reiter gibt, so gibt es auch sehr verschiedene Sorten Segler.

Ein Segelboot unter normalem Verhältnis führen, kann aber jeder handwerksmäßig lernen, wenn er ruhig und vorsichtig arbeitet. Nichts ist törichter, als beim Segeln durch Naßforschheit imponieren zu wollen.

Die Takelage eines Bootes ist bei allen Bootsarten auf den Kriegsschiffen verschieden, aber auch an unseren Küsten sind in verschiedenen Gegenden völlig verschiedene Segelführungen gebräuchlich. Im folgenden sollen nur solche Regeln gegeben werden, die jeder einzelne, der im Segelboot sitzt, beherrschen muß. Von der Theorie des Segelns, d. h. von der Kraftwirkung des Windes auf die Segel, soll abgesehen werden.

Segelstellung.

1. „Im Wind“ liegt ein Boot, wenn der Wind von vorn kommt und das Segel lose hin und her schlägt.
2. „Beim Wind“ oder „am Wind“ sagt man, wenn der Wind schräg von vorn kommt. Man stellt dann das Großsegel auf Mitte zwischen Wind- und Kielrichtung a = b (siehe Seite 59).
3. „Halber Wind“ bedeutet, daß der Wind quer von einer Seite kommt. Segelstellung wieder auf Mitte zwischen Wind- und Kielrichtung a = b.
4. „Backstags Wind“ — der Ausdruck kommt davon her, daß die Taue, die den Klüverbaum oder das Bugspriet seitlich stützen und mit dem Bug des Schiffes verbinden, Backstagen genannt werden. Wenn der Wind schräg von achtern (= hinten) in der Richtung dieser Backstagen weht, so wird das Segel auch wieder auf Hälfte zwischen Windrichtung und Kielrichtung gestellt. Die Backstagsrichtung ist für die Segelei die günstigste Windrichtung.
5. „Vor dem Wind“ bedeutet, der Wind kommt genau von achtern. In diesem Falle stellt man das Segel genau quer zum Winde und zum Schiff.

Jeder Wind (2 bis 4) kann von Backbord (links) und von Steuerbord (rechts) wehen; man sagt, wenn der Wind von Backbord kommt, „der Wind weht von Backbord ein", und da das Schiff sich in solchem Falle nach Steuerbord überlegt, so sagt man weiter „das Schiff liegt über Steuerbord Bug".

Luv und Lee.

Die Luvseite ist die Seite, auf die der Wind zu weht, also die Windseite. Die Leeseite ist die entgegengesetzte Seite, d. h. die Nicht-Wind-Seite. Ein Boot legt sich daher stets beim Winde nach Lee über. Man sagt von einer Richtung, die im Winde liegt, luwart oder luvwärts, und von der dem Winde abgelegenen Seite leewärts oder in Lee.

Die Ausdrücke Luv und Lee, die eigentlich nur auf die Windrichtung Bezug haben, werden aber auch in der Artillerie angewendet. Man spricht von Feuerluv, das ist die Seite, von welcher die Granaten des Feindes herkommen; und Feuerlee ist die dem Feinde abgekehrte Seite.

Hat ein Schiff in Lee von sich die Küste, ist es also ungeschützt, so sagt man, das Schiff liegt auf Leegerwall.

Einfache Segelregeln.

Ein Boot muß so gestaut sein, daß es gleichmäßig auf dem Wasser liegt. Staut man schwere Lasten vorn in das Boot, dann wird das Boot hinten leichter und benimmt sich etwa wie eine Wetterfahne, d. h. das Boot wird stets das Bestreben haben, um den schweren Bug mit dem Heck so zu drehen, daß das Boot in den Wind geht, so daß also der Wind von vorn kommt. Man nennt ein solches Boot luvgierig. Ist ein Boot luvgierig, so bedeutet dies an sich keine Gefahr, hat aber den Nachteil, daß man beim Segeln immer ein wenig mit dem Steuerruder das Boot zwingen muß, nicht in den Wind hineinzuschießen. Der Wasserdruck auf das Steuerruder hemmt die Fahrt, und ein luvgieriges Boot wird immer etwas langsamer fahren als ein gut gestautes Boot.

Staut man den Ballast oder schwere Gewichte(Wasserfässer) hinten in das Boot, dann wird dieses die Neigung haben, vom Winde

Wind und Segel.

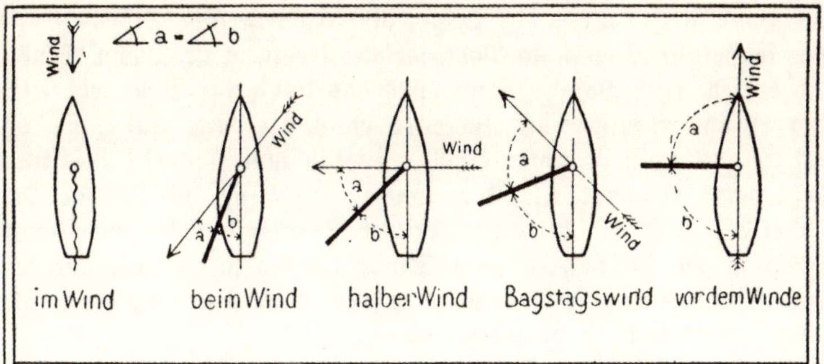

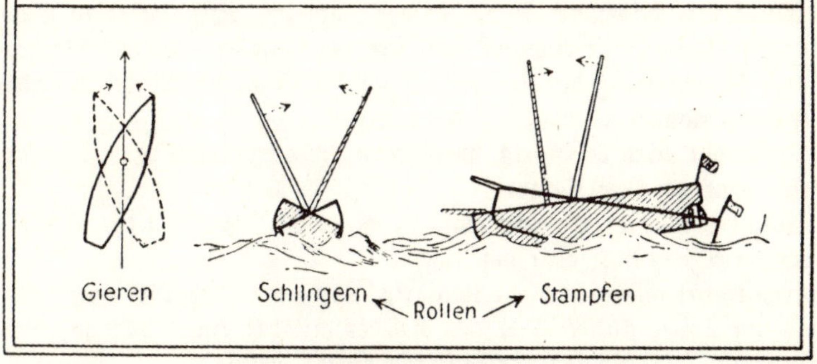

Schiffsbewegungen.

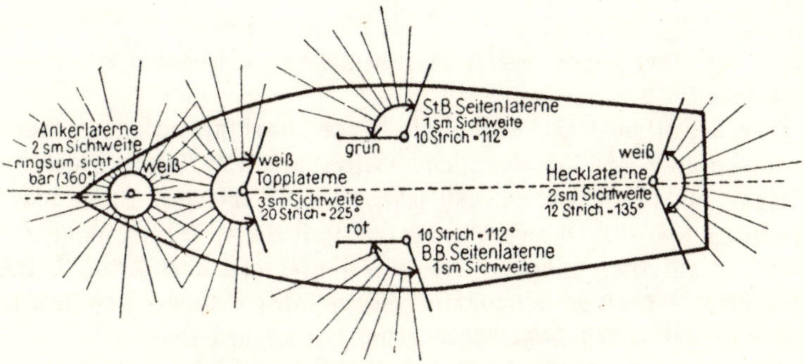

Bestreichungswinkel der Schiffslichter.

abzudrehen, weil das schwere Hinterschiff durch sein Gewicht festgehalten, und das leichte Vorderschiff herumgedrückt wird. Ein solches Boot ist l e e g i e r i g. Boote, die leegierig sind, bedeuten eine gewisse Gefahr. Segelt ein Boot, welches leegierig ist, „beim Winde" und es setzt eine Bö ein, dann wird das leegierige Boot sehr leicht vom Winde abfallen, die Bö wird dann breitseits auf das Boot treffen und kann es unter Umständen bis zum Kentern überlegen. Außerdem tritt natürlich die gleiche Hemmung durch dauerndes Ruderlegen ein wie beim luvgierigen Boot. Ein Boot wird zweckmäßig so gestaut, daß es beim Winde liegend so gut wie gar kein Ruder braucht, um geradeaus zu fahren. Eine g e r i n g e Neigung von Luvgierigkeit ist vielleicht erwünscht.

Alle Leute haben im Boot auf der Luvseite (Windseite) zu sitzen. Nur ein Mann, der Ausguck nach Lee, darf an der Leeseite bleiben. Durch Verschiebung der Leute im Boot kann man ein Boot luv- oder leegierig machen.

Ein Boot wird luvgierig, wenn man die vorderen Segel (Klüver) wegnimmt oder verkleinert.

Es wird luvgierig, wenn man die hinteren Segel mit den Schoten nach der Mitte holt oder vergrößert.

Umgekehrt wird ein Boot leegierig, wenn man die vorderen Segel nach der Mitte anholt oder den Klüver mit der Hand back hält und wenn man die Schoten der hinteren Segel loswirft.

Eine einsetzende schwere Bö, die dem Boot Gefahr bringen könnte, läßt sich dadurch meistern, daß man wie eine Wetterfahne das Boot in den Wind bringt, daß der Wind also recht von vorn über das Boot streicht. Dazu ist es nötig, sofort die Vorsegel loszuwerfen, Ruder zu legen nach der Seite des einsetzenden Windes und die Hintersegel anzuholen.

Der verantwortliche Mann am Ruder darf niemals das Ruder loslassen und hat sich um nichts weiter als um Wind, Segel und Seegang zu kümmern. Er muß jede, auch die geringste Änderung in Richtung und Stärke des Windes rechtzeitig empfinden, namentlich wenn er an einer unbekannten Küste fährt, weil dort, durch örtliche Verhältnisse bedingt, oft plötzlich Böen einsetzen können, die leichten und hoch getakelten Fahrzeugen gefährlich werden können.

Das wichtigste Ende (Tauwerk) ist die G r o ß s c h o t. Diese ist das Tau, welches die hintere untere Ecke des Großsegels richtig zum

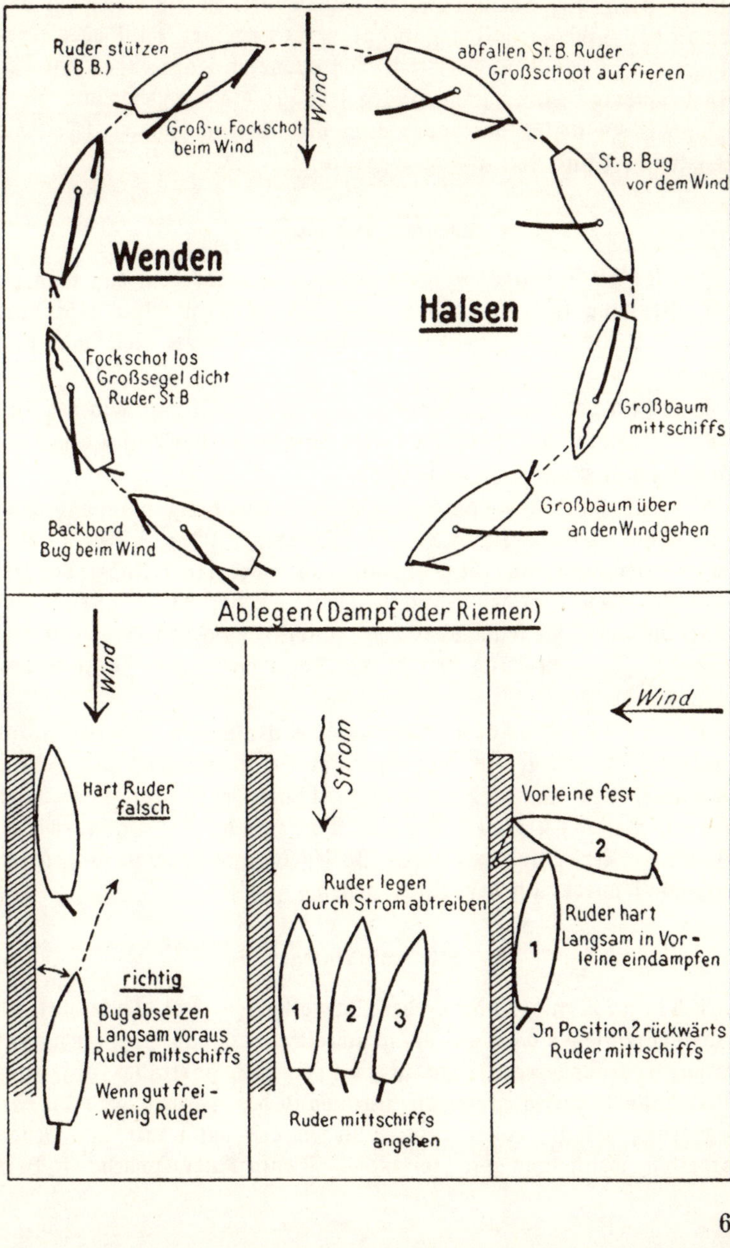
Ruder stützen
(B.B.)
Groß- u. Fockschot
beim Wind
Wind
abfallen St.B. Ruder
Großschoot auffieren
St.B. Bug
vor dem Wind
Wenden
Halsen
Fockschot los
Großsegel dicht
Ruder St.B
Großbaum
mittschiffs
Großbaum über
an den Wind gehen
Backbord
Bug beim Wind
Ablegen (Dampf oder Riemen)
Wind
Strom
Wind
Hart Ruder
falsch
richtig
Bug absetzen
Langsam voraus
Ruder mittschiffs
Wenn gut frei -
wenig Ruder
Ruder legen
durch Strom abtreiben
1
2
3
Ruder mittschiffs
angehen
Vorleine fest
2
1
Ruder hart
Langsam in Vor-
leine eindampfen
Jn Position 2 rückwärts
Ruder mittschiffs

Winde stellt. Bei allen kleineren Fahrzeugen ist die Großschot stets fest in der Hand zu halten und darf nicht an einer Bank oder einem Nagel belegt (angebunden) sein. Bei größeren Fahrzeugen hat stets ein besonderer Mann seine Hände frei für die Großschot, auf die er besonders zu achten hat; aber auch die übrigen Schoten (Fockschot, Besansschot) sind von großer Bedeutung.

Wenden und Halsen.

Wenden bedeutet mit dem Boot so herumdrehen, daß während der Wendung (Drehung) das Boot durch den Wind hindurch muß, der Wind also in der Wendung eine kurze Zeit von vorn kommt.

Halsen bedeutet das Boot so zu drehen, daß während des Halsens (Drehung) das Boot vor dem Winde ist, der Wind also kurze Zeit platt von achtern kommt.

Regel für Wendung: Vor der Wendung muß das Boot gut Fahrt haben. Dann Befehl „Wenden". (Das Ruder langsam legen und nicht hart, damit das Boot keine Fahrt verliert. Vorsegel los und in den Wind. — (Vorsegel back halten nur im Notfalle, da das Boot leicht über den Achtersteven geht.) Großschot hart anholen. Ist man durch den Wind, dann Segel für Fahrt voraus richtig bedienen.

Regel für Halsen: Nicht zu schnell abfallen. Bei viel Wind, wenn der Wind querein steht mit loser Schot arbeiten; ist der Wind backstags, den Großbaum langsam mittschiffs holen. Vorsicht, wenn der Baum übergeht! — Dann erst den Baum auffieren und mit losen Vorsegeln und langsam angeholten Großschot wieder an den Wind gehen.

Ab- und Anlegen.

Ablegen mit Ruder- oder Dampfbooten. Die Leute mit den Bootshaken setzen vorn gut ab, gleichzeitig wird das Boot etwas aufgeholt (vorausgezogen). Es ist falsch, mit Hartruder abzulegen, weil dann das Heck gegen die Bordwand des Schiffes oder die Anlegebrücke schlägt; daher beim Ablegen erst dann mit dem Ruder arbeiten, wenn man gut frei ist. — Wenig Ruder geben. — Beim

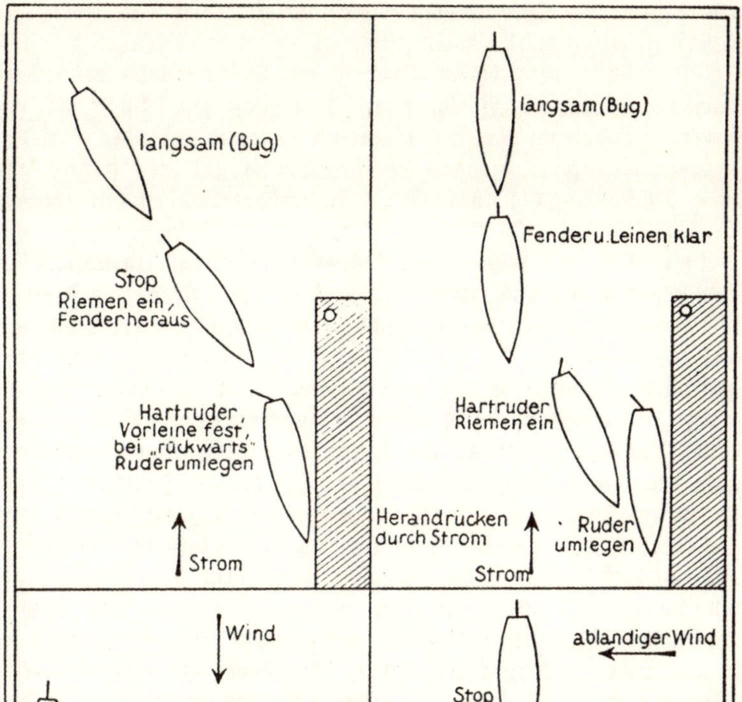

Anlegen mit Dampfboot oder Ruderboot.

Ablegen im Strom von vorn drückt dieser das Boot, das achtern gehalten wird, schnell allein ab. —

Ablegen bei auflandigem Wind ist mit Dampfbooten dadurch zu machen, daß man die Vorleine mit etwas Lose gut festhält und mit Hartruder nach der Anlegeseite zu mit langsam gehender Maschine so lange eindampft, bis das Heck des Bootes gut frei ist und man durch Rückwärtsgang abkommt. — Ruderboote müssen gut abgesetzt werden.

Anlegen mit Ruder- oder Dampfbooten. Wenn irgend möglich, stets gegen Wind und Strom und stets in Lee anlegen. — In ganz flachem Bogen, mit wenig Ruder arbeitend, bei einem Schiff von achtern ankommen. Ein großer Bogen ist seemännisch richtig, schön und wird „Admiralsbogen" genannt (wohl weil das Schiff Zeit gewinnt, den Empfang durch Wache vorzubereiten). — Wenig Fahrt, damit das Boot sicher an der Anlegestelle steht. Kommt man von vorn mit hoher Fahrt und dann in ganz kurzem Hartruder-Bogen an, so sind häufig die eigenen Wellen an der Landungsbrücke (dem Fallreep) noch bemerkbar. Das Boot schlingert und das Aussteigen ist behindert. — Ein solches Manöver sieht forsch aus, ist aber ganz unseemännisch. — Anlegen im Strom von vorn mit Dampfbooten ist leicht, da man die Maschine bis zuletzt langsam laufen lassen kann und die Ruderwirkung hat. — Bei Ruderbooten gegen starken Strom werden die Riemen so lange beibehalten, bis die vordere Fangleine im Boot durch die Bugriemen-Leute wahrgenommen ist. — Dann erst Riemen ein und das Ruder nach der Anlegeseite zu legen und sich vom Strom herandrücken lassen. Anlegen bei stark ablandigem Wind muß vorsichtig über den Vorsteven erfolgen. Vorleine fest und dann entweder mit Hartruder langsam eindampfen oder mit Achterleine heranholen.

Ablegen unter Segel. Wind von vorn. Vorsegel über den Luvbug halten, Großschot dicht holen. Gut voraus absetzen. Bei Wind von achtern zunächst nur mit den Vorsegeln allein die Fahrt aufnehmen, bis man gut frei ist.

Ablegen unter Segel bei auflandigem Winde ist nicht möglich; in diesem Falle muß das Boot abgeschleppt oder abgerudert werden. Bis man in Lee alles gut frei hat.

Anlegen unter Segel. Kommt man „vor dem Winde" an, so muß man genau so verfahren, als wenn man hart an den Wind geht und

Ablegen im Segelboot

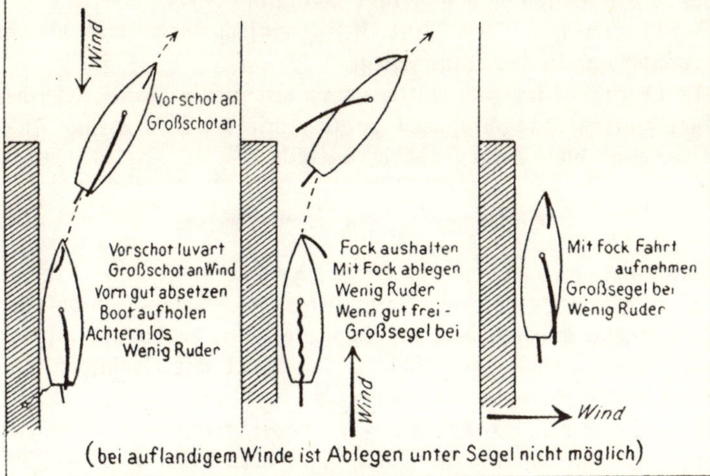

Anlegen unter Segel

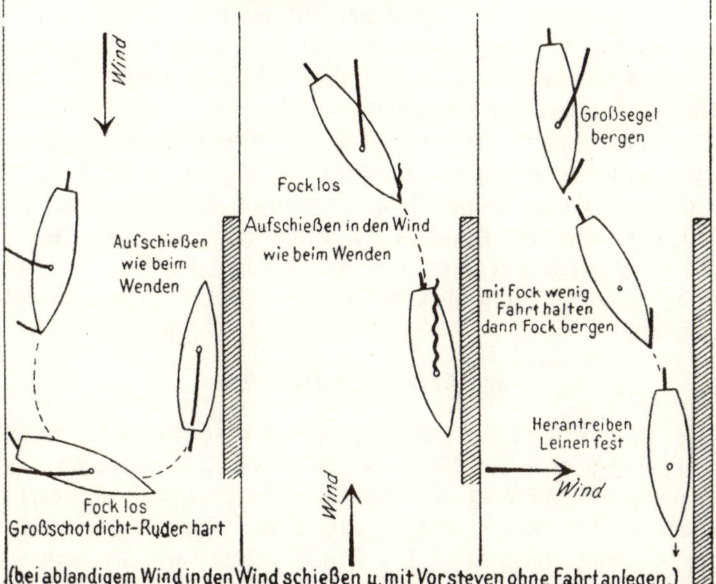

anschließend etwa wenden will. Die Anlegestelle ist der Ort, wo das Boot in der Wendung, d. h. gerade „im Wind" liegt.

Anlegen gegen den Wind ist sehr einfach, indem man die Fock wegnimmt und in den Wind schießt.

Anlegen quer zum Winde muß mit wenig Fahrt geschehen. Daher zunächst das Großsegel bergen, mit der Fock wenig Fahrt halten, dann diese bergen und herantreiben.

Einsetzen einer Bö. — Viel Wind.

Bei einer plötzlich einsetzenden Bö ist sofort in den Wind zu gehen. Deshalb die Vorsegel los (Fockschot los), Großsegelsschot vorsichtig anholen, daß das Boot die Fahrt behält und mit dem Ruder sicher in den Wind schießt. Das Boot mit Großsegel (oder Besan) im Winde halten. — Nicht abfallen.

Bleibt starker Wind bei, sofort reefen. — Ein Boot liegt bei mit dichter Großschot, loser oder backer Fock. — Muß man bei starkem Winde vor dem Winde herlaufen, dann empfiehlt es sich, vor dem Winde zu kreuzen. Hierbei ist größte Vorsicht anzuwenden in dem Augenblick, wo man halsen muß. Der Baum darf nicht schnell von selbst übergehen, sondern wird vor dem Halsen langsam mittschiffs geholt und dann über den anderen Bug aufgefiert.

Bei stürmischem Wetter und geeignetem Grund empfiehlt sich auch Ankern mit Grundeisen und langer Leine oder vor einer Pütze als Treibanker an langer Leine zu treiben. Ölsäcke haben nur Sinn, wenn man den Ölsack in der Windrichtung eine gute Wellentalbreite entfernt schleppen kann. Es ist völlig zwecklos, Öl „beim Winde" über Bord zu gießen oder Ölsäcke in diesem Falle über Bord zu hängen.

Mann über Bord unter Segel.

Als Hauptregel gilt, unbedingt die Ruhe behalten und vorsichtig arbeiten. Übereiltes Manöver gibt Versager, und man muß das Manöver wiederholen, wodurch schwerer Zeitverlust entsteht. — Die Boje so werfen, daß sie der Mann leicht erreichen kann. — Aus einem Boot soll keiner nachspringen, da man am schnellsten mit dem Boot selbst rettet. Nichtschwimmer dürften

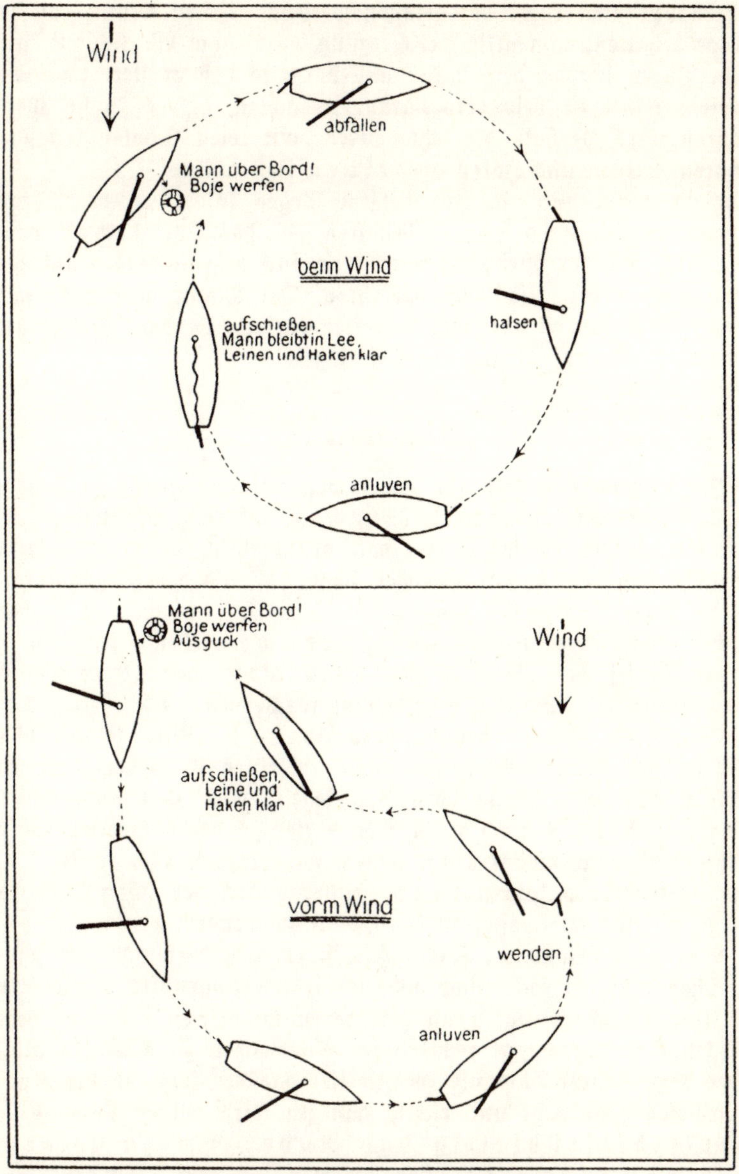

Mann über Bord im Segelboot.

überhaupt nicht ins Boot gelassen werden. — Den Mann gut im Auge behalten, namentlich bei Seegang. — Beim Wind auf kurzem Bogen halsen, den Mann ansteuern, so daß er stets in Lee bleibt; dabei ist besonders darauf zu achten, daß er nicht überfahren wird, deshalb die letzte Strecke mit losen Schoten langsam fahren. Leinen und Haken an beiden Seiten klar.

Vor dem Wind. Auf kurzem Bogen sofort an den Wind gehen, genügend Fahrt behalten, daß das Boot sicher wendet, und nach der Wendung den Mann vorsichtig ansteuern und genau wie vorher geschildert verfahren. Der Mann darf nicht mit viel Fahrt angesteuert und zu retten versucht werden. Viel Fahrt im letzten Augenblick gibt meist Versager.

Ausweichregeln.

Im allgemeinen gilt als Regel, daß auf See genau so ausgewichen wird wie an Land, d. h. rechts fahren. Als zweite allgemeine Regel kommt hinzu, daß grundsätzlich derjenige auszuweichen hat, dem das Ausweichen leichter ist als dem Gegenfahrer. Z. B. jedes Dampfschiff muß einem Segelschiff ausweichen. Jedes Schiff, das mit günstigem, das heißt raumem Winde segelt, muß einem Schiff, das „beim Winde" segelt, ausweichen. Jedes Schiff, das ein anderes Schiff überholt, muß ausweichen.

Segelt ein Schiff über Backbord Bug, d. h. Wind kommt von Steuerbord (von rechts), so behält es seinen Kurs bei, und ein Schiff, das über Steuerbord Bug segelt, muß ihm ausweichen. Der Grund liegt einfach darin, weil derjenige, der über Steuerbord Bug liegt, ohne weiteres mit seinem Steuerruder nach rechts, d. h. nach Steuerbord fahren kann, während der, der über Backbord liegt, dieses nicht ausführen kann, ohne zu wenden.

Von ganz besonderer Wichtigkeit ist es, daß derjenige, der ausweichen muß, hiermit nicht bis zum letzten Augenblick wartet. Es ist seemännisch richtig, wenn der, der auszuweichen hat, dies dem Gegenfahrer durch gut rechtzeitiges Ausweichen zu erkennen gibt. Der Gegenfahrer darf nie im Zweifel darüber sein, ob der Auszuweichende aufpaßt und richtig handeln wird. Man lege daher sehr frühzeitig das Ruder, um zu zeigen, daß man ausweicht. Man hat hierdurch auch selbst den Vorteil, daß man nur mit sehr wenig Ruder arbeiten braucht und deshalb nur einen sehr geringen Fahrtverlust hat. Es ist ein Zeichen schlechter Seefahrt, wenn jemand sein Ausweichmanöver spät beginnt, „naßforsch" herumfährt und mit viel Ruder arbeitet.

Die Backbordseite hat ein rotes, die Steuerbordseite ein grünes Licht. Als Ausweichregeln sind folgende Verse zu merken:

Kommt grün und rot voraus in Sicht,
Leg Steuerbord, zeig rotes Licht.
Grün an grün und rot an rot,
Geht alles klar, hat keine Not.

Wird rot an Steuerbord gesehen,
So heißt es aus dem Wege gehen.
Siehst du jedoch an Backbord grün,
Brauchst du dich weiter nicht zu mühn.
In diesem Fall muß grün sich klaren
Und muß dir aus dem Wege fahren.

Es ist zweckmäßig, namentlich in belebtem Fahrwasser, daß man beim Ausweichen durch eine Dampfpfeife sein Manöver anzeigt. Es bedeutet:

Ein kurzer Ton, ich drehe nach Steuerbord.
Zwei kurze Töne, ich drehe nach Backbord.
Drei kurze Töne, ich gehe rückwärts.
Ein ununterbrochen langer Ton bedeutet Achtung.

Jeder richtige Seemann muß namentlich im engen Fahrwasser sein Schiff so führen, daß er einem Gegenfahrer das Ausweichen nicht unnütz erschwert. In Kriegshäfen ist der Befehl, daß kleine Fahrzeuge, z. B. Vergnügungsfahrer, Ruderboote usw., großen, schweren Schiffen auszuweichen haben. Es fordert der einfache Verstand, daß ein flaches, leichtes Fahrzeug einem tiefgehenden, großen Schiff Platz macht. Hier sei eingeschaltet, daß es nichts Törichteres geben kann, wenn leichtsinnige Schwimmer in die Nähe fahrender Schiffe schwimmen, in der Absicht, jemandem zuzuwinken oder in den Wellen sich zu schaukeln. Sie bringen nicht nur sich selbst in Lebensgefahr, sondern machen dem Führer des Schiffes die allergrößten Schwierigkeiten.

Die Lichter auf Schiffen.

(Siehe die Bunttafel.)

Von Sonnenuntergang bis Sonnenaufgang muß jedes Schiff, ob ob in Fahrt oder zu Anker, bestimmte Lichter führen; diese sind durch die Seewasserstraßenordnung vorgeschrieben.

Ein Segelschiff in Fahrt führt zwei Seitenlichter, ein grünes Licht an der Steuerbordseite, d. h. der rechten Seite des Schiffes, und ein rotes Licht an der Backbordseite, d. h. an der linken Seite des Schiffes. Die Sichtweite dieser Seitenlichter muß bei normalem Wetter etwa 2 Seemeilen, das sind rund 3½ km weit, sein.

Ein Dampfer in Fahrt führt außen den vorstehend genannten roten und grünen Seitenlichtern ein weißes Licht am vorderen Mast. Große Dampfer über 45 m Länge führen am hinteren Mast oben an der Spitze noch ein zweites, höherstehendes weißes Licht.

Ein Dampfer, der ein anderes Schiff schleppt, führt außen den Seitenlichtern am vorderen Mast zwei weiße Lichter untereinander.

Werden zwei oder mehr Fahrzeuge geschleppt, so führt der Schlepper drei weiße Lichter übereinander.

Lotsenfahrzeuge führen ein weißes und darunter ein rotes Licht am Mast, so daß diese Lichter den ganzen Horizont bescheinen.

Schiffe zu Anker führen eine weiße Ankerlaterne, die nach allen Seiten sichtbar ist. Schiffe über 45 m Länge haben am Heck eine zweite weiße Laterne, etwas niedriger als die vordere.

Alle fahrenden Schiffe zeigen achtern ein weißes Hecklicht von geringer Sichtweite.

Ein Schiff, welches unfähig ist, auszuweichen, führt am vorderen Mast zwei rote Lichter untereinander, die nach allen Seiten sichtbar sind. Bei Tage an Stelle der roten Lichter zwei scharze Bälle. Ein vor Anker liegendes Schiff führt ein weißes, nach allen Seiten hin sichtbares Licht.

Die roten und grünen Seitenlichter sind in Richtbrettern so aufgestellt, daß sie weder nach achtern noch über den Bug nach der andern Seite sichtbar sind, weil dadurch große Gefahren entstehen können. Es ist daher bei der Bedienung der Seitenlichter ganz besonders darauf zu achten, daß diese Richtbretter vorhanden sind und die Laterne richtig in diesen Richtbrettern steht. Außer den vorstehend genannten Lichtern gibt es selbstverständlich noch eine Anzahl von Lichtern, die nach besonderen Bestimmungen, teilweise örtlicher Art, geführt werden müssen. Als allgemeine Regel kann immer gelten, daß ein rotes Licht oder mehrere rote Lichter eine Warnung bedeuten.

Es ist wohl selbstverständlich, daß alle Lichter auf Schiffen nur dann Sinn haben, wenn sie ordentlich brennen. An Bord, wo die Gläser der Laternen und auch die Laternen selbst durch Feuchtigkeit und durch den Salzgehalt der Luft stark beeinflußt werden, sind daher alle Laternen während der Nacht dauernd zu beobachten.

Im Kriege werden fast immer sämtliche Lichter gelöscht. An der Küste deshalb, damit der Feind sich nicht zurechtfinden kann, und auf allen Schiffen, damit man nicht beobachtet werden kann. Auf Schiffen nennt man dies abgeblendet fahren. Das Abblenden erstreckt sich aber nicht bloß auf die vorgeschriebenen Lichter. sondern auf jedes Licht überhaupt. Es ist erstaunlich, wie weit selbst die kleinste Taschenlaterne oder ein Streichholz oder die Funken aus dem Schornstein sichtbar sind. Vermutet man daher einen Feind, so muß auf das sorgfältigste darauf geachtet werden, daß keine Spur irgendeines Lichtes, auch nicht beim Öffnen einer Tür oder eines Fensters, sichtbar wird.

Häfen und Hafenanlagen.

Häfen haben den Zweck, Schiffe vor Sturm und Seegang zu schützen, so daß sie ausgerüstet, beladen, gelöscht (entladen) und ausgebessert werden können. Ein Hafen muß eine gute und bequeme Ein- und Ausfahrt haben, die nötige Wassertiefe besitzen und ein Hinterland haben, damit die Schiffsgüter leicht an- und abtransportiert werden können. Die Wasserfläche, die außerhalb des eigentlichen Hafens liegt, auf der aber Schiffe gut und bequem ankern können, nennt man die Reede. Auf Reede ankern solche Schiffe, die noch nicht in den Hafen einlaufen können, auf einen Lotsen warten oder nur ganz vorübergehend dort liegenbleiben wollen. Eine offene Reede ist eine Reede, die nur geringen Schutz gegen Seegang bildet.

Man unterscheidet Kriegshäfen, Handelshäfen, Nothäfen und Fischereihäfen.

Unsere Hauptkriegshäfen sind in der Nordsee Wilhelmshaven und in der Ostsee Kiel. Wir haben aber in einer Anzahl anderer Häfen noch Marinelandtruppen liegen. Es seien hier nur genannt Emden, Cuxhaven, Swinemünde und Pillau mit je einer Marine-Artillerieabteilung, Flensburg-Mürwik mit einer großen Marineschule, Eckernförde mit einer Torpedoversuchsanstalt. Siehe die Karte Seite 9.

Wilhelmshaven und Kiel sind die Stützpunkte unserer schwimmenden Streitkräfte und haben sehr bedeutende Werftanlagen und große Docks. Auf den Werften der Kriegshäfen werden unsere Kriegsschiffe gebaut, repariert und ausgerüstet. Der Kriegshafen von Kiel ist ein ausgezeichneter natürlicher Hafen. Die Schiffe laufen durch die schmale Enge von Friedrichort in den weiten Kieler Hafen, der die größte Flotte der Welt bequem aufnehmen kann. Im Hafen liegen eine Reihe Festmacherbojen, die zum Teil mit Fernsprechleitungen versehen sind, an denen die Schiffe bei jedem Wind und Wetter sicher und bequem liegen können. Der Hafen von Wilhelmshaven ist ein Kunsthafen. Riesige Hafenbecken mit großen, festen Steinmauern sind im Laufe der Jahre entstanden, so daß vor dem Kriege unsere gesamte Flotte, bestehend aus zahlreichen Großkampfschiffen, in den Hafenbecken liegen konnte. Da Wilhelmshaven starke Ebbe und Flut und einen Wasserwechsel von über 3 m Höhe hat, so müssen die Schiffe in Wilhelmshaven eingeschleust werden. Es sind zwei Schleusen für die allergrößten Schiffe vorhanden und außerdem noch zwei ältere Schleusen für die Schiffe aus früherer Zeit. Die massiven, aus Stein und Zement gebauten Schleusen werden vorn und hinten durch schwere Eisentore, die neuen Schleusen durch Schiebetore geschlossen. Wilhelmshaven ist ganz neuzeitlich eingerichtet und das Muster eines Kunsthafens. Auch die Docks sind für allergrößte Schiffe gebaut. Unter einem Dock versteht man ein Bassin, welches am Eingang mit einem Schleusentor versehen ist. Das Schiff wird hineingebracht, das Dock geschlossen, das Wasser herausgepumpt, wobei das Schiff trockengelegt wird; damit es nicht umfällt, muß es gut abgestützt werden. Man kann dann den Schiffsboden reinigen und die Unterwasserteile, besonders die Schiffsschrauben, prüfen und instand setzen. Jedes Schiff muß in gewissen Zeitabständen, namentlich wenn es in tropischen Gewässern war, gedockt werden, weil sich an der Außenhaut zahlreiche Muscheln festsetzen, die die Geschwindigkeit des Schiffes wesentlich beeinflussen. Neben diesen festen Docks hat man in vielen Häfen auch

Schwimmdocks. Es gibt jetzt Schwimmdocks, in denen die größten Schiffe gedockt werden können. Ein Schwimmdock ist ein sehr großer flacher Eisenkasten mit hohen Seitenwänden. Etwa wie eine Zigarrenkiste ohne Deckel, bei der man die Querbrettchen entfernt hat. — Der Eisenkasten wird voll Wasser gelassen, das ganze Dock sinkt herunter. Das Schiff kann nun durch die offene Schmalseite in das Dock hinein, und dann wird das Wasser im Dockkasten ausgepumpt, das Dock und in ihm das Schiff wird gehoben und schwimmt auf. Auch hier muß das Schiff gut abgestützt sein.

Neben den Schwimmdocks sind Riesen-Schwimmkräne ein Wahrzeichen großer Werften und Häfen. — In der Marine wurden die großen Schwimmkräne, die ganze Geschütztürme ablüfteten, Panzerplatten und Kessel heben, mit Scherznamen als „der lange Heinrich" bezeichnet.

Die Bauunterlage, auf der ein Schiff in der Werft gebaut wird, nennt man eine Helling. Dort wird das Schiff bis zum Stapellauf, der mit der Schiffstaufe verbunden ist, fertiggestellt.

Kriegshäfen haben auch Anlagen zur Unterbringung von Munition, Geschützen, Torpedos und namentlich Minen und sind mit allen denjenigen Einrichtungen versehen, die ein Kriegsschiff im Frieden und Krieg benötigt.

Die größten Handelshäfen in der Nordsee sind Hamburg und Bremen. Man kann vor allem Hamburg wegen seiner günstigen Lage an der Elbe und seiner gewaltigen Anlagen als einen Musterhafen für die ganze Welt bezeichnen. Auch hier sind große Privatwerften, auf denen die neuesten Riesenschiffe und Schnelldampfer gebaut, gedockt, instand gesetzt und ausgerüstet werden können. Ein Teil der Hafengebiete ist in sich abgeschlossen und wird als Freihafen bezeichnet, weil nämlich dieser Freihafen außerhalb des Zollgebietes liegt. Erst wenn die Waren, die das Schiff einführt, aus dem Freihafen herauskommen, passieren sie die Zollgrenze. Im Freihafen sind sie noch unverzollt.

An der linken Elbseite, weit vorgeschoben an der Mündung, liegt Cuxhaven, gleichsam ein Außenhafen von Hamburg.

Bremen bildet mit Bremerhaven ein großes Hafengebiet. Bremerhaven hat besonders große Anlagen für die Schnelldampfer des Norddeutschen Lloyd, die wegen ihres Tiefganges nicht bis Bremen herauffahren können.

An Handelshäfen in der Nordsee seien noch genannt Emden und Altona. (Wilhelmshaven ist kein Handelshafen.)

In der Ostsee sind die Handelshäfen Flensburg, Kiel, Lübeck, Warnemünde mit Rostock, Stralsund, Swinemünde und Stettin, Kolberg, der Freistaat Danzig mit Neufahrwasser, Königsberg mit Pillau.

An der gesamten deutschen Küste an der Nord- und Ostsee befinden sich noch eine Reihe kleiner Häfen, namentlich für Fischereizwecke. Der mit großen Mitteln gebaute Kunsthafen von Helgoland, der ein ausgezeichneter Fischereihafen geworden wäre, ist leider zerstört; er hätte besonders als Nothafen in der Deutschen Bucht bedeutende Verwendung finden können. Not- und Zufluchtshäfen sind solche Häfen, auf denen Schiffe nur für kurze Zeit aus Sicherheitsgründen ankern, in denen aber sonst keine großen Hafeneinrichtungen vorhanden sind, weil das Hinterland fehlt.

Die Verbindung zwischen der Nord- und Ostsee bildet der Kaiser-Wilhelm-Kanal. Dieser wurde von 1887 bis 1895 gebaut. Er ist fast genau 100 km lang und hat an der Elbe bei Brunsbüttel zwei riesige Schleusen und in Kiel bei Holtenau ebenfalls solche. Vor dem Kriege wurde der Kanal für die Großkampfschiffe erweitert, und diese Erweiterung wurde im Jahre 1914 unmittelbar vor Kriegsausbruch fertig. Selbst die größten Schiffe können den Kanal passieren, doch ist nur eine Geschwindigkeit von 10 km in der Stunde gestattet.

Für die Handelsschiffe ist in unseren Nordseehäfen Lotsenzwang, ebenso selbstverständlich für den Kaiser-Wilhelm-Kanal. Kriegsschiffe fahren in unsere deutschen Häfen ohne Lotsen, müssen aber für den Kanal und die schwierigen Fahrwasser auf Elbe und Weser einen Lotsen haben, schon um alle Sonderbestimmungen und Hafenverordnungen zu erfahren und zu berücksichtigen.

In allen größeren Häfen befinden sich Zeitsignalstationen, Sturmsignalstationen (siehe Bunttafel) und Hafenämter. Eine Hafenpolizei sorgt für Ordnung und Regelung des Verkehrs in den Häfen.

Quarantäne.

Jedes vom Ausland kommende Schiff muß sich einer ärztlichen Prüfung unterwerfen. Es muß hierzu einen Gesundheitspaß vorlegen, in welchem angegeben ist, daß in dem letzten Hafen keine ansteckenden Krankheiten, namentlich Cholera, Pest, Pocken oder Gelbes Fieber geherrscht haben. Ist der Gesundheitspaß in Ordnung, dann darf das Schiff einlaufen. Ist dies nicht der Fall, dann muß das Schiff eine längere Zeit in Quarantäne liegen. Die Dauer dieser Quarantäne ist gesetzlich festgelegt. Während dieser Zeit darf keinerlei Verkehr von und nach dem Schiff stattfinden. Es zeigt dann dauernd eine gelbe Flagge.

Schiffsvermessung (Tonnage).

Kriegsschiffe werden in bezug auf ihre Größe nach dem Gewicht vermessen, und zwar nach deutschen Tonnen. Eine Tonne = 1000 kg (= 2204,6 englische Pfund). Eine englische Tonne ist = 20 englischen Zentnern = 1016 kg.

In bezug auf das Schiffsgewicht nennt man eine Gewichtstonne auch eine Verdrängungstonne. Das Wort Deplacement wird neuerdings verdeutscht in Verdrang oder besser in Wasserverdrängung.

Wenn ein Schiff im Wasser schwimmt, so verdrängt es so viel vom Wasser, als von dem Schiff im Wasser eingetaucht ist, d. h. unter der Wasserlinie liegt. Diese verdrängte Wassermasse wird in Kubikmetern ausgerechnet; da ein Kubikmeter Wasser eine deutsche Gewichtstonne ist, so erhält man auf diese Weise das Schiffsgewicht. Beispiel: Unsere neuen Panzerschiffe haben ohne Brennstoff, Wasser usw. eine Wasserverdrängung (oder ein Deplacement) von 10 000 Tonnen, das bedeutet, das Schiff wiegt, wenn man es auf eine Waagschale setzen würde, 10 000 Tonnen, und es verdrängt durch seine Eintauchung 10 000 cbm Wasser.

Handelsschiffe werden nach Raumtonnen berechnet. Als Raummaß ist die sogenannte Registertonne üblich. Eine Registertonne ist = 100 englischen Kubikfuß, das ist in unser deutsches Maß übersetzt = 2,832 cbm.

Der Bruttoraumgehalt (BRT = Bruttoregistertonnen) ist der gesamte, nach bestimmten Vermessungsvorschriften ermittelte Raumgehalt eines Schiffes zwischen Außenhaut und dem obersten durchlaufenden Deck einschließlich aller geschlossenen Aufbauten, aber ausschließlich des Doppelbodens, vorausgesetzt, daß in diesem keine

Ladung oder Brennstoffe, namentlich Öl, enthalten sind. Der Bruttoraumgehalt gibt also im allgemeinen, wenn man das Frachtschiff als eine Blechschachtel betrachtet, an, wieviel Raum in dieser Schachtel enthalten ist. In dem Schiff sind aber bereits eine Anzahl Räume durch Maschine, Kessel, Besatzung usw. besetzt. Wenn man diese besetzten Räume von dem Bruttoraumgehalt abzieht, so erhält man den Nettoraumgehalt.

Mit dem Raumgehalt allein ist dem Führer eines Schiffes aber noch nicht gedient. Er muß auch über die Tragfähigkeit seines Schiffes Bescheid wissen. Denn würde man den Raum mit Holz ausfüllen, so würden völlig andere Verhältnisse eintreten, als wenn man Blei oder Eisen hineintäte. Man spricht daher noch von einer Tragfähigkeitstonne (TT). Diese bezeichnet das Gewicht der Ladung. Bei der Gesamttragfähigkeit, mit der man gewöhnlich rechnet, sind Brennstoff, Wasser, Vorräte für die Besatzung mit einbezogen.

Das Verhältnis zwischen Nettoregistertonne, Bruttoregistertonne und Tragfähigkeitstonne ist bei einem gewöhnlichen Frachtdampfer durchschnittlich etwa wie 1 : 1,6 : 2,2.

Legt man die Wasserverdrängung zugrunde, dann ist die Tragfähigkeit ungefähr 0,7 der Wasserverdrängung, der Bruttoraumgehalt etwa 1,6 und der Nettoraumgehalt 2,4 der Wasserverdrängung.

Bei der Zahlung von Gebühren im Hafen oder bei Durchfahrten durch Kanäle wird gewöhnlich der Nettoraumgehalt zugrunde gelegt.

Es ist nicht im Belieben jedes Kapitäns gestellt, sein Schiff bis aufs äußerste vollzuladen. Vielmehr ist international bestimmt, daß der größte Tiefgang, den ein Handelsschiff haben darf, durch „Tiefgangs- und Freibordmarken" deutlich gekennzeichnet werden muß.

Unter Freibord versteht man den Abstand von der Oberkante der Deckslinie bis zur Oberkante der weißen Freibordmarke. Man findet diese Marke in der Mitte des Schiffes an beiden Seiten. Es ist dies für die Freibordmarke ein Kreis von 30 cm Durchmesser, durch dessen Mitte ein weißer Strich geht. Neben diesem Kreise befinden sich, leiterförmig angeordnet, noch mehrere Striche, die mit Buchstaben bezeichnet sind. Diese Buchstaben geben den Freibord für besondere Fälle, z. B. für Winter (W), für Sommer (S), für Tropen (T), für Frischwasser (im Unterschied zu Salzwasser) (F) an.

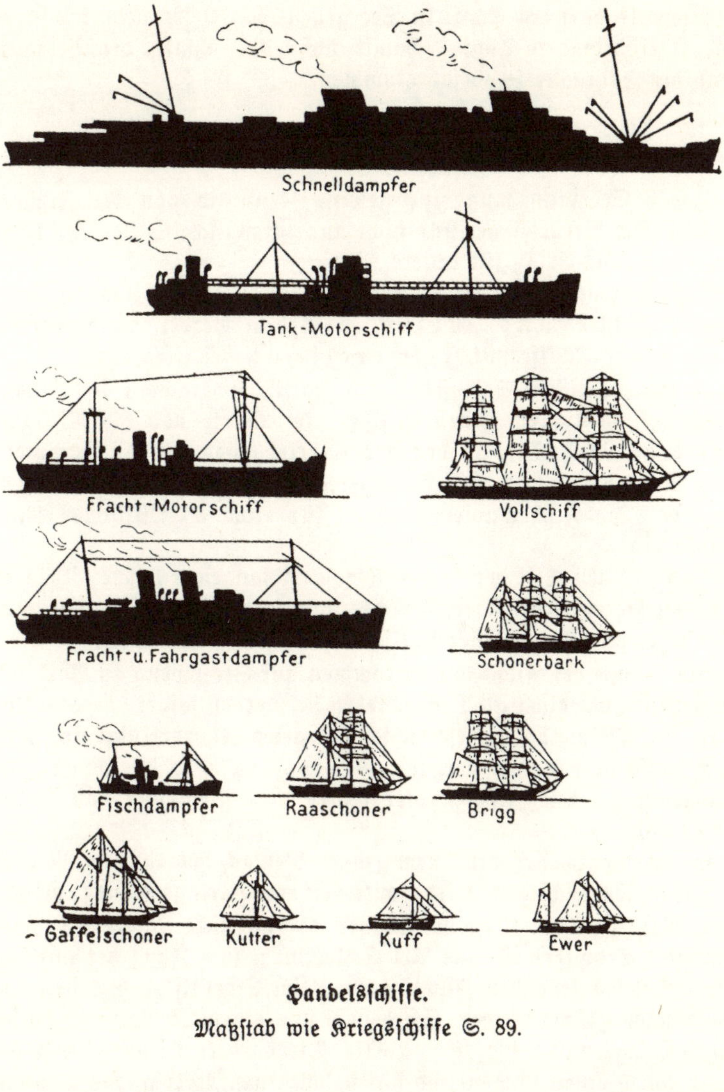

Handelsschiffe.

Maßstab wie Kriegsschiffe S. 89.

Damit die Freibordmarken nicht willkürlich verschoben oder abgewaschen werden können, ist ihre genaue Lage durch Körnerpunkte in der eisernen Außenhaut festgelegt.

Niemals darf ein Schiff in See gehen, das tiefer beladen ist, als die Freibordmarke angibt, damit nicht das Schiff, die Besatzung und die Fahrgäste in Gefahr kommen.

Fischerei.

Jeder Seemann muß eine gewisse Kenntnis von der Fischerei haben. Die Berufsfischer sind nicht nur vorzügliche Seeleute, sondern auch der beste Ersatz für unsere Marine.

Die Marine besitzt zum Schutze der Fischerei zwei besondere Fahrzeuge, „Elbe“ und „Weser“, außerdem werden verschiedentlich auch andere Schiffe mit Fischereischutz beauftragt.

Unsere deutschen Seeküsten- und Haffischer brachten 1933 insgesamt 7,7 Millionen Zentner Fische im Werte von 60 Millionen Mark an Land. Dies ist der Arbeitsertrag von 330 Fischdampfern, 145 Motorfahrzeugen, 148 Heringsloggern und etwa 12 000 Küstenfischern. Die Fischdampfer brachten für etwa 38 Millionen Mark Fische ein.

Den größten Teil der in der Nordsee gefangenen Fische bilden die grünen Heringe, die über 80% des ganzen Nordseefanges und etwa ⅓ des Gesamtfanges aller deutschen Fahrzeuge ausmachen.

Die Fänge der Fischdampfer kommen auf See lebend an Bord und verenden nicht etwa an Deck, sondern sie werden sofort wie das Vieh auf dem Schlachthof abgeschlachtet, ausgeweidet, gereinigt und sorgsam zwischen Kunsteis verpackt. — Der Fang wird das ganze Jahr ausgeübt. — Die Fischdampfer haben eine Besatzung von 12 bis 13 Mann.

Es wird entweder mit einem großen Netzsack, der auf dem Meeresgrunde nachgeschleppt wird, oder einem Heringsstellnetz gefischt. Die Kurre oder Trawl (daher der englische Name für Fischdampfer Trawler) ist eine Art Schleppnetz, zum Fang der auf dem Meeresboden lebenden Fische, namentlich Schellfische, Schollen und Seezungen, zu verwenden. Sie besteht aus einem Netzsack von 15 bis 30 m Länge und 8 bis 16 m Weite. Die vordere Öffnung desselben wird durch einen langen und dicken hölzernen Balken, den Baum,

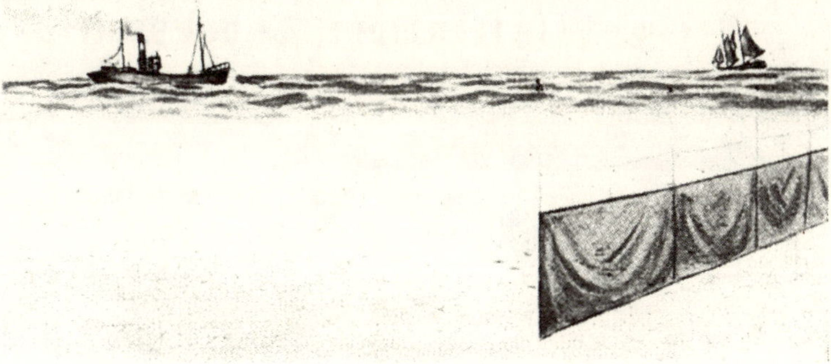

Heringsstellnetz.

Grundschleppnetz mit Scherbrettern.

Die wichtigsten Nutzfische des Meeres

Kabeljau (Dorsch)

Wittling (Merlan)

Hering

Schellfisch

Seehecht

Seelachs (Köhler, Blaufisch)

Scholle (Goldbutt)

Rotbarsch (Goldbarsch)

Lengfisch

aufgesperrt. Jetzt sind statt des Kurrbaums vielfach seitliche Scherbretter in Gebrauch. Der untere Teil des Netzes ist kürzer als der obere und vorn am Grundtau befestigt. Durch das Grundtau werden die Fische aufgescheucht, diese suchen nach vorn und oben zu entfliehen, stoßen dann aber gegen den oberen vorstehenden Netzteil und können nicht mehr entrinnen. Heringe, wenn sie in großen Schwärmen auf unsern Fangplätzen in der Nordsee auftreten, um im flachen Wasser zu laichen, werden auch mit einem engmaschigen Heringsnetz gefangen. Es sind dies riesige, lange, im Wasser stehende Treibnetze, in deren Maschen sich die senkrecht auf das Netz zu Millionen zuströmenden Heringe mit dem Kopf einbohren, um dann mit den Kiemen hängen zu bleiben.

Die gefangenen Fische werden in den großen deutschen Seefischmärkten an der Nordseeküste, Wesermünde, Bremerhaven, Cuxhaven, Hamburg und Altona gelandet. An diesen Stellen befindet sich alles, was die Fischdampfer für sich, aber auch die gefangenen Fische für den Weitertransport nach dem Binnenlande benötigen.

Die 12000 an der ganzen deutschen Nord- und Ostseeküste verteilten Haff- und Küstenfischer fangen nach den verschiedensten Verfahren der Schlepp- und Stellnetzfischerei. Die Ostseefischer, deren Fanggründe in der Nähe der Küste liegen, verteilen ihre Fänge auf viele Plätze an der Ostseeküste.

In der Fischerei mit Segelkuttern ist der Fischerort Hamburg-Finkenwärder, als die Heimat von Gorch Fock, aber auch durch die besonders zähe und harte Fischerbevölkerung, wohl der bekannteste in Deutschland.

Lotsenwesen.

Lotsen sind Leute, die entweder als Beamte fest angestellt sind oder ihren Beruf handwerksmäßig ausüben und verschiedenen sehr eingehenden und sich öfter wiederholenden Prüfungen unterworfen werden. Sie müssen mit dem Fahrwasser und allen Hafenverhältnissen gut und genau Bescheid wissen, die Polizeiverordnungen kennen und auch ein Schiff selbständig führen können.

Vor den Nordseehäfen, oft sehr weit in See, auf den Anfahrtsstraßen kreuzt ein Lotsenschoner oder ein Lotsendampfer, die den einkommenden Schiffen, wenn sie eine Lotsenflagge setzen, den Lotsen an Bord bringen und den auslaufenden Schiffen den Lotsen abnehmen.

Die Lotsenflagge ist im allgemeinen immer die Nationalflagge mit einem breiten weißen Rand. Der Seelotse bringt das Schiff von See bis an die Hafengrenze, und dann kommt vielfach ein zweiter Lotse, der sogenannte Hafenlotse, an Bord. Während der Seelotse hauptsächlich in der Steuermannskunde, den jeweiligen Stromverhältnissen und in der Hafenansteuerung bewandert ist, kennt der Hafenlotse vor allen Dingen die Polizeivorschriften des Hafens, die Liegeplätze und kann Fragen über besondere Hafenvorschriften, Konsulate, Kohlenlager und ähnliches beantworten. Der Lotse ist in erster Linie der Berater des Schiffsführers. Auf Kriegsschiffen behält stets der Kommandant, auch wenn ein Lotse an Bord ist, die volle Verantwortung. Nicht der Lotse, sondern der Kommandant führt das Kriegsschiff. Auf kleineren Schiffen der Handelsmarine übernimmt der Lotse oft das Kommando selbst.

Die Lotsengebühren richten sich stets nach der Größe der Schiffe und den örtlichen Verhältnissen.

Lotsen müssen wetterharte und handfeste Leute sein, die, bevor sie in den Lotsendienst kommen, längere Zeit zur See gefahren sind. Es ist erstaunlich, mit welcher Sicherheit die Lotsenfahrzeuge bei schlechtem Wetter und Sturm geführt werden und wie selbst bei hohem Seegang der Lotse im kleinen Boot an Bord kommt.

Die Deutsche Gesellschaft zur Rettung Schiffbrüchiger.

Die Deutsche Gesellschaft zur Rettung Schiffbrüchiger ist im Jahre 1865 gegründet. Sie verfolgt den Zweck, Seeleute in Not zu retten. Sie stützt sich hauptsächlich auf freiwillige Mitgliederbeiträge. Die kleinen Sammelbüchsen in Gestalt eines Rettungsbootes sind wohl allgemein bekannt und können jedem zur Beachtung empfohlen werden.

An den deutschen Küsten bestehen zahlreiche Rettungsstationen. Diese sind in jeder Seekarte verzeichnet. Meistens sind diese Rettungsstationen mit einem Rettungsboot, das neuerdings vielfach an Stelle eines Ruderbootes ein Motorboot ist und mit einem Rettungsraketenapparat ausgerüstet.

Die Rettungsbootmannschaft besteht aus freiwilligen

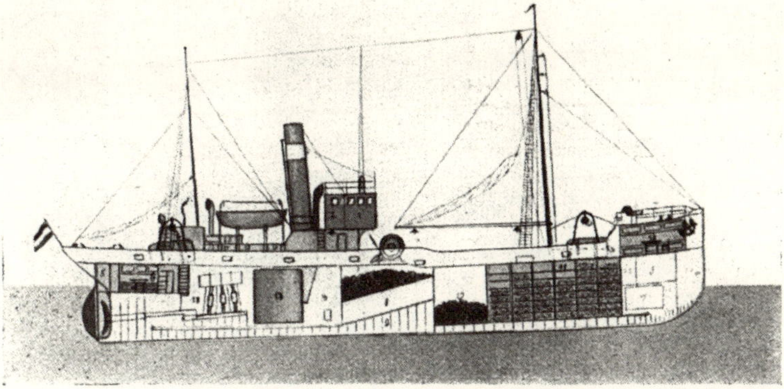

Längsschnitt durch einen Fischdampfer.

Rettungsboot auf Transportwagen.

Notsignal

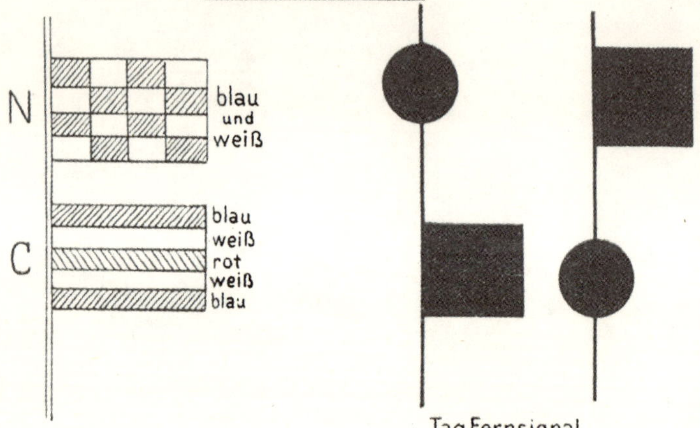

Tag Fernsignal
Ball mit Flagge

Nachts Raketen oder rote Sterne feuern

Funkspruch SOS • • • — — — • • •

Raketenapparat

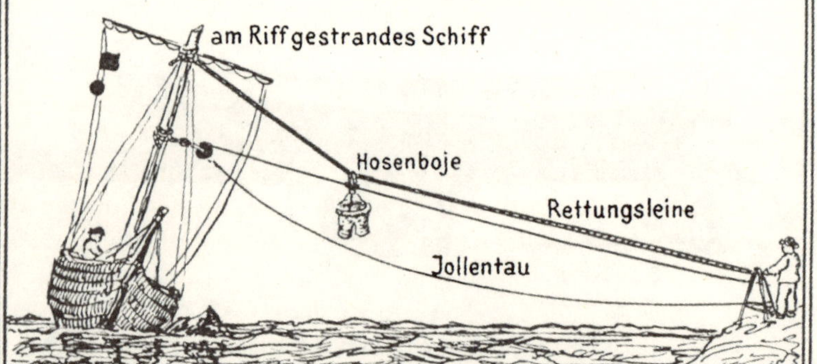

Seeleuten, die in unmittelbarer Nähe der Rettungsstation wohnen und leicht erreichbar sind.

Ein Rettungsboot ist vorn und hinten spitz gebaut und mit großen Luftkästen versehen. Rings um das ganze Boot ist ein mit Segeltuch benähter Korkgürtel angebracht. Auf dem Dollbord befinden sich vorn und achtern besonders kräftige kleine Poller, um zugeworfene Leinen bei jedem Seegang schnell festmachen zu können. Das Boot selbst ist unsinkbar eingerichtet. Falls es kentern sollte, sind zum Festhalten besondere Taustroppen im Boot vorhanden. Eine Sanitätsausrüstung, wie sie auch sonst die Sanitätskolonnen haben, und Schwimmwesten sind stets vorhanden. Das Boot ist in dem Rettungsschuppen auf einer langen Ablaufbahn gelagert, und diese wieder befindet sich auf einem Wagen, dessen Räder für Dünensand mit einer Radraupe versehen sind (siehe Bild Seite 83).

Zu den Rettungsapparaten gehören noch Hosenbojen. Es sind dies starke Segeltuchhosen, die an einer Laufkatze so befestigt sind, daß, wenn die Verbindung zwischen einem gestrandeten Schiff und dem Lande mit Hilfe des Raketenapparates durch eine Leine hergestellt ist, die einzelnen Leute der schiffbrüchigen Besatzung an Land geholt werden können.

Vom Schwimmen im Seegang.

Man verlasse niemals ein Wrack zu früh, es ist erstaunlich, wie lange Wracks, selbst Trümmer dem Seegange widerstehen. Wer im Strom an Land schwimmen will, darf dies niemals gegen den Strom versuchen, er muß quer oder doch besser mit dem Strom das Land zu erreichen suchen.

In der Brandung läuft die See zurück, von Land wieder ab, wer durch die Brandung zu schwimmen versucht, wird daher von der rücklaufenden See jedesmal wieder zurückgeworfen, und es ist meist ein hoffnungsloses Ankämpfen gegen die See — dies müssen sich auch alle diejenigen merken, die in einem Seebade sich zu weit hinauswagen um in der Brandung zu dümpeln. — Die meisten Landratten glauben, sie könnten einfach wieder den gleichen Weg zurückschwimmen, und ahnen nichts von der nach See zurücklaufenden Strömung.

Wenn Schwimmwesten umgelegt werden, so müssen diese gut sitzen, damit der Kopf des Schwimmers sicher über Wasser bleibt.

Will man vom sinkenden Schiff ins Wasser oder einen Menschen retten, so entledige man sich der Kleidung; unbedingt das Schuhzeug und die Oberkleidung ablegen.

Wenn Leinen oder Bojen geworfen werden, so muß hierbei ganz sachlich verfahren werden. Eine Leine, die zu kurz ist, die schlecht geworfen wird, eine Boje die unerreichbar ist, schadet mehr als sie nützt.

Für jedes Rettungswerk gilt als oberste Regel: mit ganz klarem Verstande, mit Überlegung und mit äußerster Ruhe arbeiten. — Jedes Geschrei stört ein Rettungswerk, jedes Überhasten bringt Verwirrung und Gefahr.

SOS.

Der Notsignalruf für Schiffe auf See heißt SOS. Das Morsesignal hierzu ist ... — — — ...

SOS wird gewöhnlich übersetzt mit Save our Souls, auf deutsch: „Rette unsere Seelen". Dieses Signal wird gegenwärtig nur funkentelegraphisch gegeben und gelangt in belebten Gegenden an alle Schiffe, die Funkeinrichtung besitzen, so daß diese dann zu Hilfe eilen können. Auf diese Weise sind auf See zahlreiche Menschenleben, oft auch ganze Schiffe geborgen worden.

Die erste Anregung zu einem internationalen Notsignal wurde in Berlin auf einem Funkkongreß von der italienischen Abordnung im Jahre 1903 gegeben. Damals wurden noch andere Buchstaben vorgeschlagen, die sich im Laufe der Jahre als unpraktisch erwiesen. Die Art des Morsesignals ist aber so charakteristisch, daß eine Änderung jetzt sicher nicht mehr zu erwarten ist. Im Jahre 1908 wurde das Signal SOS endgültig eingeführt.

Die deutsche Seemannsmission.

In den Seemannsheimen soll der Seemann der Handelsmarine, der losgelöst von Familie und Heimat seinen Dienst tut, eine freundliche Heimstätte finden. Die deutsche Evangelische Seemannsmission hat ihren Sitz in Altona, die Katholische in Hamburg. — 22 deutsche Seemannsheime geben in in- und ausländischen Häfen unseren Seeleuten Unterkunft und gute Verpflegung. — Lesezimmer sorgen für geeigneten Lesestoff. Es muß besonders betont werden, wie dankbar gerade der Seemann für eine gute Zeitschrift, ein gutes Buch ist.

Kranke Seeleute werden von der deutschen Seemannsmission betreut. Auch die Briefpost wird Seeleuten der Handelsmarine auf ihren Wunsch zugestellt und befördert. Im Jahre 1932 wurden in den Heimen mit 900 Betten insgesamt 9693 Gäste in 185 000 Schlafnächten beherbergt. Wie groß das Lesebedürfnis ist, geht daraus hervor, daß fast eine halbe Million Seeleute im Berichtsjahre in den Lesezimmern gezählt wurden.

Aus dem Leben der Reichsmarine.

Kriegsschiffsarten.

1. Linienschiffe. Der Name Linienschiff stammt aus der alten Segelschiffszeit, als im 17. Jahrhundert Engländer und Holländer um die Seeherrschaft kämpften. Als Dampfschiffe und Panzerschiffe aufkamen, hörte der Name Linienschiff allmählich auf. Erst Großadmiral v. Tirpitz hat im Flottengesetz den Namen Linienschiff wieder eingeführt. Vom Jahre 1906 an unterschied man zwischen älteren Linienschiffen, die ungefähr die Größe von 15 000 t und vier 24 bis 30,5-cm-Kanonen hatten, und neuen Linienschiffen, die eine Größe zwischen 20- und 30 000 t und schwerste Geschütze hatten. Diese neuen Linienschiffe werden auch als Dreadnoughts oder als Großkampfschiffe bezeichnet. Im Weltkriege zeigte es sich, daß das Großkampfschiff den älteren Linienschiffen so stark überlegen war, daß die letzteren in der Schlacht nur eine sehr unbedeutende Rolle spielten.

2. Das Panzerschiff. Früher wurde als Panzerschiff jedes gepanzerte Schiff bezeichnet. Jetzt in unserer Reichsmarine verstehen wir unter Panzerschiff die neu erbauten 10 000-t-Schiffe, die uns der Versailler Vertrag gestattet hat. Das Panzerschiff ist demnach in unserer Marine der Ersatz des früheren Linienschiffes und Schlachtkreuzers. Da wir keine große Flotte mehr haben, die in langen Linien kämpft und dem Panzerschiff zahlreiche selbständige Aufgaben zufallen, so bedeutet das Wort Panzerschiff eine besondere Art eines sehr schnellen, kleinen, beweglichen Linienschiffes.

3. Kreuzer. Unter Kreuzer versteht man Schiffe, die zur Aufklärung, zur Sicherung und zum Handelsschutz benötigt werden.

Die größten Kreuzer, die dem Großkampfschiff entsprechen und ungefähr den gleichen Tonnengehalt haben wie Linienschiffe, werden Schlachtkreuzer genannt, weil sie imstande sind, in der Schlacht mit Linienschiffen zu kämpfen. Ein Schlachtkreuzer hat stärkere Maschinenkraft, daher größere Geschwindigkeit als ein Linienschiff, und diese ist auf Kosten der Panzerstärke oder der schweren Geschütze erreicht worden. Wir besitzen keine Schlachtkreuzer. Im Weltkriege waren Lützow, Derfflinger, Seydlitz die Hauptvertreter dieser Schiffe in der Skagerrakschlacht.

Der *Panzerkreuzer* bildete den Übergang vom kleinen Kreuzer zum Schlachtkreuzer. Ein Panzerkreuzer, zeitweilig auch „Großer Kreuzer" genannt, stand zum Schlachtkreuzer etwa im gleichen Verhältnis wie das ältere Linienschiff zum Großkampfschiff. Im Weltkriege sind besonders die Panzerkreuzer Scharnhorst und Gneisenau bekannt geworden.

Kleine Kreuzer, nur mit leichtem Panzerschutz versehen, tragen nur Mittel- und leichte Artillerie, sind von großer Geschwindigkeit und sollen in der Schlacht nicht gegen große Schiffe, sondern höchstens gegen Torpedobootszerstörer oder auch wohl gegen Kreuzer gleicher Art kämpfen. Diese Art von Kreuzern wurde auch zum Auslandsdienst verwendet und diente im Kriege zum Handelsschutz und zur Zerstörung des feindlichen Handels (Emden, Karlsruhe, Königsberg).

4. *Torpedoboote*. Unsere Torpedoboote, die man noch im Weltkriege zum Unterschied von einer besonders kleinen Sorte früherer Torpedoboote als „große" Boote bezeichnete, sind inzwischen bis auf 800 t Größe angewachsen. Diese Größe ist uns durch den Versailler Vertrag vorgeschrieben. Andere Nationen, namentlich die Engländer, bauen größere Boote als wir und nennen diese größere Sorte, die etwas stärker mit Artillerie und etwas schwächer mit der Torpedowaffe bestückt ist, *Torpedobootszerstörer*. Wir haben den Ausdruck Torpedobootszerstörer in unserer Marine nicht gehabt.

5. *Minensucher und Minenräumer*. Dies sind Spezialfahrzeuge ungefähr von der Größe von Fischdampfern oder kleineren Torpedobooten, die für diesen Sonderzweck gebaut werden. Minensucher benötigen im allgemeinen keine sehr große Geschwindigkeit, müssen einen flachen Boden und starke Schwimmfähigkeit haben.

6. *Flugzeugträger*. Besitzt die deutsche Marine nicht. Sie sind uns verboten. Es sind dies namentlich in der amerikanischen

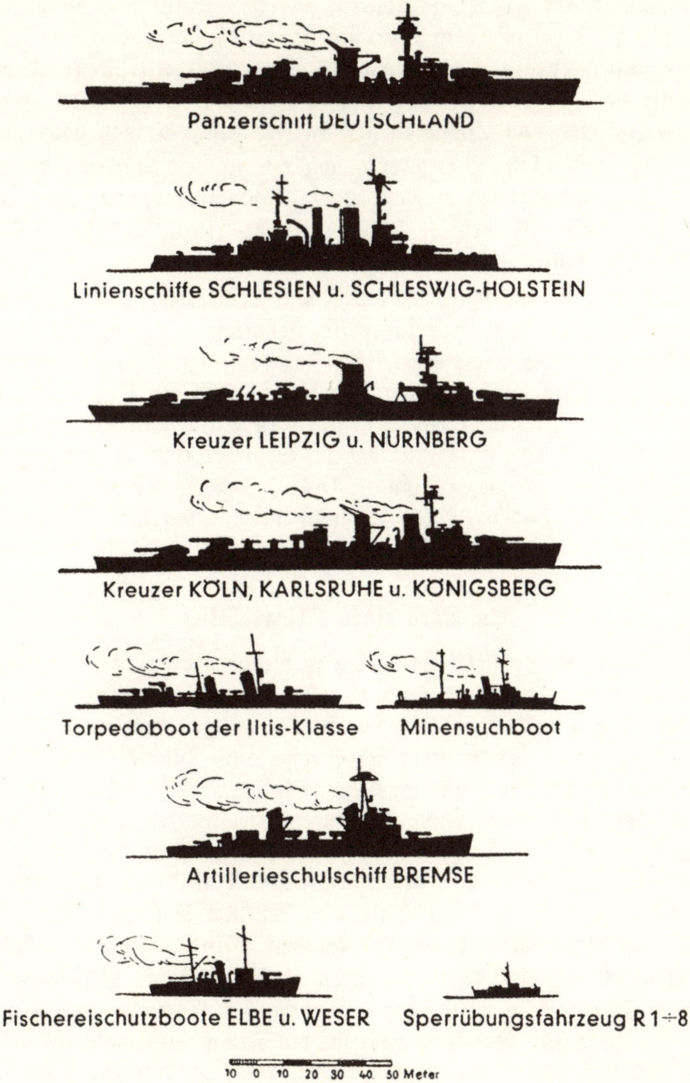

Kriegsschiffe.

und englischen Marine besonders große Schiffe mit riesigen ebenen Decks, auf denen Flugzeuge bequem starten und landen können.

7. U-Boote, mit denen wir im Kriege Außerordentliches leisteten, sind uns ebenfalls verboten. Man unterscheidet Küsten-U-Boote, die wir vor dem Kriege nicht bauten, Hochsee-U-Boote und U-Kreuzer. Alle Arten von U-Booten sind in fremden Marinen vorhanden.

8. Spezialschiffe. Hierzu gehören in der deutschen Marine das Segelschulschiff Gorch Fock, zwei Fischereischutzboote, Artillerieschulboote, ein Vermessungsschiff und das einzig dastehende ferngelenkte Zielschiff Zähringen.

Zu dem Segelschulschiff Gorch Fock sei bemerkt, daß es in allen Marinen für unbedingt erforderlich gehalten wird, daß der junge Offiziersnachwuchs etwa ein halbes Jahr rein seemännisch auf einem Segelschiff durchgebildet wird, damit der Offizier auch weiß, wie man ein Fahrzeug ohne Maschinenhilfe in Wind und Wetter führen kann. Gorch Fock ist Ersatz für das im Sommer 1932 untergegangene Segelschulschiff Niobe. — Gorch Fock ist der Dichtername des auf S. M. S. Wiesbaden in der Schlacht beim Skagerrak gebliebenen Matrosen Kinau aus Finkenwärder.

An Bord eines Kriegsschiffes.

Wenn ein Kriegsschiff im Hafen zu Anker oder an der Boje liegt, so gelangt man an Bord über das Fallreep (Treppen, die seitlich am Schiff aufgehängt sind und in See weggenommen werden). — Unter Seefallreep versteht man eine aus Tauwerk mit kleinen Holzsprossen versehene Leiter, die nur in See unter besonderen Verhältnissen, z. B. beim Anbordkommen eines Lotsen, über Bord gehängt wird. — Das Steuerbordfallreep wird von den Offizieren, das Backbordfallreep von den Mannschaften und von Zivilpersonen benutzt. Es ist eine uralte Sitte, daß bei dem so engen Zusammenleben an Bord das Steuerbordachterdeck (Hinterdeck) für Offiziere, namentlich für den Kommandanten vorbehalten ist. Besonders auf einem Schiff ist es nötig, daß besonders der Kommandant, der für das ganze Schiff verantwortlich ist, ein Führer im wahrsten Sinne des Wortes bleibt und daher einen gewissen Abstand von allen übrigen halten und auch eine gewisse Ruhe haben muß. Als Beispiel sei angeführt, daß in allen Marinen auch der Kommandant für

Segelschulschiff „Gorch Fock" bringt der ausreisenden „Karlsruhe" drei Hurras.

sich allein seine Mahlzeit einnimmt. Über das Fallreep kommt man zunächst auf das Oberdeck. Über dem Oberdeck sind verschiedene Aufbauten. Sind die Aufbauten in sich geschlossen, daß über ihnen ein einheitliches Deck entsteht, so ist dies das Aufbaudeck. Der wichtigste Aufbau ist die Kommandobrücke, die ungefähr ein Drittel von vorn liegt, von hier aus wird das Schiff in See geführt. Auf der Kommandobrücke dürfen sich nur solche Personen aufhalten, die dienstlich dort zu tun haben. Dies sind das Signalpersonal und Wachgäste. Hier sind die Kommandoelemente des Schiffes untergebracht. Es sind dies die Einrichtungen und Instrumente, um das Schiff zu steuern, um die Befehle nach der Maschine zu geben, eine Anzahl Gefechtstelegraphen, Telephone und Sprachrohre sowie Signalmittel, um im Geschwader mit Hinterleuten, Vorderleuten und Nebenleuten geschlossen fahren zu können. Außer auf der Kommandobrücke befinden sich im Innern des Schiffes noch eine gepanzerte Kommandozentrale, die sämtliche Kommandoelemente noch einmal enthält.

Auf dem Oberdeck oder dem Aufbaudeck stehen die Türme für die Hauptartillerie sowie die Flugzeugabwehrkanonen (Flak). Zur Leitung der Artillerie befinden sich unmittelbar an die Kommandobrücke anschließend der gepanzerte Artilleriestand. Die für das Schießen erforderlichen Meßgeräte sind oben im Mast, wo die größte Fernsicht ist, untergebracht. Ferner sind auf dem Oberdeck alle Einrichtungen zum Heißen, Ein- und Aussetzen der Boote. Die Seitenboote (Kutter), die in See als Rettungsboote dienen, hängen in Davits (aufklappbaren Kränen). Die schweren Decksboote, die mit besonderen Kränen oder Ladebäumen eingesetzt werden, stehen in entsprechenden Bootsklampen (Lagern) an Deck oder auf den Aufbauten. Zwischen Kommandobrücke und den hinteren Geschütztürmen sind, wo es der Platz erlaubt, in der Mitte des Schiffes in den Aufbauten die Kombüse (Küche), die Offiziersmesse, die Kommandantenräume vorhanden. Den vordersten Teil des Schiffes vor den vorderen Geschützen, auf dem das Ankerspill (Winde), die Ketten und Ankergeschirr sich befinden, nennt man die Back, den hinteren Teil des Schiffes, der meist ein glattes Exerzierdeck, nur mit einem Heckspill (Winde) ist, nennt man die Schanze. Am Bug, dem vorderen Teil der Back, befinden sich an jeder Seite ein Anker und hinten ein kleinerer Heckanker und die Nachtrettungsboje. Diese kann, wenn ein Mann über Bord geht, durch einen besonderen Seeposten auf Befehl

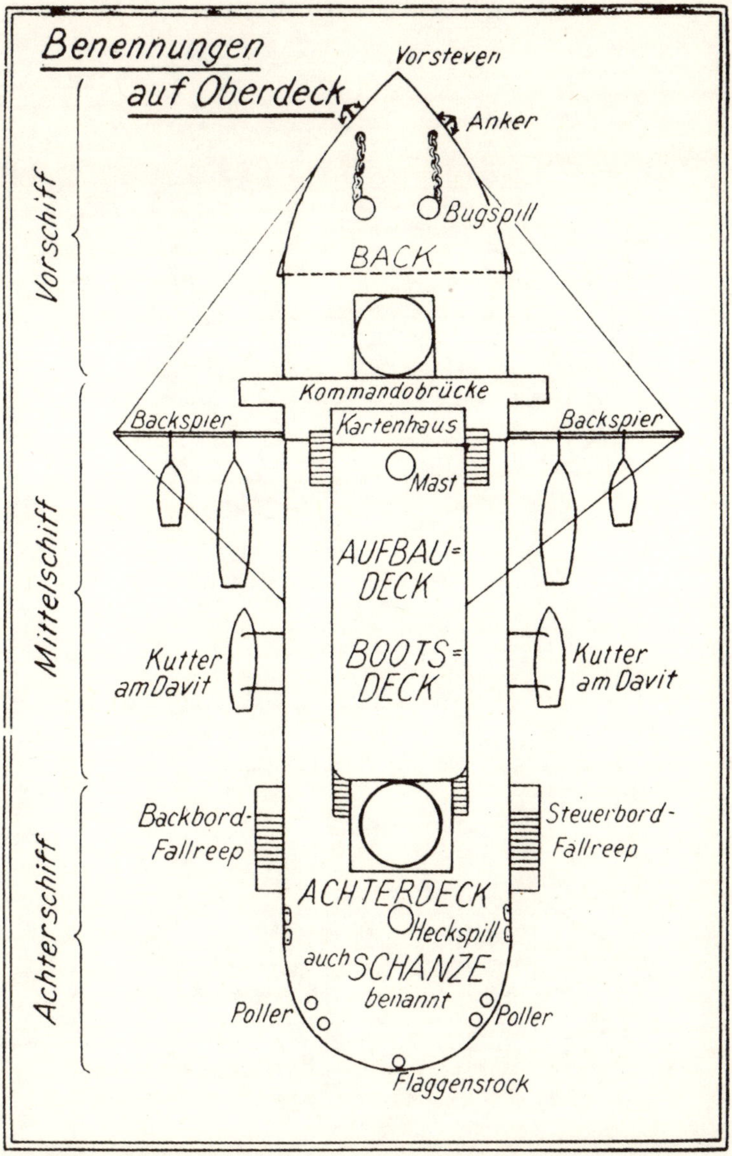
Benennungen
auf Oberdeck
Vorsteven
Anker
Bugspill
BACK
Kommandobrücke
Backspier
Kartenhaus
Backspier
Mast
AUFBAU=
DECK
BOOTS=
DECK
Kutter
am Davit
Kutter
am Davit
Backbord-
Fallreep
Steuerbord-
Fallreep
ACHTERDECK
Heckspill
auch SCHANZE
benannt
Poller
Poller
Flaggenstock
Vorschiff
Mittelschiff
Achterschiff

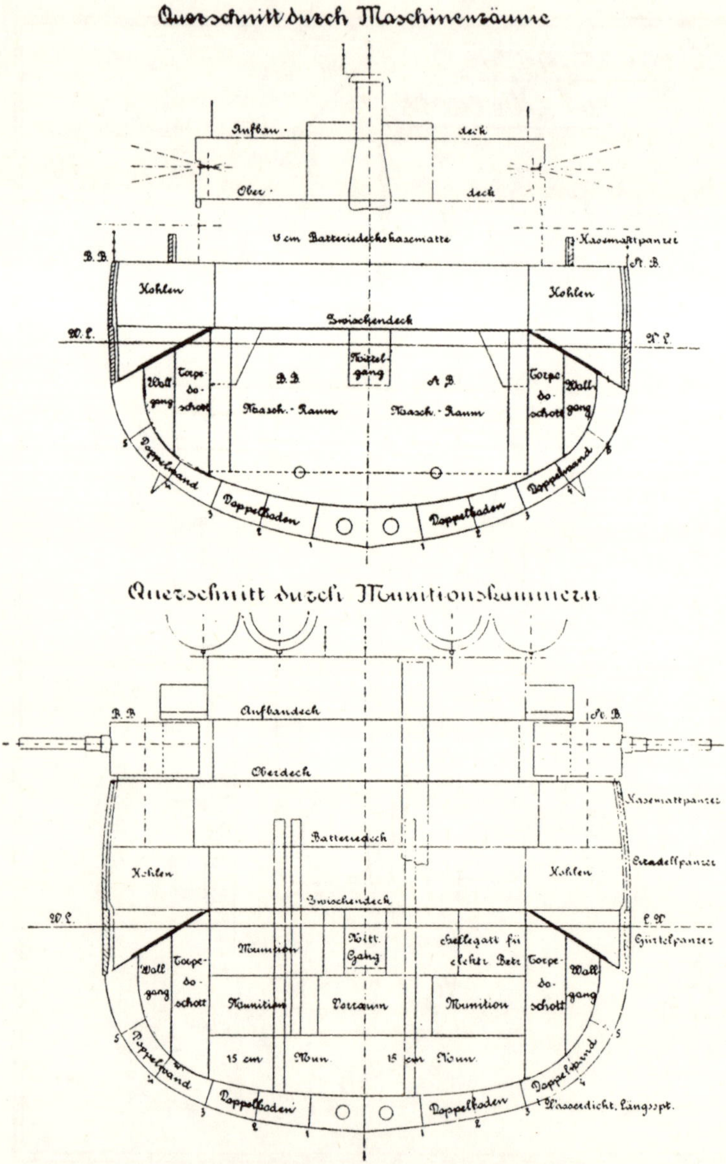

Querschnitte durch ein Linienschiff.

sofort geschlippt (gelöst) werden und leuchtet während des Schwimmens auf dem Wasser.

Eine Treppe tiefer als das Oberdeck liegt das Batteriedeck. Dieses hat seinen Namen daher, weil in früherer Zeit dort die Breitseitgeschütze in einer langen Batterie aufgestellt waren. Man ist jetzt von solchen Breitseitbatterien völlig abgekommen, und legt den Hauptwert auf die nach allen Richtungen feuernden Oberdecksgeschütze hinter Panzerschilden und in Türmen. Deshalb wird auch das Batteriedeck, weil es meist keine Kanonen mehr hat, vielfach als Wohndeck bezeichnet. Der Name Wohndeck sagt, wozu es vorhanden ist. Unter dem Wohndeck liegt bei größeren Schiffen, etwa in der Höhe der Wasserlinie, das Zwischendeck. Auch dieses dient zur Unterbringung der Mannschaften. Unter dem Zwischendeck ist bei vielen Schiffen ein Deckspanzer angebracht, so daß die Bezeichnung Panzerdeck und Zwischendeck auf kleineren Schiffen oft das gleiche bedeutet. Kleine Räume, die zum Unterbringen von Inventar (Laternen, Blöcke, Tauwerk, Handwerksgerät) dienen, heißen Hellegats. Unter dem Panzerdeck befinden sich die Munitionskammern und die gesamte Maschinenanlage. Ferner diejenigen Kommandoelemente und Steuereinrichtungen, die besonders gegen feindliches Feuer geschützt werden sollen. Auf Panzerschiffen läuft in Höhe der Wasserlinie der Gürtelpanzer. Man kann unter dem Panzerdeck durch einen geschützten Mittelgang von der vorderen Kommandozentrale bis nach achtern zu den Ruderräumen gelangen.

Alle Schiffe haben fast in ihrer ganzen Länge einen Doppelboden, in den eine Reihe von Pumpen münden. Etwa von der Wasserlinie, d. h. vom Zwischendeck oder Panzerdeck an, sind gleichlaufend mit der Außenhaut ein oder zwei wasserdichte Wände angebracht. Die erste Wand parallel der Außenhaut nennt man das Wallgangsschott, die innere, zweite Wand das Torpedoschott. In diesen Außenwänden sind wasserdicht auf Schiffen mit Kohlenfeuerung die Kohlenbunker eingebaut, die gegen Torpedoschüsse und Minen einen gewissen Schutz gewähren. Der Wallgang wird kaum benutzt.

Auf Kriegsschiffen muß auf Schwimmfähigkeit ein ganz besonderer Wert gelegt werden. Infolgedessen ist das Kriegsschiff, aber auch jeder moderne Fahrgastdampfer, durch wasserdichte Querschotte in durchschnittlich etwa 10 bis 14 Abteilungen geteilt. Jede dieser Abteilungen hat aber eine große Anzahl Unterabteilungen, denn man macht jeden Raum, auch wenn er noch so klein ist, gegen den andern wasserdicht. Ein in alle Räume reichendes Pumpensystem ermöglicht es, jeden Raum zu lenzen (d. h. auszupumpen). In der Kommandozentrale unter dem Panzerdeck ist im Gefecht der Stellvertreter des Kommandanten, der erste Offizier, und ein Leckingenieur. Einer der Hauptdienste dieser beiden ist die Bekämpfung eindringenden Wassers, um das Schiff auf ebenem Kiel schwimmfähig zu halten, damit die Artillerie ihr Äußerstes leisten kann.

Torpedoarmierungen können unter Wasser als fest eingebaute Ausstoßrohre angebracht sein, aus denen der Torpedo durch Preßluft ausgestoßen wird, dies war auf unseren Linienschiffen der Fall, oder sie sind als Überwasserrohre an Deck aufgestellt wie auf unseren neuen Panzerschiffen. Überwassertorpedorohre sind oft zu Zwillings-, Drillings-, ja sogar zu Vierlingsrohren vereint.

Eine weitverzweigte Feuerlöscheinrichtung dient dazu, etwaiges Feuer zu bekämpfen. Alle Munitionskammern sind mit Fluteinrichtungen versehen.

Die Waffen an Bord.

Die Artillerie.

Die wichtigste Waffe auf größeren Schiffen in allen Kriegsmarinen ist immer die Artillerie. Das schwerste Geschütz, das wir gegenwärtig nach den Bestimmungen des Versailler Vertrages haben dürfen, ist die 28-cm-Kanone. Die schwere Artillerie ist durchweg in geschlossenen Panzertürmen untergebracht. Neuerdings werden drei Rohre in einem Drillingsturm vereint. Andere Marinen haben schwere Geschütze bis ungefähr 40-cm-Kaliber.

Die schwere Artillerie hat in erster Linie den Zweck, auf allergrößte Entfernung zu treffen und den Kampf zu eröffnen, auf mittlere Entfernung soll sie panzerbrechende Wirkungen erreichen. Hierzu ist eine besondere Panzersprenggranate nötig. Die Schußweiten der schweren Artillerie betrugen im Weltkriege höchstens 18 Kilometer, in der Skagerrakschlacht durchschnittlich 12 bis 14 Kilometer. Jetzt kann man so weit schießen, wie man überhaupt nur

Schwere Artillerie. Panzerschiff Deutschland.

etwas vom Feind beobachten kann. Anfangsentfernungen von 20 Kilometer werden ohne weiteres erreicht. Um dies zu können, müssen die Geschützrohre der Schiffe sehr lang sein. Kurze Kanonen kann man an Bord nicht gebrauchen.

Die Mittelartillerie umfaßt im allgemeinen ein Kaliber von 15 bis 20 cm. Die Reichweite der Mittelartillerie ist bei Wirkungsfeuer ungefähr 10 bis 12 Kilometer. Das Geschoß der Mittelartillerie ist hauptsächlich die Granate, die nicht panzerbrechend, sondern durch zahlreiche Eisensplitter wirkt und die Oberbauten des Schiffes zerstören soll.

Die leichte Artillerie mit einem geringeren Kaliber als 15 cm befindet sich meist nur auf kleinen Schiffen und ist auf großen Schiffen neben der Mittelartillerie für die Torpedobootsabwehr aufgestellt. Mittel- und leichte Artillerie stehen gewöhnlich hinter gepanzerten Schutzschilden.

Eine besondere Abart der leichten Artillerie sind die Flugzeugabwehrgeschütze (Flak).

Die Artillerie wird geleitet von dem Artillerieoffizier. Auf Panzerschiffen sind zwei Artillerieoffiziere vorhanden, von denen der erste Artillerieoffizier insbesondere die schweren Geschütze leitet, der zweite Artillerieoffizier ist stets dem ersten Artillerieoffizier unterstellt. Als Gehilfen für die Artillerieoffiziere dienen die Feuerwerker.

Um erfolgreich schießen zu können, muß man die Entfernung vom Feinde sehr genau bestimmen. Hierzu sind besonders große optische Instrumente oben im Mast, aber auch in den Artillerieständen untergebracht. Entfernungsmesserpersonal und Beobachtungspersonal, letzteres sind Leute, die den Aufschlag der Geschütze am Feinde genau beobachten, müssen auf Kriegsschiffen besonders ausgewählte und ausgebildete Leute sein.

Schießübungen werden nach schwimmenden geschleppten Scheiben, aber auch nach dem ferngelenkten Zielschiff Zähringen abgehalten. Ein gefechtsmäßiges Schießen ist eine im Interesse der Landesverteidigung geheimzuhaltende Angelegenheit. Der Feind darf nicht über unsere Schießleistungen und unsere Schießverfahren Bescheid wissen.

Die Torpedowaffe.

Die Torpedowaffe ist eine reine Unterwasserwaffe.

Der Torpedo, 6 bis 8 m lang, von Zigarrenform, wird aus einem verhältnismäßig dünnwandigen Rohr, dem Torpedoausstoßrohr (früher auch Torpedolancierrohr genannt), durch eine kleine Pulver- oder Luftpatrone ausgestoßen, fällt flach ins Wasser und läuft dann mit einer eigenen Maschine, die durch Luft und ein Dampfgemisch angetrieben wird, etwa wie ein ganz kleines selbständiges U-Boot ohne Besatzung, nach dem Ziel. Man stellt den Torpedo, bevor er abgeschossen wird, auf eine bestimmte Wassertiefe, z. B. 4 m, ein, und dann läuft der Torpedo während der ganzen Strecke auf der eingestellten Tiefe.

Damit er nicht seitlich abweicht, befindet sich in dem Torpedo ein Gradlaufapparat, ähnlich wie ein Kreiselkompaß. Die Geschwindigkeit des Torpedos ist leider verhältnismäßig gering. Sie ist nicht viel größer als die der schnellsten Schiffe oder Schnellboote und erreicht ungefähr 20 m in der Sekunde. Die Schußweiten können außerordentlich groß sein, doch werden sie eingeschränkt durch die geringe Geschwindigkeit, weil beispielsweise 10 000 m Entfernung in ungefähr 8 Minuten zurückgelegt werden. Der Feind ist daher, wenn er den Torpedoschuß beobachtet hat oder den Torpedo vom Ausguck im Mast herankommen sieht, in der Lage, auszuweichen. Man schießt daher auch selten einen einzelnen Torpedo, sondern gleich mehrere nebeneinander aus Zwillings-, Drillings-, ja sogar Vierlingsrohren.

Der Torpedo trägt an den Feind eine Sprengladung bis zu 4 Zentner, die in die Außenhaut Löcher bis zu 100 qm reißen kann.

Unsere vorzüglich gebauten Linienschiffe haben im Weltkriege stets einen Torpedoschuß vom feindlichen U-Boot ausgehalten und sind nicht etwa gesunken, selbstverständlich aber schwer beschädigt worden.

Der Torpedo findet außer auf großen Schiffen eine besondere Verwendung auf Torpedobooten und Schnellbooten. Dieses sind schnelle Fahrzeuge, die lediglich den Torpedo in Schußweite an den Feind bringen sollen. Unsere großen Torpedoboote haben eine Geschwindigkeit für den Angriff von ungefähr 34 Seemeilen, das sind etwa 17 m in der Sekunde.

Oben: Torpedorohr auf Torpedoboot klar zum Schuß.

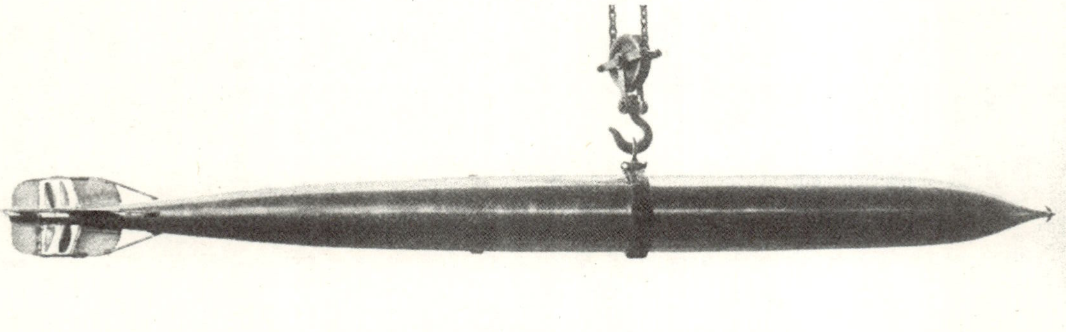

Unten: Torpedo älterer Form klar zur übernahme.
Neue Torpedos sind voller und haben einen runden Kopf.

Als Schutz gegen Torpedos hatte man früher Schutznetze. Es waren dies Netze mit eisernen Maschen von ungefähr 10 cm Maschengröße, die wie ein großes Stellnetz 8 m um das ganze Schiff herum an langen Stangen (Schutznetzspieren) aufgehängt waren. Diese Netze können in Fahrt natürlich nicht benutzt werden, da das ganze Netzwerk zerbrechen würde. Sie sind daher nur bei gelegentlichem Ankern zu verwerten. Da man Einrichtungen erfand, durch das Netz den Torpedo hindurchzuschießen, sind die Schutznetze jetzt in Fortfall gekommen. Der beste Schutz gegen Torpedos bleibt hauptsächlich ein schärfster Ausguck nach allen Seiten und vorzüglich gebaute Schiffe, die durch ein möglichst ausgedehntes wasserdichtes Zellensystem größte Schwimmfähigkeit haben. Beides ist auf einem modernen Kriegsschiff zweifellos zu erreichen.

Die Mine.

Minen sind kugelförmige oder birnenförmige Gefäße von ungefähr 1 m Durchmesser, welche mit Stahlleinen an einem Pilzanker verankert sind und auf einer eingestellten Wassertiefe, z. B. 4 m, ähnlich schweben wie ein Fesselballon. Stößt ein Schiff gegen eine solche Mine, so ist die Sprengwirkung unter Wasser ähnlich wie bei einem Torpedo.

Das Legen der Minen geschieht in folgender Weise: Die Mine sitzt in einem Minenstuhl, der am Pilzanker befestigt ist, ganz ähnlich wie ein Ei in einem Eierbecher. Sollen Minen geworfen werden, so fährt das Schiff, das diese Aufgabe erhält, an den befohlenen Anfangspunkt, läuft die Strecke ab, auf der die Minen liegen sollen, und wirft in kurzen Zeitabständen von wenigen Sekunden auf einer Abgleitbahn (Kippbühne) eine Mine nach der andern mitsamt Stuhl und Anker über Bord. Mine und Anker gehen dann zusammen bis auf den Grund. Nach einer gewissen Zeit, die sich leicht dadurch einstellen läßt, daß aus einer Klemme ein Stück Zucker im Wasser wegschmilzt, gibt diese Klemme das Ankertau frei, und die Mine steigt genau wie ein Fesselballon von dem Anker aus in die Höhe. Das Ankertau liegt innerhalb des Pilzankers auf einer Rolle aufgewickelt. Die Mine steigt bis zur eingestellten Tiefe, wird dort automatisch festgebremst und ist damit gebrauchsklar. Unsere Minen haben eine Anzahl von Bleikappen, die wie kleine Hörner aus der Mine herausragen. Sobald ein Schiff diese Bleiklappen anstößt, verbiegen sie sich, eine Zündung tritt in Kraft, und die Mine explodiert. Die Art dieser Streuminen ist bei den verschiedenen Nationen im wesentlichen die gleiche. Außerdem hat man in der Nähe von Küstenwerken noch feste Minensperren, die von Land elektrisch gezündet werden können.

Minen können von jedem Schiff und jedem größeren Torpedoboot, wenn es eine Ablaufbahn mit Kippbühne hat, geworfen werden.

Um die Minen unschädlich zu machen, müssen sie durch besondere Minensucher und Minenräumer gesucht und geräumt werden. Diese Arbeiten haben sich im Kriege zur höchsten Vollendung ausgebildet. Minensucher sind Fahrzeuge etwa wie unsere Fischdampfer, müssen einen flachen Boden haben und sehr schwimmfähig sein. Man sucht in der Weise, daß man zwischen zwei Minensuchern eine Leine mit Greifern hinterherschleppt, um die Minen festzustellen. Reißt man die Minen mit dieser Leine ab, dann können diese durch Gewehrschüsse zur Explosion gebracht werden. Halten aber die Minenankertaue sehr fest, dann müssen die Minenräumer mit Spreng- und Schneideapparaten an die Minen herangehen und sie vernichten. Minensuchen und Minenräumen ist eine sehr gefährliche Arbeit, die großes seemännisches Geschick erfordert und vielfach nicht genügend gewürdigt worden ist. Ohne Minensucher und Minenräumer wäre unser ganzer U-Bootskrieg unmöglich gewesen.

Der Vollständigkeit halber sei hier noch als Waffe die Ramme erwähnt. Diese kommt heute bei der furchtbaren Wirkung der schweren Artillerie und bei der Verwendung von Torpedos nicht mehr zur Anwendung. Sie bestand in einem schweren eisernen Vorsteven, der mit einem Rammsporn versehen war. Schiffe der Art werden nicht mehr gebaut.

Die Kleinwaffen, Gewehr, Maschinengewehr und Pistole, sind zwar an Bord, werden aber im Kampf von Schiffen untereinander nicht verwendet, sondern nur noch bei Landungsmanövern.

Die Tageseinteilung auf einem Kriegsschiff.

Der Kommandant ist für den gesamten Betrieb des Schiffes und für die Führung des Schiffes in See verantwortlich. Für die Durchführung namentlich des Innendienstes ist der erste Offizier (I. O.) wieder dem Kommandanten verantwortlich. Die Gehilfen des

Minensuchen.

Streumine.

I. Offiziers sind der Rollenoffizier und der Bootsmann. Hier sei eingeschaltet, daß der Navigationsoffizier mit seinem Steuermann, der Artillerieoffizier mit dem Feuerwerker, der Torpedooffizier mit dem Torpedomaschinisten zusammenarbeitet. Der tägliche Dienst wird durch Dienstpläne festgesetzt. Man unterscheidet Hafendienstpläne und Seedienstpläne. Auch die Jahreszeiten Winter und Sommer bedingen geringe Änderungen.

Im allgemeinen wird um 5 Uhr morgens aufgestanden, die Hängematten, in denen die Mannschaft geschlafen hat, werden in Hängemattskasten verstaut, und es folgt zunächst die Selbstreinigung. Anschließend wird gewöhnlich das Deck gewaschen, und um 7 Uhr gibt es Frühstück. Um 8 Uhr morgens im Hafen ist Flaggenparade; hierüber wird in einem späteren Abschnitt berichtet. Nach dem Frühstück folgt bis zur Musterung das Putzen der Decks, das Reinigen der Geschütze und das allgemeine Aufklaren. Die Musterung ist gewöhnlich kurz nach 9 Uhr und anschließend der Vormittagsdienst. Dieser Dienst hört um 11.30 Uhr auf, die Decks werden wieder aufgeklart, und um 12 Uhr ist Mittag. Es folgt eine zweistündige Mittagspause und dann von 2 bis 4 Uhr Nachmittagsdienst. Darauf wieder eine kurze Pause und je nach den Umständen noch eine Stunde Dienst. Abends um 6 Uhr ist Abendbrot und um 8 Uhr abends werden die Hängematten für die Nacht verausgabt.

Die Mannschaft eines Schiffes ist eingeteilt in 10 Divisionen, und zwar sind die Divisionen 1 bis 4 seemännisches Personal, 5 Nachrichtenpersonal, 6 bis 9 technisches Personal, 10 Sonderpersonal. Zu letzterem gehören Spezialisten für Arbeiten an Waffen und Instrumenten, Mechaniker, Zimmerleute, Verwaltungspersonal, Köche, Handwerker, Schreiber u. ä.

Eine Division, obwohl sie im allgemeinen kleiner ist als eine Kompanie an Land, entspricht doch etwa in ihrem Betriebe einer Kompanie. Jedoch ist der Divisionsoffizier in größerer Abhängigkeit von seinem Vorgesetzten, dem I. O., weil auf dem engen Raum eines Schiffes der Dienst einheitlich geregelt und verteilt werden muß.

Der Reinigungsdienst spielt an Bord eine besondere Rolle. Bei dem engen Zusammenleben ist es erforderlich, daß ein Schiff in allen Teilen und in jedem Winkel tadellos sauber ist. Gleichzeitig muß jeder Mann auf den anderen die äußerste Rücksicht nehmen.

Nur so ist es möglich, den Dienst aufrechtzuerhalten. Jeden Tag ist Deckwaschen. Nach jedem Dienst werden alle Decke gefegt und aufgeklart. Jeden Sonnabend ist ein großes „Reinschiff“ und Freitagnachmittag beginnen hierzu die Vorbereitungen. Ebenso ist großes „Reinschiff“ nach jedem Kohlennehmen. Jeder Mann hat sich genau so zu benehmen wie in einem sauberen und geordneten Hausstand, wo es selbstverständlich eine Unsitte wäre, auf Deck zu spucken, Aschenreste herumzustreuen, Kleider oder Schuhe herumliegen zu lassen oder das Geschirr nicht tadellos an den vorgeschriebenen Stellen zu säubern. Die Mannschaften waschen ihr Zeug und ihre Hängematten selbst und wechseln ihr Zeug gewöhnlich zweimal in der Woche. In bezug auf Reinlichkeit ist ein Kriegsschiff als eine Musterschule zu betrachten. Erst auf der Grundlage tadelloser Sauberkeit baut sich aller übriger Dienst auf. Im Ausland wird ein Schiff in erster Linie nach der Sauberkeit beurteilt. Dies gilt auch für die Sauberkeit jedes einzelnen Mannes.

Rollen.

Für ein Kriegsschiff ist die Gefechts- oder Klar Schiff-Rolle die Grundlage für jeden Dienst. Jede Gefechtsstation hat eine bestimmte Nummer, und jeder Mann wird nach seiner Geeignetheit auf eine Gefechtsstation verteilt, und auf diese Weise hat jeder Mann seine ganz bestimmte Nummer. Tauscht ein Mann seine Gefechtsstation mit einem andern, dann wechselt er natürlich auch die Nummer.

Nummer	1— 99	für	Sonderpersonal,
„	100—499	„	4 seemännische Divisionen,
„	500—599	„	Nachrichtenpersonal,
„	600—999	„	technisches Personal.

1. Kriegswachrolle ist diejenige Rolle, welche die Leute für den Kriegsnachtwachdienst einteilt.

2. Die Verschlußrolle verteilt die Leute zum schnellsten Schließen aller wasserdichten Verschlüsse.

3. Die Feuerrolle besetzt die Feuerlöschstationen.

4. Die Abblenderrolle sorgt dafür, daß bei Kriegsmärschen nachts nicht der geringste Lichtschein nach außen zu sehen ist.

5. **Boots- und Landungsrolle** verteilt die Mannschaft auf die Boote zum Zwecke von Landungsmanövern.

Die **Reinschiffrolle** weist jedem Mann den Ort zu, für dessen Sauberkeit er besonders verantwortlich ist.

Die **Backsrolle** verteilt die Leute an die Backen, d. h. an die Eßtische. Die Backen sind schmale Tische, die für gewöhnlich an der Decke hängen und erst zu den Mahlzeiten zusammen mit den Bänken heruntergeklappt werden. Daher ist das Kommando zu den Mahlzeiten „Backen und Banken", d. h. nichts anderes, als „Tische und Bänke" herunterklappen.

Die **Bergerolle** weist jedem Manne an, wie er sich im äußersten Notfalle beim Verlassen des Schiffes zu benehmen hat.

Außer den vorgenannten großen Rollen sind noch eine Anzahl kleiner Rollen nötig, z. B. für Ankern und Anker lichten, Mann über Bord usw.

Wach- und Sicherheitsdienst.

Man unterscheidet zwischen Hafenwache und Seewache. Der äußerlich sichtbare Dienst in bezug auf das Wachegehen wird von den seemännischen Divisionen ausgeführt. Für das Maschinenpersonal bestehen besondere Dienst- und Wachanordnungen. Im allgemeinen hat immer eine seemännische Division Wache, der ältere Divisionsoffizier geht in See diese Wache auf der Kommandobrücke, und der zweite Offizier dieser Division an Deck. Im Hafen genügt ein Offizier, und dieser ist äußerlich an der Schärpe zu erkennen, doch muß stets für Sonderdienste noch ein weiterer Offizier an Bord zur Verfügung klar sein.

Im Hafen besetzt die Wache alle zu stellenden Posten und Läufer. Letzteres sind Ordonnanzen, um Befehle schnell auszutragen. Die Unteroffiziere der Wache an Deck und der Fallreepsgefreite werden ebenfalls von der Division der Wache besetzt. Jeder, der an Bord kommt, auch jede Zivilperson, hat den Fallreepsgefreiten in Kenntnis zu setzen und sich den Anordnungen der Wache unbedingt zu fügen.

Die Zahl der **Posten in See** ist wesentlich größer wie die Zahl der Posten im Hafen. In See müssen gestellt werden: Ausguckposten, Posten für Ruder, Maschinentelegraph, Ruder in der Zentrale, Fahrtballposten, Stoppballposten, Wendeflaggenposten, Rettungsbojenposten usw. Im Hafen hat im allgemeinen eine Division 24 Stunden lang Wache. In See dagegen wechselt die Wache durchschnittlich alle 4 Stunden. Nur die Wache von 4 Uhr nachmittags bis 8 Uhr nachmittags ist in 2 Stunden unterteilt, damit eine ungerade Zahl der Wachen am Tage herauskommt und sich auf diese Weise der Wachdienst täglich etwas verschiebt. Die alte Wache geht mittags und abends ein wenig länger, damit die neue Wache bereits ihre Mahlzeiten eingenommen hat. Die Wache von 8 bis 12 Uhr abends gilt als Abendwache, von 12 Uhr nachts bis 4 Uhr morgens als Mittelwache oder Hundewache und von 4 Uhr morgens bis 8 Uhr morgens als Morgenwache. Eine Wache, die nachts keinen Wachdienst hat, nennt man Freiwache. Freiwächter sind Leute, die keine Wache mitgehen, z. B. die Köche, die Handwerker, das Sonderpersonal.

Für jede Wache und für jeden Posten bestehen genau wie bei einer Landtruppe sehr eingehende Vorschriften.

Wenn in See die Wache wechselt, so werden vorher, namentlich in der Nacht, eingehend alle Posten gemustert. Ganz besonderer Wert muß aber darauf gelegt werden, daß die Rettungsbootsmannschaft der Wache vollzählig ist, daß das Boot jederzeit schnell zu Wasser gebracht werden kann und das gesamte Gerät, was unter ungünstigen Umständen in der Nacht im Rettungsboot gebraucht werden kann, ordnungsgemäß zur Stelle ist.

Außer den vorgenannten Wachen gibt es im Hafen noch eine besondere Sicherheitswache, die nebenbei den Dienst einer Ehrenwache versieht, und Fallreepsgäste. Die Ehrenwache, zu der auch Spielleute gehören, tritt zu Ehrenbezeigungen für hochstehende Personen namentlich im Ausland unter Gewehr und präsentiert beim Anbordkommen. Die Fallreepsgäste stehen an Deck ohne Gewehr, gleichsam als Ehrenläufer, und halten sich bereit, auf Befehl einem anlegenden Boot mit der Fangleine behilflich zu sein. Auch hierüber gibt es besondere Vorschriften.

Das Steuern des Schiffes.

Auf den ältesten Schiffen unserer Vorfahren wurde ein Schiff mit einem Steuerriemen gelenkt. Da dieser große Riemen auf der rechten Seite des Schiffes angebracht war, hat diese rechte Seite den Namen Steuerbord erhalten. Die linke Seite des Schiffes,

Backbord genannt, heißt im Englischen die Port-Seite, das ist nichts anderes als die Hafenseite, denn das Schiff legte mit der glatten Seite an, an welcher sich kein Steuer befand, also mit der Backbordseite.

Nordische Schiffbauer sind die Erfinder des Heckruders, d. h. eines breiten Ruderblattes, das mit seinem Schaft mitten durch das Hinterschiff geht und von dort aus gedreht werden kann. Diese Drehung geschah selbst auf großen Schiffen noch bis ins 19. Jahrhundert und auch heute noch bei allen kleinen Schiffen mit einer Ruderpinne. Diese wurde durch Menschenhände oder durch Rudertaljen (Flaschenzüge) gelegt. Wenn ein Schiff nach Steuerbord, d. h. nach rechts drehen sollte, dann mußte das Ruderblatt Steuerbord liegen und die Pinne infolgedessen nach Backbord gelegt werden. Da an der Pinne die Leute standen, die den Befehl auszuführen hatten, so gab man stets das Kommando in bezug auf die Bewegung der Pinne, d. h. im vorstehenden Falle, wenn man nach Steuerbord (rechts) drehen wollte, kommandierte man den Leuten an der Pinne „Backbord" (also links). Der Untergang des Panzerschiffes „Großer Kurfürst" im Jahre 1878 war die Ursache, daß in der deutschen Marine die Kommandos geändert wurden und stets so kommandiert wurde, wohin sich der Bug drehen sollte. Die englische Marine behielt jedoch noch jahrzehntelang die alte Art zu kommandieren bei, und da die meisten Handelsschiffe und im Ausland fast alle Lotsen sich nach englischen Kommandos richteten, so war diese doppelte Art zu kommandieren noch vor gar nicht langer Zeit gebräuchlich und recht unpraktisch. Jetzt ist die deutsche Art zu kommandieren überall eingeführt.

An Stelle der Ruderpinne kam dann das Handruderrad. Bei schweren Schiffen waren dies bis zu drei großen Ruderrädern hintereinander, an denen sechs, ja sogar bis zu zwölf Leute gleichzeitig anfassen konnten. Mit der Entwicklung des Dampfes wurde das Handruder durch das Dampfruder ersetzt, und in allerneuester Zeit ist man zu dem elektrischen Ruder übergegangen. Bei weitem die meisten größeren Schiffe der Kriegs- und Handelsmarine haben aber noch das Dampfruder. Das kleine Rad zum Bedienen des Dampfruders wird nach rechts gedreht, wenn das Schiff nach rechts, d. h. nach Steuerbord fahren soll, und nach links, wenn es nach Backbord fahren soll.

Kommandoturm mit Ruder und Kompaß.

Ruderkommandos, Ruder- und Fahrtbälle.

Die Ruderkommandos werden gewöhnlich in der Weise gegeben, daß der Offizier dem Rudersmann (der nicht etwa Steuermann, sondern vielmehr Mann am Ruder oder Rudersgast heißt) kommandiert, wieviel Grad das Steuerruder nach rechts oder nach links gedreht werden soll. Befiehlt man „Backbord 10", dann legt der Rudersmann das Handrad so lange nach Backbord, bis ein Zeiger, der an jedem Ruder befestigt ist, auf 10 Grad Backbord zeigt. Jedes gegebene Kommando ist von dem Mann, der es ausführt, zu wiederholen. Wenn es ausgeführt ist, hat er dies ebenfalls laut zu melden.

Wenn ein Schiff geradeaus seinen Kurs steuert, dann liegt das Ruder „mittschiffs". Da aber äußere Einflüsse immer dem Schiff eine kleine seitliche Bewegung geben, so muß der Mann am Ruder gut aufpassen und das Rad immer ein wenig nach der einen oder andern Seite legen, um genau geradeaus zu steuern. Will man eine möglichst kurze Drehung machen, so erfolgt das Kommando „Hart Backbord" oder „Hart Steuerbord", je nachdem, ob man links oder rechts will. Wenn das Schiff seine Drehung aufnimmt, so wird es selbstverständlich immer weiter drehen. Um diese Drehung aufzuhalten, kommandiert man „Stütz". Das Wort „Stütz" bedeutet, der Rudergast soll so viel Ruder gegenan legen, daß die Drehung des Schiffes aufhört. Das Kommando „Recht so" bedeutet, daß das Schiff in der Lage, in der es sich gerade befindet, genau weiterfahren soll. — Mehr als 30° Ruder zu legen ist nicht gebräuchlich, das ist ungefähr „Hartruder".

Fährt man mit mehreren Schiffen zusammen, dann ist es wichtig, den Nachbarschiffen anzuzeigen, wie man das Steuerruder legt. Dies geschieht durch Ruderbälle. Es sind dies eigentlich keine Bälle, sondern spitze Kegel, von denen der Steuerbordkegel grün gestrichen mit der Spitze nach oben und der Backbordkegel rot gestrichen mit der Spitze nach unten zeigt. Die Ruderbälle sind durch eine dünne Stahlleine derartig mit dem Ruder verbunden, daß, wenn man das Steuerrad bewegt, gleichzeitig die Bälle mitbewegt werden. Geht der Steuerbordball nach oben, dann zeigt dies an, daß das Ruder Steuerbord gelegt wird, geht der Backbordball nach oben, daß es Backbord gelegt wird. Sind beide Bälle in gleicher Höhe, so liegt das

Fahrtänderungen, Stoppen und Rückwärtsgang sowie Ruderlage werden folgendermaßen gezeigt:

Bild	Bedeutung	Ausführung
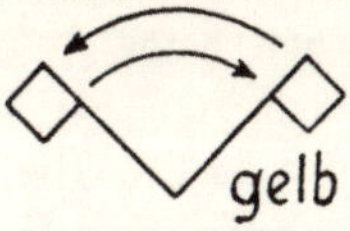	Ich vermehre Fahrt	3 Sekunden lang schnell nach oben gewedelt. (Für jede Fahrtstufe einmal.)
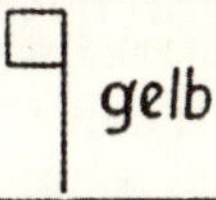	Ich vermindere Fahrt	5 Sekunden lang senkrecht nach oben still gehalten. (Für jede Fahrtstufe einmal.)
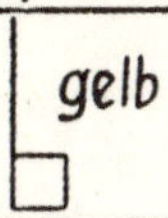	Ich habe gestoppt	5 Sekunden lang senkrecht nach unten still gehalten.
	Ich gehe zurück	3 Sekunden lang schnell nach unten gewedelt.
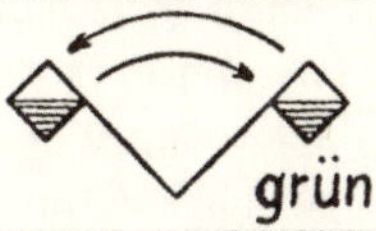	Ruder liegt Steuerbord (Fahrzeug dreht St. B.)	Ruhiges Wedeln in 8-Form, solange das Ruder liegt bzw. die Wendung dauert. (Die Flaggen werden bei Schwenkungen nicht bedient.)
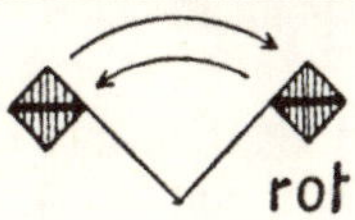	Ruder liegt Backbord (Fahrzeug dreht B. B.)	

Bei Nacht.

Mit Pfeife oder Handmorselampe.

.... Kurze Pfiffe oder Blicke schnell hintereinander = Ich vermehre Fahrt.

— — — Lange Pfiffe oder Blicke = Ich vermindere Fahrt.

. . . . Kurze Einzelpfiffe oder Blicke in größerem Abstand = Ich drehe nach Steuerbord.

.. .. Kurze Doppelpfiffe oder Blicke in größerem Abstand = Ich drehe nach Backbord.

Scharfe Drehungen und Wendungen werden durch kurze rote und grüne Blicke mit Wendelaternen angezeigt.

Ruder mittschiffs. Diese Ruderbälle entsprechen den Dampfbällen oder Fahrtbällen für den Gang der Maschine. Diese sollen daher gleich an dieser Stelle geschildert werden.

Es gibt zwei Fahrtbälle und einen Stoppball. Die Fahrtbälle sind an einer Raae angebracht, so daß sie gut vom Vorder- und Hintermann gesehen werden können. Im allgemeinen stehen beide Fahrtbälle stets auf gleicher Höhe. Auf halber Höhe bedeuten sie, das Schiff läuft halbe Fahrt, hängen die Bälle niedriger, so bedeutet es „langsame Fahrt", stehen sie fast auf ganzer Höhe, das Schiff läuft „große Fahrt", und sind sie ganz oben vorgeheißt, „äußerste Kraft". Der Stoppball, der möglichst gut nach hinten sichtbar sein muß, zeigt auf halber Höhe an, daß das Schiff rückwärts geht, und vorgeheißt, daß es gestoppt hat.

Die Ruder- und die Fahrtbälle können auch durch Winkflaggen ersetzt werden. — Siehe die Bunttafel.

Die Flaggen rot und grün ersetzen die Ruderbälle. Wenn ein Schiff das Ruder nach Steuerbord legt, so wird die Flagge grün nach oben gehalten und langsam hin und her geschwenkt, wird Backbord Ruder gelegt, so geschieht das gleiche mit der Flagge rot. Eine gelbe Flagge kann die Fahrtbälle ersetzen. Schwenkt man diese gelbe Flagge nach oben schnell hin und her, so bedeutet dies, „ich vermehre Fahrt". Hält man die gelbe Flagge senkrecht still nach oben, so heißt dies, „ich vermindere Fahrt". Hält man die Flagge senkrecht nach unten, so bedeutet dies, „ich habe gestoppt", und schwenkt man sie schnell nach unten, so heißt dies, „ich gehe zurück".

Diese roten, grünen und gelben Flaggen sind auf Schiffen wesentlich größer als die gewöhnlichen kleinen Winkflaggen und an langen Bambusstangen befestigt, damit sie vom Hintermann gut gelesen werden können. Auf Torpedobooten wird nur durch diese Flaggen die Lage vom Ruder und die Fahrtänderung angegeben.

Flagge und Kommandozeichen.

(Siehe die Bunttafel.)

Die Reichskriegsflagge ist Schwarz-Weiß-Rot mit eisernem Kreuz und durch einen besonderen Erlaß des Feldmarschalls von Hindenburg der Marine verliehen. In kleinerem Format vorn auf dem Schiff an einen Flaggenstock gesetzt, wird diese Flagge als Gösch

Dampfer
von Steuerbord
Dampfer
von Backbord
Dampfer von hinten – von vorn
über 45m Länge. Dampfer von Steuerbord
Segler von Steuerbord
Segler von vorn
Segler von Backbord
Kurzer Schlepper
von vorn
Kurzer Schleppzug von Backbord
über 180m langer Schleppzug von Steuerbord
Langer Schleppzug
von vorn
Kl Fahrzeug
zu Anker
über 45m
zu Anker
Lotse von vorn
Lotse zu Anker
Lotse von achtern

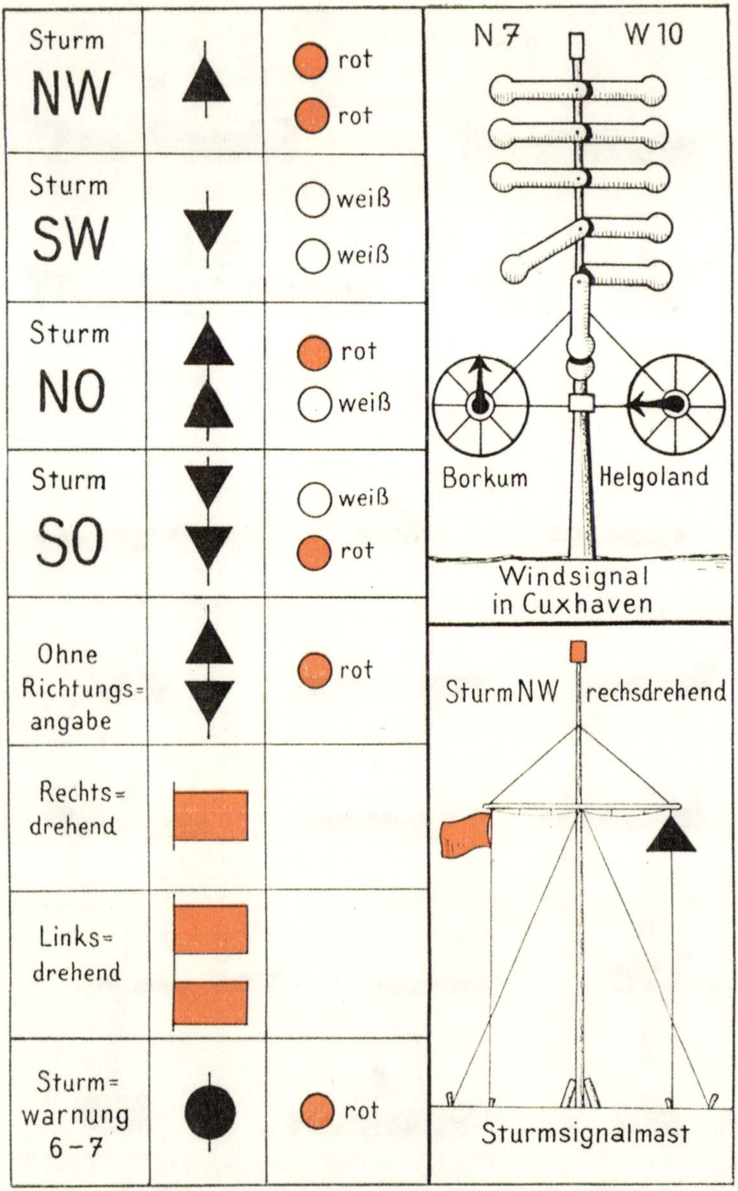

Sturm NW
rot
rot
Sturm SW
weiß
weiß
Sturm NO
rot
weiß
Sturm SO
weiß
rot
Ohne Richtungs= angabe
rot
Rechts= drehend
Links= drehend
Sturm= warnung 6 – 7
rot
N 7
W 10
Borkum
Helgoland
Windsignal in Cuxhaven
Sturm NW
rechsdrehend
Sturmsignalmast

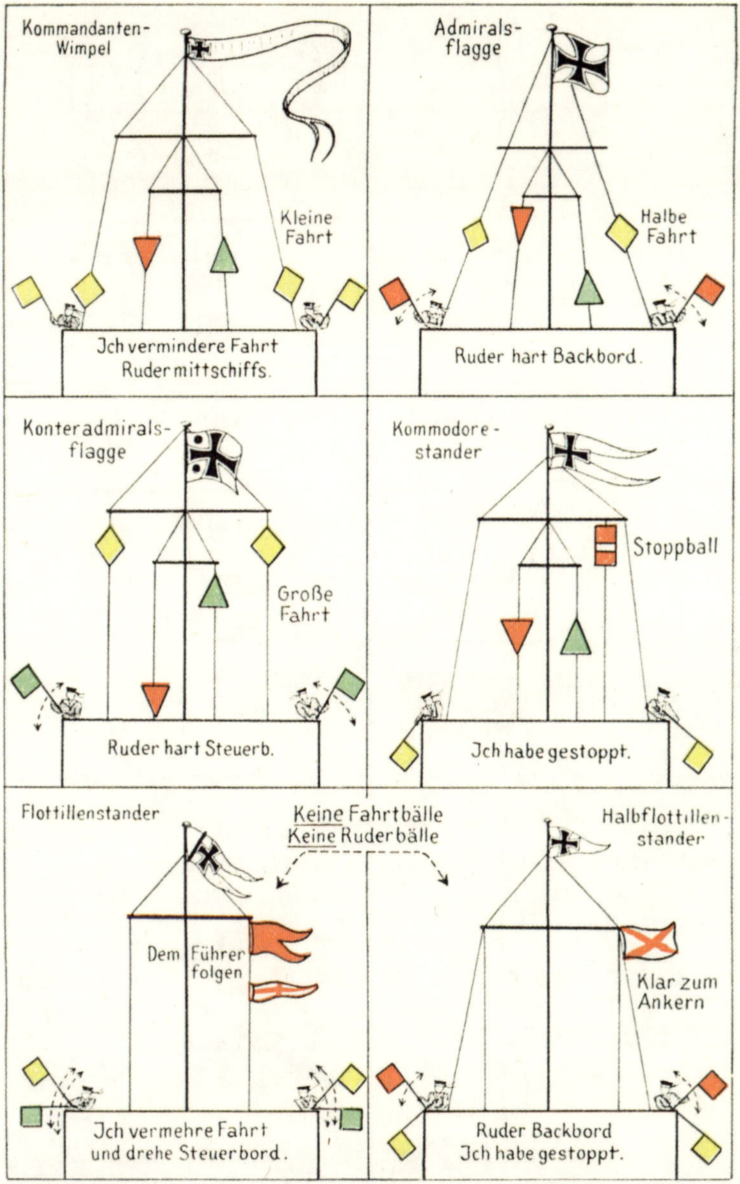

Kommandanten-
Wimpel
Kleine
Fahrt
Jch vermindere Fahrt
Ruder mittschiffs.
Admirals-
flagge
Halbe
Fahrt
Ruder hart Backbord.
Konteradmirals-
flagge
Große
Fahrt
Ruder hart Steuerb.
Kommodore-
stander
Stoppball
Jch habe gestoppt.
Flottillenstander
Keine Fahrtbälle
Keine Ruderbälle
Dem Führer
folgen
Jch vermehre Fahrt
und drehe Steuerbord.
Halbflottillen-
stander
Klar zum
Ankern
Ruder Backbord
Jch habe gestoppt.

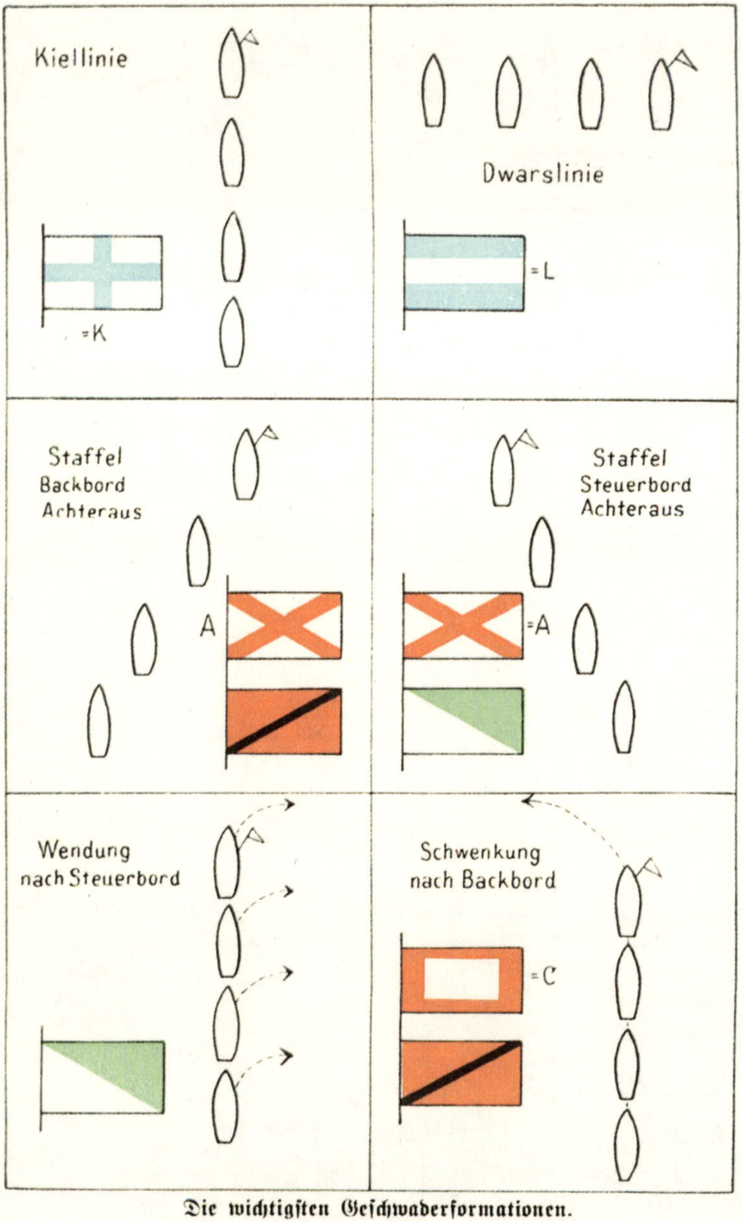

Die wichtigsten Geschwaderformationen.

bezeichnet. Während die Kriegsflagge im Hafen und in See weht, wird die Gösch nur im Hafen gesetzt. Morgens um 8 Uhr wird im Hafen mit besonderen Ehrenbezeigungen die Kriegsflagge geheißt, man nennt dies Flaggenparade. Abends, bei Sonnenuntergang, wird die Flagge ebenfalls unter Erweisung von Ehrenbezeigungen niedergeholt. Liegen mehrere Kriegsschiffe in einem Hafen zusammen, so wird das Signal zur Flaggenparade von dem Schiff gegeben, auf dem sich der älteste Offizier befindet. In See wird die Flagge stets so lange gefahren, als sie gut sichtbar ist.

Es ist ganz unseemännisch, im Hafen die Flagge nach Sonnenuntergang, womöglich die Nacht hindurch zu fahren. — Auch in Binnenstädten sollte man diesen seemännischen Gebrauch, der für eine seefahrende Nation wie die Engländer ganz selbstverständlich ist, beherzigen. — Die Flagge ist und bleibt ein heiliges Symbol und darf niemals zu einer bloßen Ausschmückung, zu einem buntfarbigen Tuch heruntersinken.

Etwas anderes ist es mit der sogenannten Flaggengala, wenn nämlich ein Schiff für ein besonderes Fest „ausgeschmückt" werden soll. — In diesem Falle werden nur die bunten Signalflaggen verwendet, niemals aber die Reichskriegsflagge, diese darf nur als Toppsflagge gesetzt werden. Am Skagerraktage wird die Flagge, die 1916 über der siegreichen kaiserlichen Flotte wehte, die alte Kriegsflagge im Großtopp gesetzt.

Das wichtigste und häufigste Kommandozeichen in unserer Marine ist der Kommandowimpel. Es ist dies ein langer weißer Wimpel mit zwei Zipfeln und einem kleinen schwarzen Kreuz dicht am Mast. Der Kommandowimpel zeigt an, daß das Schiff unter einem Kommandanten, der aktiver Seeoffizier ist, in Dienst gestellt ist. In der Handelsmarine entspricht ungefähr dem Kommandantenwimpel die Reedereiflagge. Der Kommandantenwimpel wird stets am Großmast gefahren.

Ist auf dem Schiff ein Admiral dienstlich eingeschifft, so fährt dieser die Admiralsflagge. Die Admiralsflagge ist eine weiße quadratische Flagge mit einem schwarzen, dem eisernen Kreuz ähnlichen Kreuze. Ein Vizeadmiral hat in seiner Flagge außer dem Kreuz noch einen schwarzen Ball, ein Konteradmiral zwei schwarze Bälle. Die Admiralsflagge wird im Großtop, die Vizeadmiralsflagge im Vortop, die Konteradmiralflagge im Kreuztop gesetzt, vorausgesetzt, daß die Zahl der Masten vorhanden ist. Flottillenchefs von Flottillen leichter Streitkräfte führen im Großmast eine kleine, zweizipflige Admiralsflagge an einer Raae, man nennt diesen zweizipfligen Doppelstander den Flottillenstander, Halbflottillenchefs führen den Halbflottillenstander, welcher nicht viereckig, sondern dreieckig ist und im übrigen wie eine kleine, aber dreieckige Admiralsflagge aussieht. Der Kommodorestander ist das Abzeichen für einen Führer von mehreren Schiffen, der noch nicht Admiral ist. Dieser Stander sieht äußerlich wie ein Flottillenstander aus, wird jedoch am Mast wie eine Flagge gefahren.

Hier sei noch kurz etwas vom Flaggengruß und Salut eingeschaltet. Kriegsschiffe untereinander senken (dippen) die Flagge zum Gruß nicht. Es ist aber Sitte, daß jedes Handelsschiff durch Dippen ein Kriegsschiff grüßt und dieses dann selbstverständlich wiedergrüßt. — Das Bewegen der Reichskriegsflagge beim Setzen, Dippen und Niederholen geschieht langsam als Zeichen vornehmer Ruhe. Signalflaggen werden dagegen so schnell als möglich bedient. — Geschützsalute werden den höchsten Vertretern des Staates, den Admiralen bei besonderen dienstlichen Gelegenheiten und in fremden Häfen als Landessalut gefeuert. Hierüber gibt es sehr genaue nationale und internationale Bestimmungen, die peinlich genau beachtet werden müssen. Der internationale Gruß und Salut ist eine politische Angelegenheit.

Signalisieren und Sondersignale.

Das Signalisieren mit Flaggen geschieht in der Kriegsmarine nach einem Signalbuch, das nur für diese vorhanden ist. Das Signalbuch ist ein geheimes Buch. Handelsschiffe untereinander und Kriegsschiffe mit Handelsschiffen signalisieren nach dem internationalen Signalbuch. Jeder Buchstabe und jede Zahl hat eine besondere Flagge, doch sind diese in dem Signalbuch der Marine und im internationalen Signalbuch verschieden.

Einige Flaggen haben eine Bedeutung, daß sie jedermann an Bord wissen muß, ohne das Signalbuch zu besitzen.

1. Flagge A (Anton). Eine weiße Flagge mit rotem liegendem Kreuz bedeutet den Anfang von einem Manöver und gilt besonders als das Zeichen zum Ankerlichten und Ankerfallenlassen.

2. Flagge G (Gustav), eine gelbe Flagge, ist das Zeichen für Kriegs- und Handelsmarine, daß das Schiff in Quarantäne liegt.

3. Flagge R (Richard). Eine weiße Flagge mit breitem blauem Rand. Wird auch der blaue Peter genannt. Sie bedeutet, alle Mann an Bord zurückkehren, da man sofort in See gehen will. — Am Skagerraktage wehte die Flagge R und bedeutete „Ran an den Feind".

4. Flagge T (Toni), eine rote Flagge mit weißem Stundenglas. Sie bedeutet, das Schiff hat die Funkenwache.

5. Stander Z (Zet), eine rote zweizipflige Flagge, d. h. ein Doppelstander bedeutet das Angriffssignal für Torpedoboote. Z mit einem weißen Wimpel mit rotem Kreuz heißt „dem Führer folgen".

6. Flagge Rot (rote Flagge mit schwarzem Diagonalstreifen). Bedeutet, alle vorüberfahrenden Schiffe sollen langsam fahren, weil am Schiff unter Wasser gearbeitet wird (Taucher).

7. Flagge Schwarz bedeutet Munitionsübernahme. Im Auslande wird eine zweizipflige rote Flagge geheißt.

8. Eine weiße Flagge mit stehendem rotem Kreuz und rotem Rande, nur im Hafen an der Raae gesetzt, bedeutet, das Schiff hat ärztliche Wache. In der Nacht sind statt dessen drei Laternen, weiß, weiß, rot, untereinander.

9. Wimpel 8 (schwarz weiß geviert) bedeutet, das Schiff hat Wache.

10. Weht der Wimpel 8 über einer gelben Flagge mit schwarzem Ball, so bedeutet dies, alle Boote sofort an Bord zurückkehren.

Wird mit dem Scheinwerfer signalisiert, so geschieht dies in Form von Morsesprüchen.

Bei Nacht wird mit grünen, roten und weißen Sternen (einzelnen Leuchtkugeln) oder mit elektrischen roten und weißen Lampen signalisiert. Bei diesem Nachtsignalisieren liegt das Zahlensystem des Signalbuches zugrunde.

Schließlich seien nur der Vollständigkeit halber die Fernsignalkörper (Ball, Kegel und Zylinder) und die Pfeifensignale erwähnt. Erstere werden jetzt durch Funkspruch ersetzt und letztere kommen hauptsächlich im Bordinnendienst und auf Torpedobooten beim engen Fahren vor. Es würde zu weit führen, auf alle diese Signale einzugehen, zumal das Signalisieren, als solches, ein besonders ausgebildetes Signalpersonal erfordert, das ununterbrochen in Übung erhalten werden muß, um den hohen Anforderungen zu genügen.

Für die Funkentelegraphie ist ebenfalls ein Sonderpersonal erforderlich. Auf dem Gebiete dieser Signalmethoden werden fortlaufend neue Erfindungen gemacht, so daß hier auch nur voll eingearbeitetes Personal mit hoher technischer Kenntnis Verwendung finden kann.

Die Einführung der U-Boote führte zur Unterwassertelegraphie, Empfänger und Sender sind auf allen Schiffen der Reichsmarine eingebaut. Die Unterwassertelegraphie spielt eine wichtige Rolle beim Fahren im Nebel, im Verkehr untereinander und im Verkehr mit Feuerschiffen.

Die wichtigsten Formationen eines Geschwaders.

(Siehe die Bunttafel.)

Man unterscheidet Marschformationen, Gefechtsformationen und Ankerformationen.

1. Die Marschformation eines Geschwaderverbandes muß so sein, daß ein längerer Marsch ohne besondere Beanspruchung von den Maschinen, ohne unnützen Kohlenverbrauch und mit einer gewissen Ruhe für die Besatzungen durchgeführt werden kann. Gleichzeitig muß aber eine Marschformation die genügende Sicherheit gegen plötzliche Überfälle, namentlich in der Nacht, gewährleisten. Jedes Schiff muß in der Lage sein, blitzschnell einem plötzlich bemerkten U-Bootstorpedo ausweichen zu können. Schließlich muß eine Marschformation schnell in eine Gefechtsformation überführt werden können. Es sind also eine Reihe von Bedingungen zu berücksichtigen, deren Erfüllung nicht ganz einfach ist.

Die einfachste Marschformation ist die Kiellinie (K.). In einer Kiellinie fahren alle Schiffe hintereinander. Der Abstand der Schiffe voneinander wird befohlen und schwankt zwischen 400 und 600 m bei normalen Fahrten. Geschlossener als 400 m wird man bei einer Marschfahrt nicht fahren. Sind die Abstände zu groß, dann wird die Linie zu lang und unübersichtlich. In der Kiellinie fährt das Admiralschiff gewöhnlich an der Spitze und der zweite Admiral auf dem Schlußschiff, so daß, wenn man eine Kehrtwendung macht, wieder ein Admiral vorn steht.

Auf einem Kriegsmarsch wird die Marschlinie durch eine Aufklärungslinie, die in breiter Formation vorwegfährt, und durch Seitendeckungen an beiden Seiten geschützt. Diese Aufklärung und Seitendeckung besteht aus leichten Streitkräften, namentlich Torpedobooten, die vor allen Dingen den unsichtbaren U-Booten des Feindes entgegenwirken sollen. Glaubt man U-Boote in der Nähe zu haben, dann fährt eine solche Marschlinie und namentlich die Seitendeckungen nicht geraden Kurs, sondern Zickzacklinien.

In der Nacht zeigt ein Nachtfahrtanzeiger, der hinten an jedem Schiff wie ein großes Zifferblatt angebracht ist, die Fahrt des Vordermanns. Ebenso zeigt jedes Schiff eine kleine Hecklaterne. Im Kriege wird natürlich abgeblendet.

Die Gefechtsformation baut sich darauf auf, daß die Schwerartillerie, die hauptsächlichste Waffe, so gut wie irgendmöglich zum Tragen kommt. Auch hier wird als Gefechtslinie eine Kiellinie bevorzugt, jedoch so, daß der Rauch des Vordermanns das Schießen des Hintermanns nicht belästigt. Jeder Kommandant ist in der Gefechtslinie verpflichtet, sein Schiff so zu führen, daß es das Höchste leistet, gleichzeitig muß aber dem Feinde das Treffen erschwert werden. Wenn man also merkt, daß der Feind gut eingeschossen ist, muß man durch kleine Wendungen etwas heran- oder etwas abstaffeln, damit feindliche Salven nicht mehr treffen. In einer Gefechtslinie muß besonders auf das Steuerruder geachtet werden, damit das Schiff im Interesse der eigenen Artillerie recht ruhig fährt.

Die Verteilung des Artilleriefeuers auf die feindlichen Schiffe bestimmt der Admiral durch Signal. Dies ist wichtig, damit jedes Schiff einen bestimmten Gegner hat, möglichst alle Schiffe des Feindes beschossen und die Schüsse beobachtet werden können.

Gefechtswendungen sind größere plötzliche Wendungen der ganzen Linie bei vollster Fahrt im feindlichen Feuer. Hierfür gibt es besondere Bestimmungen und Signale. Unsere drei Gefechtswendungen in der Skagerrakschlacht haben gezeigt, wie vorzüglich unsere Flotte eingefahren war.

Die Aufstellung der leichten Streitkräfte, namentlich der Torpedoboote, ist so, daß sie das eigene Feuer nicht hindern, daß sie aber auch nicht als Kugelfang für Schüsse, die über die Linie hinweggehen, fahren, und daß sie auf kurzes Signal des Admirals sofort durch die

Lücken der Linie oder vor der Spitze zum Angriff übergehen können. Wird durch die Lücken angegriffen, dann nennt man dies einen Durchbruch.

Bei der Gefechtsformation ist zu berücksichtigen, daß der Wind in bezug auf den Pulverqualm und Schornsteinrauch günstig weht, daß man also freies Gesichtsfeld zum Schießen hat. Ferner ist sehr wichtig der Stand der Sonne. Ein besonders schönes Beispiel ist hierfür die Schlacht bei Coronel, geschlagen vom Grafen Spee am 1. November 1914. — Die Engländer standen ungefähr eine halbe Stunde vor Sonnenuntergang genau im Westen vom Geschwader des Grafen Spee. Hätte Graf Spee jetzt angegriffen, dann wären seine Geschützführer durch die niedrigstehende Sonne geblendet worden, während die Engländer die Sonne im Rücken hatten und die deutschen Schiffe als gutes Ziel hervorragend beleuchtet waren. Graf Spee wartete daher den Augenblick ab, in welchem die Sonne kurz nach 6 Uhr unter dem Horizont verschwunden war. Durch diese Überlegung traten plötzlich die umgekehrten Verhältnisse ein. Die Deutschen wurden nicht mehr geblendet, die englischen Schiffe hoben sich von dem klaren Abendhimmel scharf ab und die englischen Geschützführer konnten ihrerseits unsere grauen Schiffe in dem Grau des Osthimmels außerordentlich schwer erkennen. Die Folge davon war, daß das Geschwader des Grafen Spee sofort eine ungeheure Feuerüberlegenheit hatte und die Engländer gar nichts trafen.

Die Ankerformation muß so beschaffen sein, daß zunächst das Geschwader gut und sicher auf dem Ankerplatz liegt. Beim Umspringen von Wind und Strom darf kein Schiff dem anderen zu nahe kommen und es gefährden. Eine Ankerformation muß außerdem so sein, daß die Schiffe mit dem Lande, aber vor allen Dingen auch untereinander guten Bootsverkehr aufrechterhalten können. Eine Kiellinie ist als Ankerformation aus diesem Grunde wenig geeignet, denn ein Boot vom Schlußschiff bis zum Admiralsschiff an der Spitze würde zum Befehleholen unnütz viel Zeit gebrauchen. Bei Ankerformationen liegt man daher je nach der Zahl der Schiffe in zwei, drei oder mehr Reihen.

Ankerformationen im Kriege kommen wegen U-Boots- und Torpedobootsgefahr kaum in Betracht. Hier müßte man schon in einer Bucht ankern und diese durch Netze und Minen gegen Überfälle sichern und durch Patrouillenboote bewachen und verteidigen.

Macht man aus einer Kiellinie eine Wendung linksum oder rechtsum (Flagge rot oder Flagge grün), dann entsteht eine Dwarslinie (L.), d. h. alle Schiffe fahren nebeneinander. Solche Dwarslinien fährt man z. B., wenn man schnell an den Feind näher herankommen will. Aber auch häufig läßt der Admiral im Frieden solche Dwarslinien fahren, damit alle Schiffe sich an eine gute Richtung und gleichmäßige Fahrt gewöhnen.

Unter einer Staffel versteht man eine Richtung derart, daß die Schiffe, vom Flaggschiff aus gesehen, nach Backbord oder Steuerbord schräg nach achtern stehen. Diese Staffeln werden im feindlichen Feuer verschiedentlich verwendet, damit möglichst viele Geschütze zum Tragen kommen.

Bei Wendungen oder bei Schwenkungen müssen alle Schiffe so eingefahren sein, daß der Kreis, den sie hierbei durchlaufen, für alle genau der gleiche ist. Dieses Einfahren geschieht in langer Übung, und werden die Maschinenumdrehungen der Schrauben, die Größe der Ruderwinkel hierbei verglichen.

Wichtig für das Fahren im Geschwader ist das Fahren im Nebel. — Sobald ein Geschwader zusammentritt, wird bei einer der ersten gemeinsamen Übungen das Signal „Nebel" gegeben. Es wird dann genau so verfahren, als wenn tatsächlich dicker Nebel wäre. Die Dampfpfeifen heulen, die Scheinwerfer werden auf den Vorder- und Hintermann gerichtet, die Fahrt wird verringert, Nebelposten ziehen auf usw.

Übungen im Geschwader.

Jedes Schiff bildet einen Gefechtskörper für sich und hat für Höchstleistung selbst zu sorgen. Wie schon vorher erwähnt wurde, wird im Artilleriekampf im Geschwader die Feuerverteilung der Schiffe auf den Feind immer durch den Admiral geregelt und durch Signal befohlen. Um eine Gefechtslinie führen zu können, sind die im vorigen Abschnitt angedeuteten Übungen und Formationen im Geschwader nötig. Um aber militärische Vergleiche der Schiffe untereinander zu haben in bezug auf den inneren Dienst, kommen neben den Schießübungen, die stets einen Wettbewerb zeigen, neben den scharfen Schiffs- und Gefechtsbesichtigungen noch große gemeinschaftliche Bootsübungen vor. Diese Bootsübungen sind z. B. ein Schnellrudern sämtlicher Boote eines Geschwaders kurz nach dem Ankern. Der

Admiral befiehlt „Ankern!“ — „Alle Boote aussetzen!“ „Einmal ums Geschwader rudern!“ — „Alle Boote einsetzen“, „Melden, wenn das Manöver beendet ist.“

Auch Landungsmanöver werden im Geschwader vorgenommen. Jedes Schiff hat eine bestimmte Anzahl Gewehre und damit eine bestimmt vorgeschriebene Landungsabteilung, die zu gemeinsamen Übungen an Land exerzieren wie eine Infanterie- und Pioniertruppe des Heeres.

Schiffe, die wie die alten Linienschiffe noch ganz auf Kohlenfeuerung angewiesen sind, haben das Kohlennehmen als kriegsmäßige Übung aufzufassen. Ein Schiff ohne Kohlen ist nicht gefechtsverwendungsfähig. Es gilt daher beim Kohlennehmen, die Kohlen so schnell wie möglich an Bord in die Bunker zu bekommen, damit die Gefechtskraft des Schiffes wiederhergestellt ist.

Als gemeinschaftliche Geschwaderübungen kommen noch das Signalisieren, namentlich bei Nacht, Entfernungsmessen und Boje über Bord vor.

Letzteres bedeutet, daß das Manöver „Mann über Bord“ durch das Werfen einer Boje markiert werden soll. Der Befehl wird durch Signal vom Admiral möglichst überraschend, z. B. mitten im Exerzieren oder sogar während des Essens, gegeben; es wird dann genau so verfahren, als wenn auf jedem Schiff ein Mann über Bord gefallen wäre. Die Rettungsboote werden heruntergefiert, rudern schnell nach den Bojen und dann heißt das Schiff, dessen Kutter die Boje gegriffen hat, die Flagge J = Ja, d. h. der Mann ist gerettet. Dann rudert der Kutter so schnell als möglich an Bord zurück und wird sofort geheißt. Zum zweitenmal wird durch Signal festgestellt, wer auch dieses Manöver als erster durchgeführt hat.

Himmelskunde.

Obwohl der Mensch fast täglich Gelegenheit hat, den Abendhimmel zu beobachten, und bei uns in Deutschland doch verhältnismäßig oft auch sternenklare Nächte herrschen, haben die wenigsten Leute eine Ahnung von dem Sternenhimmel. Auch hier braucht man keine Einzelheiten zu wissen. Es genügt, wenn man den Sternenhimmel zur allgemeinen Orientierung benutzen kann und wenn man wenigstens einige der wichtigsten Sterne erster Größe am Himmel schnell

Die wichtigsten Uniformen der Reichsmarine

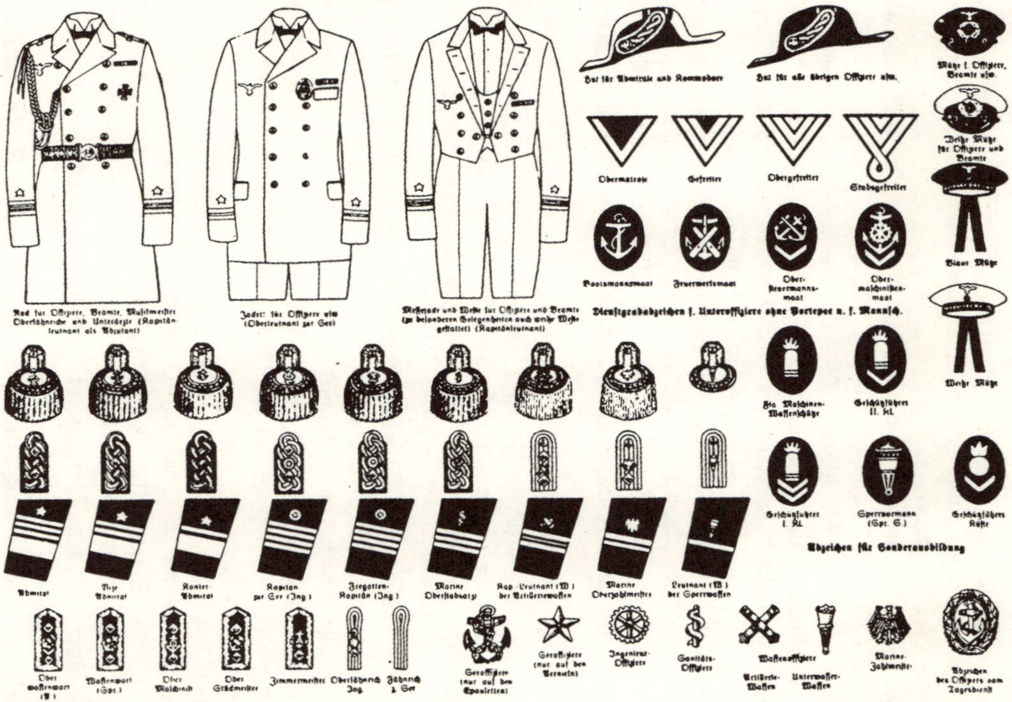

Die Uniform der Offiziere der großen Handelslinien ist in Schnitt und Farbe, sowie den goldenen Ärmelstreifen sehr ähnlich der der Reichsmarine. An der Mütze wird das Abzeichen der Reederei getragen.

findet. Wenn man auch heute zahlreiche technische Mittel hat, sich ohne die Gestirne in der Nacht zurechtzufinden, so sollte einen doch das Wunder des Sternenhimmels allein schon reizen, einige Kenntnis davon zu besitzen, zumal die ersten Seefahrer, also auch unsere Vorfahren, Wikinger und Nordmänner, sich nur nach dem gestirnten Himmel gerichtet haben.

Das für uns wichtigste Sternbild, das auch leicht zu finden ist, ist der „Große Bär", auch „Großer Wagen" genannt.

Verlängert man die hintere Achse des Großen Wagens etwa um das Fünffache, dann kommt man auf den Polarstern. Dieser zeichnet sich nicht durch besondere Helligkeit aus, ist auch kein Stern erster Größe, aber von hervorragender Wichtigkeit, weil er ziemlich genau über dem Erd-Nordpol, am Nordpol des Himmels steht. Der Polarstern bildet gleichzeitig den letzten Stern im Schwanz des Kleinen Bär, der vom Polarstern aus in flachem Bogen nach dem Schwanz des Großen Bären (oder der Deichsel des Großen Wagens) zu finden ist.

Geht man von der Mitte des Schwanzes des Großen Bären (oder der Deichsel des Großen Wagens) über den Polarstern hinaus nach der Milchstraße, dann trifft man auf 5 Sterne, die ungefähr wie ein großes W oder M stehen. Dies ist das Sternbild der Cassiopeja.

Von der Mitte des Großen Bären über die Mitte des Kleinen Bären bis zur Milchstraße gehend, trifft man gerade da, wo die Milchstraße sich in zwei Straßen teilt, auf ein großes liegendes Kreuz. Es ist dies das Sternbild des Schwans. Die Kreuzspitze, die in der Richtung der Cassiopeja liegt, bildet der Stern erster Größe Deneb.

Vom Deneb über die Cassiopeja die Milchstraße entlang gegangen, kommt man auf den Stern erster Größe Capella.

Von dem Stern Alpha am Kopfende des Großen Bären ausgehend, dicht unter dem Kleinen Bären vorbei um die gleiche Strecke, trifft man auf den Stern erster Größe Wega im Sternbild der Leier.

Geht man von dem Stern Alpha an dem flachen Sternbogen des Schwanzes des Großen Bären die gleiche Strecke im Bogen weiter, dann kommt man auf den Stern erster Größe Arcturus.

Vom Deneb nach Stern Alpha des großen Bären um die gleiche

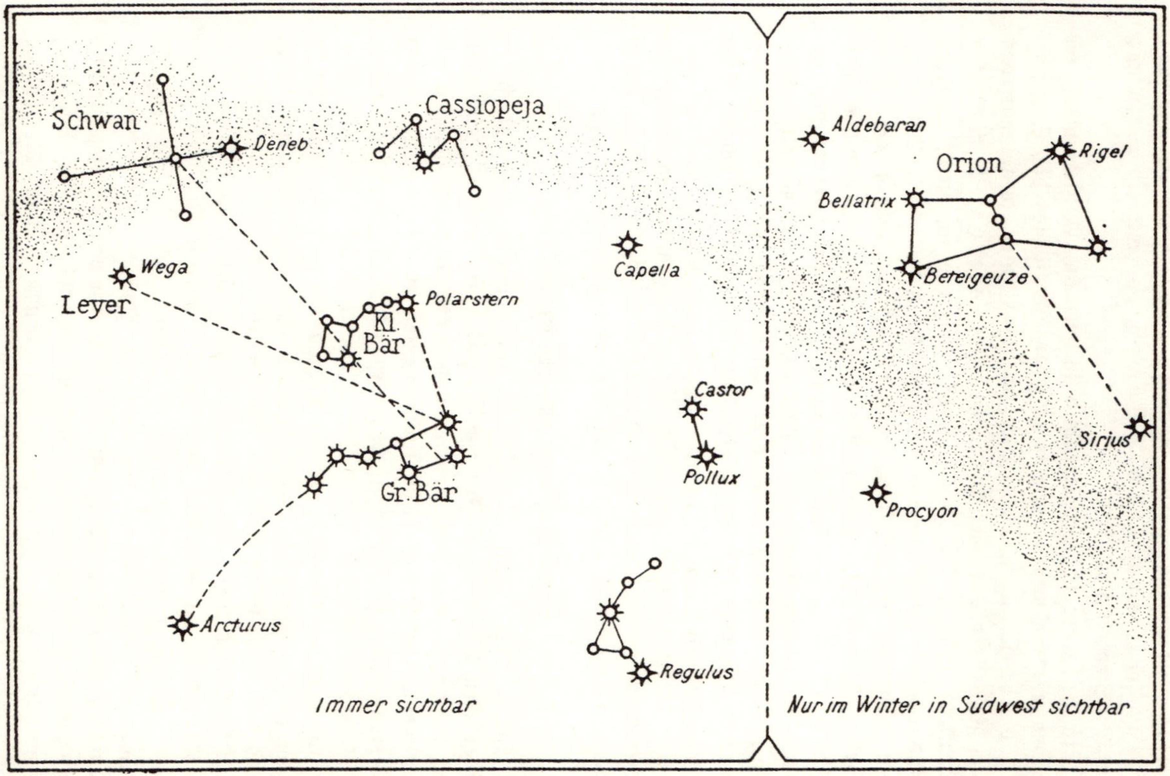

Große Sterne um den Nordpol.

Strecke weitergegangen, trifft man auf den Stern erster Klasse Regulus im Sternbild des Löwen, das wie ein Haken aus kleinen Sternen aussieht.

Ein besonders schönes Sternbild ist nur am Winterhimmel im Süden und Südwesten bei uns zu sehen. Es ist dies das Sternbild des Orion. Man findet es im Winter, wenn man von dem Polarstern aus über den Stern erster Größe Capella in gleicher Richtung und um die gleiche Strecke weiter durch die Milchstraße hindurchgeht. Es ist leicht zu erkennen durch zwei helle Sterne, die gewissermaßen die Schultern einer aufrechten Figur bilden. Diese Sterne heißen: der hellere Beteigeuze, der weniger helle Bellatrix. — Die drei Gürtelsterne dieser Figur sind sehr leicht zu finden, sie stehen ungefähr im Himmelsäquator. Geht man in der Richtung dieser drei Gürtelsterne schräg nach Süden, dann kommt man auf den hellsten Stern, den wir von unserer Erde überhaupt sehen, den Sirius.

Die beiden Sterne erster Größe Rigel (ebenfalls im Orion, der Beteigeuze gegenüber) und Procyon sind ebenso leicht zu finden wie Castor und Pollux. (Siehe Sternkarte.)

Wie findet man auf See seinen Weg.

Solange man noch irgendwelche guten Landzeichen und festen Seezeichen, Leuchttürme, Feuerschiffe, Baken, in Sicht hat, wird man sich zweckmäßig nach diesen richten und durch Abstandsmessungen mit Entfernungsmeß- oder Winkelinstrumenten und Peilungen mit dem Kompaß genau seinen Schiffsort festlegen können. Hierbei wird man auch das Lot, um die Wassertiefe zu ermitteln, stets benutzen. Man nennt dies die terrestrische Navigation (der Ausdruck kommt vom latein. terra, das Land). Sobald man kein Land mehr sieht und einen längeren Weg vor sich hat, ist man auf die Rechnung mit Himmelskörpern, die astronomische Navigation, angewiesen.

Auf der Seekarte zeichnet man sich ein, welchen Weg man zu fahren beabsichtigt, und achtet hierbei darauf, daß die eingezeichnete Linie auch immer über genügend tiefes Wasser und frei von allen Untiefen geht. Man fährt dann nach dem Kompaß die eingezeichnete Richtung, mißt dauernd so genau wie möglich die Schiffsgeschwindigkeit und trägt diese in Abständen von etwa einer halben Stunde in die Karte ein, wobei man zu berücksichtigen hat, ob Wind oder Strom, der in der Seekarte verzeichnet ist, das Schiff wohl aus dem Kurse versetzen. Diese aneinandergereihten Eintragungen nennt man koppeln, man spricht von einem Koppelkurs, und der Punkt, den dieser Koppelkurs für den Ort des Schiffes ergibt, nennt man das gegißte Besteck. Unter Besteck versteht man an Bord also nicht ein Eßbesteck, sondern stets den Ort, an dem sich das Schiff zur Zeit befindet. Man sagt: wo steht das Besteck? Das Wort gissen heißt nicht anderes wie schätzen, gegißt ist also geschätzt. Ein gegißtes Besteck kann natürlich ganz genau sein. Es muß aber namentlich in unsicherer Gegend oder wenn man Land ansteuert, unbedingt dauernd kontrolliert werden. Dies geschieht durch die astronomische Rechnung. Das Ergebnis der astronomischen Rechnung heißt astronomisches Besteck und wird stets als richtiger wie das gegißte Besteck angesehen.

Es kann hier nicht auf die Art und Form astronomischer Rechnungen eingegangen werden. Als Andeutung möge genügen: Unsere Erde ist durch Mittagskreise, die vom Nordpol nach dem Südpol ähnlich wie die Scheiben einer Apfelsine laufen, in 360 Grade, und diese wieder in Minuten und Sekunden eingeteilt. Der Nullgrad geht durch die Sternwarte von London mit Namen Greenwich. Quer zu diesen Mittagskreisen von dem Äquator, der die Erde in die nördliche und südliche Hälfte teilt, sind 90 Parallel- oder Breitenkreise auf beiden Hälften angeordnet. 0° ist der Äquator und 90° der Pol. Wenn man errechnet, auf welchem Mittagskreise man ist und auf welchem Breitenkreise man ist, dann hat man genau den Ort des Schiffes.

Die Grundlage zur Errechnung, auf welchem Mittagskreise das Schiff steht, bildet die Zeit. Habe ich eine sehr genaugehende Uhr nach Greenwich-Zeit, dann sagt mir der Unterschied zwischen der ganz genauen, astronomisch errechneten Uhrzeit am Ort und der Greenwich-Zeit die Lage meines Mittagskreises.

Die Bestimmung der Breite geschieht dadurch, daß man bei Tage die Sonne, bei Nacht einen gut sichtbaren Stern, im einfachsten Falle den Polarstern, beobachtet. Mit einem Winkelinstrument, das den Namen Sextant führt, paßt man auf, wann die Sonne mittags am höchsten steht, und mißt dann den Winkel zwischen dem Horizont, dem eigenen Auge und der Sonne. Durch besondere Tabellen läßt sich dann die Breite errechnen. Dies nennt man das Mittagsbesteck.

Das Vorstehende sieht sehr einfach aus, aber alle diese Messungen und Rechnungen erfordern Erfahrung und Übung, sind oft, weil die Sonne gerade am Mittag verdeckt ist, weil zahlreiche Korrekturen nötig sind, recht langwierig und schwierig, so daß auf allen Schiffen, namentlich schnellfahrenden, von einem Offizier dauernd gerechnet wird. Auf Kriegsschiffen heißt dieser Offizier der Navigationsoffizier, sein Gehilfe ist der Steuermann, der zugleich die Instrumente und die Seekarten betreut. Er verwaltet auch die Laternen, dagegen hat er mit dem Steuer r u d e r nichts zu tun, dafür sind die Rudergänger vorhanden.

Auf Handelsschiffen rechnen der Kapitän persönlich gleichzeitig mit ihm auch die Wachoffiziere das Besteck aus. Damit auf Kriegsschiffen die Offiziere in Übung bleiben, müssen die Offiziere und Fähnriche, soweit es ihre Zeit erlaubt, ebenfalls zu astronomischen Rechnungen herangezogen werden. Sehr häufig bekommt man bei diesen Rechnungen nicht einen Punkt, sondern eine Linie heraus, auf der man sich befindet. Eine solche Linie nennt man eine S t a n d l i n i e. Wenn sich mehrere Standlinien schneiden, dann ist der Schiffsort der Schnittpunkt der Linie.

Von guter astronomischer und terrestrischer Navigation, die sehr gelernt werden will, hängt die Hochseefahrt wesentlich ab.

Seemännische Ausdrücke.

Der Beruf des Seemannes ist so eigenartig, daß sich in diesem Beruf auch eine ganz eigenartige Sprache gebildet hat. Die seemännischen Ausdrücke sind fast ausschließlich nordischer Abstammung, niedersächsisch, holländisch, englisch. In dieser Marinefibel sind alle seemännischen Ausdrücke in Klammern bereits im Text erläutert und in die gewöhnliche Umgangssprache übertragen, so daß der Text für jeden Nichtseemann verständlich ist. Es erscheint daher nicht zweckmäßig, noch ein Wörterbuch, ähnlich wie ein Vokabelbuch, hier anzuschließen. Es sollen im folgenden nur solche Ausdrücke erwähnt werden, die eine Landratte, wenn sie mit Seeleuten zu tun hat, gewöhnlich falsch gebraucht, weil solche Ausdrücke ähnlich wirken, als wenn man zu einem Jäger von den Beinen eines Hasen oder den Hörnern eines Rehes sprechen würde.

Ein Schiff hat keine Spitze, sondern einen V o r s t e v e n. Der vordere Teil des Schiffes wird als B u g bezeichnet.

Es heißt nicht hinten, sondern achtern, nicht Hinterdeck, sondern Achterdeck. Dieses wird im Gegensatz zum Vordeck und zur Back häufig als Schanze bezeichnet. Schanze und Back sind eigentlich erhöhte Kampfausbauten achtern und vorn auf Schiffen der alten Zeit.

Die Ankerketten und das Ankerspill stehen nicht an der Spitze, sondern auf der Back.

Die Offiziere wohnen nicht in Kajüten, sondern in Kammern. Sie haben kein Speisezimmer oder Kasino, sondern eine Messe.

Der Kommandant hat ein Arbeitszimmer und für Empfänge und Versammlungen eine Kajüte. — Man sagt Kommandantenkajüte, Admiralskajüte, aber niemals Offizierskajüte.

Die Tischbedienung für Offiziere sind nicht Ordonnanzen oder Kellner, sondern Stewards und Stewardsmaate. Wird dem Besucher eine Erfrischung angeboten, so ist er Gast und bezahlt nichts, auch keine Trinkgelder.

Der Offizier, der das Schiff befehligt, dem es anvertraut ist, heißt Kommandant, wird aber nicht „Herr Kommandant", sondern mit seinem Dienstgrad, meist „Herr Kapitän", angeredet. Auch die übrigen Offiziere werden mit ihrem Dienstgrad angeredet.

Der Steuermann hat mit dem Steuern des Schiffes durch Bedienung des Ruders nichts zu tun. Nicht er steht am Steuerruder, sondern der Mann dort heißt der Rudergänger oder der Posten am Ruder. Der Steuermann ist vielmehr der Gehilfe des Navigationsoffiziers und verwaltet alles, was zur Schiffsführung in Navigation erforderlich ist.

Auf Handelsschiffen heißt der Führer des Schiffes nicht Kommandant, sondern Kapitän. Auf den größten Schiffahrtslinien kommt bei dem ältesten Kapitän der Titel Kommodore vor.

Am Mast, niemals Mastbaum, weht im Top, nicht am Top und nicht an der Spitze, der Wimpel. Verlängerung von Untermasten, die abnehmbar sind, bezeichnet man als Stengen.

Die äußersten Enden der Raaen und der Kommandobrücke heißen nicht Spitzen, sondern Nocken. (Einzahl: die Nock.)

Ein Schiff ist nicht angebunden, sondern festgemacht.

Der Anker wird nicht aufgezogen, sondern gelichtet.

Die Ruder im Boot heißen Riemen; unter Ruder versteht man immer nur das Steuerruder.

Es heißt nicht Mastkorb, sondern *Mars*. Ist der Mars korbähnlich oder eine geschlossene Plattform von geringer Größe, so sagt man *Krähennest*.

Es heißt nicht Segelstange, sondern *Raae*.

Man spricht nicht vom Strick, sondern vom *Ende* oder *Tau*. Ist das Tauwerk dünn, heißt es *Leine*, ist es dick, eine *Troß*.

Die seitlichen Stützen eines Mastes heißen *Wanten*. Sind diese zum Herauflaufen mit Leinen quer ausgewebt, so spricht man nicht von Strickleitern, sondern von *Webeleinen*.

Eine Leiter aus Tauwerk, deren Querverbindung Holzlatten oder kurze Eisenstangen sind, nennt man nicht Strickleiter, sondern *Jakobsleiter*.

An Bord benutzt man keine Flaschenzüge, sondern *Taljen*, auch Arbeitstaljen genannt.

Eine *Flagge* wird nicht aufgezogen, sondern *geheißt* oder *gesetzt*, nicht heruntergezogen, sondern *niedergeholt*.

Ein Grüßen mit der Flagge nennt man *dippen*.

Eine Fahne ist an einer Fahnenstange ange*nagelt*, eine Flagge ist an einer *Flaggleine* befestigt.

Der Wind dreht nicht nach hinten, sondern er *raumt* oder kommt *achterlicher*. Er dreht auch nicht nach vorn, sondern er *schralt* oder kommt *vorlicher*.

Ein Schiff liegt nicht schief, sondern es *liegt über* oder es *krängt*.

Eine Ankerkette wird nicht rausgelassen, sondern *gesteckt*.

Man rudert nicht rückwärts, sondern *streicht*.

Man schiebt ein Boot nicht ab, sondern man *setzt es* ab.

Ein Strick (Tau) zerreißt nicht, sondern ein Ende, eine Leine, eine Kette *bricht*.

Man zieht nicht an einer Leine, sondern *holt* eine Leine.

Festholen heißt nicht etwa recht kräftig holen, sondern aufhören mit holen und festhalten.

Man läßt ein Boot nicht herunter, sondern *fiert* es zu Wasser.

Es heißt nicht Schlot oder Rauchfang, sondern *Schornstein*.

Bett heißt *Koje*, und Küche heißt *Kombüse*.

Unter *Besteck* versteht man nicht ein Eßbesteck, sondern den Ort, an welchem sich das Schiff befindet.

Ein Tauwerk hat keine Schlinge, sondern eine *Bucht* oder ein *Auge*.

Ein Boot kippt nicht um, sondern *kentert*.

Ein Segel wird nicht gespannt, sondern *gesetzt* und *gestreckt*, wird nicht eingezogen, sondern *gegeit* und *geborgen*.

Ein Ende (Tau, Leine) wird nicht festgebunden, sondern *belegt*.

An der Glocke wird nicht geläutet, sondern *geglast* oder *angeschlagen*.

Hängematten werden *gezurrt*, d. h. zusammengebunden, aber nicht gepurrt. Unter Purren versteht man jemanden wecken.

Ein Segelboot laviert nicht, sondern es *kreuzt* auf.

Will man das Schiff gefechtsbereit machen, so heißt es *klar Schiff*. Will man dagegen das Schiff saubermachen, so nennt man es *rein Schiff*.

Ein *Torpedo* ist ein Geschoß und nicht ein Fahrzeug. Das Fahrzeug heißt *Torpedoboot*.

Ordonnanzen an Bord nennt man *Läufer*.

Der Seemann trinkt auch nicht dauernd *Grog*, sondern lebt an Bord schon mit Rücksicht auf Wache und Nachtdienst sehr mäßig.

Merkworte für Morsebuchstaben.

(Die Merkworte sollen das Erlernen der Morsezeichen erleichtern. Der erste Buchstabe des Merkworts entspricht dem jeweiligen Morsebuchstaben, die Zahl der Silben der Zahl der Punkte und Striche desselben; jede Silbe mit einem „o" bedeutet einen Strich, jeder andere Vokal oder Umlaut einen Punkt.)

a	· –	= Anton	p	· – – ·	= Peloponnes
b	– · · ·	= Bohnenstange	q	– – · –	= quoll dort der Ton
c	– · – ·	= Coburg-Gotha	r	· – ·	= Revolver
d	– · ·	= Donautal	s	· · ·	= Simserim
e	·	= Ems	t	–	= Ton
f	· · – ·	= Frankfurt-Oder	u	· · –	= Uniform
g	– – ·	= Gomorrha	v	· · · –	= Ventilator
h	· · · ·	= Hipp Hipp Hurra	w	· – –	= Windmotor
i	· ·	= Ilse	x	– · · –	= Xox-Biskuitbox
j	· – – –	= Jawohl-Odol	y	– · – –	= Yorkplatz-Nordost
k	– · –	= Kommando	z	– – · ·	= Zorndorfer Schlacht
l	· – · ·	= Leonidas	ä	· – · –	= Aeropilot
m	– –	= Motor	ö	– – – ·	= Ölvorkommen
n	– ·	= Note	ü	· · – –	= Überporto
o	– – –	= Oporto	ch	– – – –	= Chloroformtopf.

Signaltafel für Winkersignale.

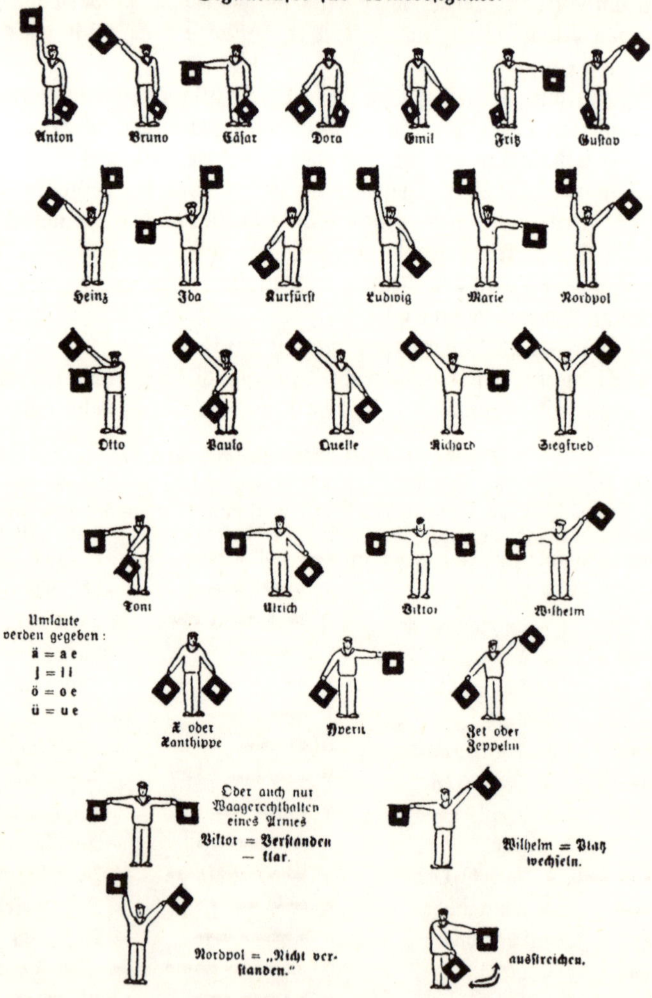

Stärkevergleich der großen Seemächte.

Seemacht	Gesamt-Tonnenzahl	Schlachtschiffe	Kreuzer	Zerstörer	U-Boote	Flugzeugträger
England	1907000	Nelson 15 = 475000 Tonnen	Exeter 55 = 347000 Tonnen	158 = 180000	58 = 55000	Hermes 8 = 127000
Vereinigte Staaten	1898000	West Virginia 15 = 464000 Tonnen	New Orleans 21 = 171000 Tonnen	239 = 259000	81 = 67000	Lexington 4 = 88000
Japan	1111000	Mutsu 9 = 272000 To.	Atago 38 = 256000 Tonnen	102 = 120000	64 = 74000	Akagi 6 = 100000
Frankreich	793 000	Dunkerque 9 = 186000 To.	Algérie 18 = 155000 To.	75 = 110000	98 = 86000	Béarne 2 = 32000
Italien	531 000	Andrea Doria 4 = 87000 To.	Pola 23 = 150000 To.	82 = 85000	62 = 41000	Giuseppe Miraglia 1 = 5000
Deutsches Reich	154 000	Deutschland 7 = 85000 To	Konigsberg 8 38000 To	32 = 20000	Keine	Keine

Mit Genehmigung des „Deutschen Flottenvereins".

Ma. Ge. Fi.

Marine-Geschichtsfibel

von

Eberhard von Mantey
Vizeadmiral a. D., Dr. eh.

Mit 21 Porträts, 100 historischen Bildern und 4 Karten.

MELCHIOR
Historischer Verlag

Inhaltsverzeichnis.

Wikinger. Vandalen. Normannen.

„Es zogen die Mannen
Am Mastbaum auf
Die rauschenden Segel. —
Es rauschten die Riemen,
Es klirrte das Eisen,
Schild krachte an Schildrand.
Die Wikinger rudern.
Rauschend lief
Mit den Helden zumal
Die Flotte des Königs
Hinaus in die See.“

So klingt alter Wikingersang aus der Edda in dem Liede von Helgi, dem Hundingtöter.

Der Germane wird in der Geschichte zum erstenmal im Jahre 113 v. Chr. erwähnt, als Cimbern und Teutonen von Norden her in das Römerreich einbrachen. Hundert Jahre später kommt es zwischen den Römern und deutschen Stämmen am Niederrhein und auf der Ems zu einem Kampf auf See. Es ist aber sicher, daß Germanen schon ebenso früh wie die Phönizier und Griechen die See kannten und zu meistern verstanden. Schiffszeichnungen, auf Stein geritzt, aus der Bronzezeit geben Kunde, daß germanischer Schiffbau hoch entwickelt war, Kampfschiffe sind abgebildet, woraus man schließen darf, daß Germanen schon in der Vorzeit kriegerische Seeleute waren.

Aus dem ersten Jahrtausend unserer Zeitrechnung sei hier nur angeführt, daß die Vandalen im Jahre 429 n. Chr. nach Afrika übersetzten. Sie gründeten in Karthago ein germanisches Reich, beherrschten von dort aus das ganze westliche Mittelmeer, welches den Namen „Wendelsee“ bekam, und der König der Vandalen Geiserich bezeichnete sich als „König der Erde und der Meere“.

Im Jahre 449 landeten Angeln und Sachsen unter Hengist und Horsa, von den Bewohnern der britischen Inseln gegen die Pikten und Skoten zu Hilfe gerufen, mit drei großen Segelschiffen, jedes mit angeblich 150 Mann Besatzung, in England und gründeten sieben angelsächsische Reiche.

Im Jahre 468 verbündeten sich West- und Ostrom gegen die germanischen Beherrscher der Wendelsee und griffen mit einer sehr großen Flotte das Karthago der Vandalen an. Die Angreifer wurden vernichtend geschlagen, doch fehlen uns leider von dieser sehr großen Seeschlacht alle näheren Angaben. Nach dem Tode des gewaltigen Vandalenkönigs Geiserich im Jahre 477 ist die Seemacht der Vandalen leider schnell verfallen.

Im weiteren Verlauf der Geschichte spielen die normannischen Seefahrer eine sehr bedeutende Rolle. Zu ihrer Abwehr muß Karl der Große an der jetzigen niederländischen Küste eine große Flotte in Betrieb halten, um die Flußmündungen zu decken. Normannische Seefahrer dringen ins Mittelmeer und besetzen die Inseln, vor allen Dingen Sizilien. Der Normannenherzog Wilhelm der Eroberer wird 1066 König von England.

Im Jahre 983 wird unter Kaiser Otto III. in den Listen der Hofämter zuerst ein „Oberster Admiral" erwähnt. Kaiserliche Schiffe fuhren auf dem Rhein. Gut organisiert war auch eine Kaiserliche Flotte zur Zeit der Hohenstaufen im Mittelmeer (1138—1254).

Deutsche Seefahrt während der Kreuzzüge.

Für die Entwicklung der deutschen Seefahrt sind die Kreuzzüge in der Zeit von 1096 bis 1269 von großer Bedeutung gewesen. Im Jahre 1102 lief eine Flotte von 200 christlichen Schiffen unter Führung eines Westfalen namens Hadewerk vom Niederrhein bis an die Küste von Palästina. Fünf Jahre später wurde eine große Flotte mit 7000 Pilgern von Friesen und Sachsen geführt.

1110 fuhr ebenfalls eine friesische Flotte nach dem Heiligen Lande. 1147 segelte eine rheinische Kreuzfahrerflotte von Köln ab, fuhr zunächst nach England, wo man bereits nach drei Wochen eintraf. Mit 190 Schiffen und angeblich 10 000 Mann Besatzung ging es weiter nach Spanien, dort kämpfte man gegen die Mauren und eroberte Lissabon. Auch im dritten Kreuzzuge fuhren vier große Kreuzfahrerschiffe mit 3400 Mann und Proviant für drei Jahre von Köln ab, vereinigten sich mit friesischen und flandrischen Schiffen zu einer Flotte von 55 Schiffen, die unterwegs gegen die Mauren kämpften und bereits nach einem halben Jahr an der Belagerung von Accon teilnahmen. Es würde zu weit führen, alle Fahrten, die

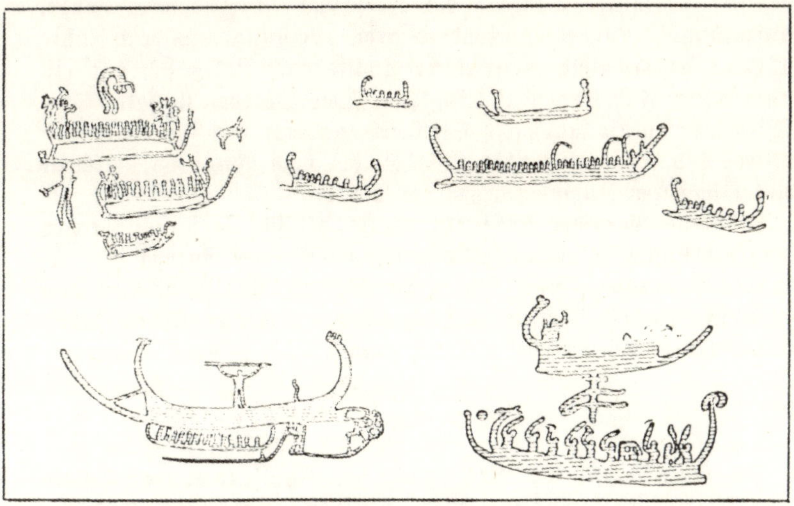

Germanische Schiffszeichnungen auf Felsen, etwa 1500 v. Chr.

Wikingerschiff, 700 n. Chr.

deutsche Seefahrer während der Kreuzzüge unternommen haben, aufzuführen. Nur eine besonders große Leistung aus dem Jahre 1217/18 sei erwähnt. 90 friesische Schiffe vereinigten sich mit 112 rheinischen Fahrzeugen in England. Den Oberbefehl hatte Graf Wilhelm von Holland, sein Stellvertreter war Graf Gerhard von Wied. Die Reise ging über Lissabon bis nach Palästina, teilweise unter schweren Kämpfen gegen die Mauren.

Während sich in der Zeit der Kreuzzüge deutsche Seefahrer, Friesen und Niedersachsen, auf ausgedehnten Seereisen um Europa bis nach Palästina auszeichneten, blühte im Norden, und zwar von dem äußersten Ende der Ostsee um Skagen bis nach dem englischen Kanal, ein gewaltiger Seehandel auf, den man als die „Hansa" bezeichnet.

Die Hansa.

Die Hansa ist eine Vereinigung von Kaufleuten, die sich ganz allmählich aus Handelsinteressen entwickelte. Schon um das Jahr 1000 kamen deutsche Kaufleute auf deutschen Schiffen nach London, wurden als „Leute des Kaisers" bezeichnet und erhielten gleiches Recht mit den Einheimischen. 1130 besaßen diese Kaufleute einen eigenen Besitz in London, die Gildhalle. Es war dies der Anfang des späteren „Stahlhofs". Solche Vereinigung deutscher Kaufleute bildete sich auch im Osten in Wisby auf Gotland. Ungefähr auf der Mitte der Strecke London—Wisby liegt die bedeutende Handelsstadt Lübeck. Schon aus dieser mittleren Lage heraus ergab sich, daß Lübeck in der Hansa eine führende Rolle spielen mußte.

Lübeck war im Jahre 1202 als ehemalige holsteinische Stadt von den Dänen unter Waldemar II. genommen worden. Nachdem aber Waldemar von den Holsteinern bei Bornhöved geschlagen worden war, wurde Lübeck freie deutsche Reichsstadt. Da die Hohenstaufenkaiser ihre Interessen hauptsächlich in Italien sahen, so blühte zwar unter kaiserlicher Flagge eine Rheinschiffahrt und eine Mittelmeerflotte, die Seefahrt des Nordens dagegen wurde ohne kaiserlichen Schutz nur von dem deutschen Kaufmann, „dem Kaufmann des Kaisers", den nordischen Seestädten ausgeübt. Das Wort „Deutsch" fehlt fast nirgends, wenn die Genossenschaft der Kaufleute erwähnt wird, und im Jahre 1358 findet sich zum erstenmal der Bund der deutschen Hansa als „Dudische Hense" bezeichnet. Dieses rein deutsche

Wort bedeutet „deutsche Schaar“. An Lübeck hatten sich die wendischen Städte Rostock, Wismar und Stralsund und die sächsischen Städte Hamburg und Lüneburg angeschlossen. Die Führung hatte im allgemeinen Lübeck. Im weiteren Verlauf kam noch eine Anzahl Seestädte, aber auch Landstädte, z. B. Köln, hinzu. Die Hansa beherrschte die Seefahrt auf der Ostsee ganz. Nach Westen reichte sie aber nur bis in den englischen Kanal. Hansaschiffe sind niemals durch die Straße von Gibraltar gegangen.

Durch die Lage der führenden Stadt Lübeck, durch die Beherrschung des Seeweges von der Nordsee nach der Ostsee durch Dänemark und aus dem Gegensatz, der in der Geschichte bei germanischen Reichen leider so häufig beobachtet wird, sind zahlreiche große Kämpfe der Hansa unter Lübecks Führung mit Dänemark und den übrigen nordischen Reichen entstanden. Im Jahre 1234 wurde Lübeck zu Wasser und zu Lande von den Dänen angegriffen. Die Lübecker erfochten einen glänzenden Sieg. Fünf große dänische Schiffe wurden genommen. Vierzehn Jahre später griff Lübeck unter Führung seines Bürgermeisters Alexander v. Soltwedel die Burg von Kopenhagen an.

Besonders schwer waren die Kämpfe der Hansa im Jahre 1362, in welchen die Hansa auf der Reede von Kopenhagen zunächst eine Niederlage erlitt. Am Palmsonntag des Jahres 1368 segelte eine große Lübeckſche Flotte unter Hugo Warendorp nach Norden aus, um die Schmach wieder abzuwaschen. Bergen und Kopenhagen wurden erobert und geplündert, Schonen bezwungen, und Helsingfors fiel im September des nächsten Jahres nach äußerstem Widerstand. Dänemark bat demütig um Frieden, der im Jahre 1370 in Stralsund geschlossen wurde. 27 Jahre später errang der Bürgermeister von Stralsund Klaus v. d. Lippe einen glänzenden Seesieg über die angreifenden Dänen.

Die Seeräuberei.

Für die Seefahrt der damaligen Zeit gilt ganz besonders das Goethewort:

„Ich müßte keine Schiffahrt kennen:
Krieg, Handel und Piraterie,
Dreieinig sind sie nicht zu trennen.“

So kam gleichzeitig mit dem Aufblühen der Hansastädte und des Handels auch eine ausgedehnte Seeräuberschaft in Gang. Die Hansastädte Rostock und Wismar hatten gegen die Dänen „Stehlbriefe" (Kaperbriefe) ausgegeben. Diese Stehlbriefe riefen aber unmittelbar eine böse Seeräuberei ins Leben. Das Seeräuberunwesen von Rügen und Pommern aus nahm so großen Umfang an, daß 25 Koggen gegen die Räuber ausgeschickt werden mußten. Einen großen Erfolg hatten die Deutschritter unter Konrad v. Jungingen, der 1397 Wisby nahm, wo der Seeraub besonders blühte. Nun verlegten die Seeräuber ihre Stützpunkte nach Ostfriesland und Helgoland. In der Nordsee waren es namentlich die Hamburger, die erfolgreich gegen die Seeräuber vorgingen. Diese, die sich Vitalienbrüder oder auch Likendeeler nannten, wurden geführt von dem berüchtigten Klaus Störtebeker. Im Jahre 1402 wurde Störtebeker mit 10 Schiffen von den Hamburger Ratsherren Schoke und Lange bei Helgoland geschlagen. Unter den hamburgischen Schiffen zeichnete sich besonders das Schiff mit dem Namen „Die bunte Kuh von Flandern" aus.

Danzig. Paul Beneke.

Die verbrieften Rechte der deutschen Kaufleute wurden mit dem Aufkommen englischer Selbstherrlichkeit allmählich mißachtet und deutsche Schiffe und Kaufleute angegriffen. Infolgedessen schritten die Städte Hamburg, Bremen und Danzig zu Gegenmaßregeln.

Für die deutsche Seefahrt ist von Interesse, daß Danzig sogenannte „Ausleger", die man heute als Kreuzerfregatten bezeichnen würde, in den englischen Kanal sandte, um seine Rechte zu wahren. Das berühmteste Schiff der Stadt Danzig aus jener Zeit war der „Peter von Danzig". Führer der Danziger Schiffe war Paul Beneke. Sein erstes Admiralsschiff war ein durch List erbeutetes englisches Kriegsschiff mit dem Namen „St. John". Paul Beneke hatte sich dem großen Engländer in der Dunkelheit im kleinen Boot als Fischer genähert, am Heck festgemacht und geschmolzenes Blei in die Fingerlinge des Ruders gegossen. Im Jahre 1468 gelang es Paul Beneke, mit seinen Kreuzern französische Schiffe, welche die Engländer unterstützt hatten, und bald darauf auch ein englisches Geschwader vernichtend zu schlagen. Auf diesem Geschwader befand sich der englische

Normannenschiff zur Kreuzfahrerzeit, 1200 n. Chr.

Eine Hanseatische Flotte.

König Eduard IV. Dieser wurde jedoch aus politischen Gründen nach England freigegeben. Während dieses Kreuzerkrieges wurde auch das berühmte Bild „Das Jüngste Gericht“ von Hans Memling, das jetzt noch in der Danziger Marienkirche ist, erbeutet.

Wenn auch die Hansa einerseits durch Uneinigkeit zwischen den Städten und andererseits dadurch, daß sie in keiner Weise vom Reich und den habsburgischen Kaisern unterstützt wurde, langsam verfiel, so hat sie doch noch im 16. Jahrhundert bei Bornholm und vor Kopenhagen siegreich gefochten.

Im Jahre 1669 wurde zum letztenmal in Lübeck eine hansische „Tagfahrt“, das heißt eine Hauptversammlung, gehalten. Lübeck, Hamburg und Bremen haben aber den Namen Hansastädte bis auf den heutigen Tag in Ehren getragen.

Wallensteins Pläne.

Im Dreißigjährigen Krieg hatten sich der Dänenkönig und der Herzog von Holstein an die Spitze der nordischen Protestanten gestellt. Der Deutsche Kaiser Ferdinand und sein Feldherr Wallenstein versuchten die Lübecker zu gewinnen, daß sie ihre Flotte ihnen zur Verfügung stellten. Lübeck lehnte jedoch ab. Wallenstein in seiner Eigenschaft als Oberführer erhielt das Patent als „General des Ozeanischen und Baltischen Meeres“. Eine Flotte von 24 Kriegsschiffen sollte geschaffen werden. An dem heldenmütigen Widerstand Stralsunds scheiterten die Flottenpläne des Kaisers und Wallensteins. Stralsund schloß ein Bündnis mit Gustav Adolf von Schweden. Ein Angriff der Schweden im Jahre 1630 auf einzelne kaiserliche Schiffe in der Trave endete mit Vernichtung derselben. Das Reichsadmiralschiff „König David“ mit 40 Geschützen wurde genommen.

Der Übergang zur neueren Zeit.

Mit dem Aufhören der Hansa und nach der Beendigung des Dreißigjährigen Krieges 1648 beginnt für die Seefahrt eine neue Zeit. Von entscheidender Bedeutung ist die Entdeckung Amerikas gewesen. Wenn auch zur Zeit der Wikinger, der Normannen, der Kreuzzüge und der Hansa die See als Weg benutzt wurde, so

Paul Beneke siegt über die Engländer 1468.
Rechts das Schiff „Peter von Danzig".

Claus v. d. Lippe vernichtet bei Stralsund eine dänische Flotte 1428.

empfand man doch in diesem Seeweg außerordentliche Schwierigkeiten. Es war ein Weg, der, um ein Bild zu gebrauchen, mühsam gebahnt werden mußte wie ein Pfad durch den Urwald. Die See erschien, politisch und militärisch betrachtet, doch immer als ein starkes Hindernis. Mit dem Zeitalter der Entdeckungen, als die unendlichen Reichtümer Mittelamerikas und Ostindiens nach Europa flossen, stieg der Wert der See. Man erkannte, daß **die See** als **größter Weg dieser Erde** selbst eine große wirtschaftliche Bedeutung besäße. Der englische Admiral und Freibeuter zur Zeit der Königin Elisabeth, Sir Walter Raleigh, prägte damals das Wort: **„Wer die See beherrscht, beherrscht den Handel, und wer den Handel beherrscht, beherrscht die Welt."** Dieser Satz ist der Leitgedanke der englischen Politik bis auf den heutigen Tag geblieben und seinem tieferen Sinn nach auch von allen größeren Seestaaten erfaßt worden.

Leider war Deutschland durch den Dreißigjährigen Krieg völlig zerrüttet und auch in sich durch Zerrissenheit in viele Kleinstaaten ganz uneinig geworden. In dieser Zeit trostlosen Niederbruches war es ein Mann, der sein kleines Reich bei größter Uneigennützigkeit straff zusammenfaßte, militärisch und wirtschaftlich organisierte und auf die See hinauswies. Dieser Mann war der Hohenzoller Friedrich Wilhelm, Kurfürst von Brandenburg.

Die Kurbrandenburgische Marine.

Am 28. Juni **1675** wurde die für die brandenburgische Geschichte so außerordentlich wichtige Schlacht von Fehrbellin gegen die Schweden vom Kurfürsten siegreich geschlagen. Es bestand die Möglichkeit, das schwedische Heer, welches in Pommern seinen Stützpunkt hatte, von der Heimat abzuschneiden, wenn man die Ostsee in die Hand bekam. Der Kurfürst griff daher das Anerbieten des holländischen Reeders Benjamin Raule auf, der ihm vorschlug, Kaperschiffe gegen die Schweden auszurüsten. Es wurden 20 Kaperbriefe für Raule ausgefertigt, und die Kaperschiffe Raules fuhren unter der brandenburgischen Flagge, dem roten Adler im weißen Felde. Im Jahre 1675 beginnt die Geschichte der brandenburgischen Marine, obgleich die Schiffe, welche die Flagge des Kurfürsten fuhren, zunächst noch nicht Eigentum des Staates waren.

Am 1. August stellte Raule dem Kurfürsten auf die Dauer von vier Monaten die drei Fregatten „Churprinz", „Berlin" und „Potsdam" mit je 20 Kanonen und die beiden kleinen Fahrzeuge „Bielefeld" und „Bulle" mit 10 Kanonen zur Verfügung. Die gemieteten kurfürstlichen Schiffe begaben sich über Dänemark nach der Ostsee und sollten zusammen mit dem Feldmarschall Derfflinger gegen Wolgast operieren.

Im Jahre **1676** wurde der Vertrag zwischen dem Großen Kurfürsten und Raule erweitert. Es wurden dem Kurfürsten drei Fregatten und sechs kleinere Fahrzeuge mit zusammen 67 Geschützen und etwa 300 Mann zur Verfügung gestellt. Diese Schiffe begaben sich zunächst nach Dänemark, weil die Dänen den Schweden ebenfalls feindlich gesinnt waren. Die Dänen erfochten einen Seesieg über die Schweden, wobei einige schwedische Schiffe die Fühlung mit ihrer eigenen Flotte verloren hatten. Eines dieser Schiffe, die schwedische Fregatte „Leopard" mit 22 Geschützen, traf mit den kurbrandenburgischen Schiffen zusammen und wurde genommen. „Leopard" wurde nach Kolberg gebracht und ist das erste Kriegsschiff, welches Eigentum von Kurbrandenburg wurde. Es erhielt den Namen „Maria Katharina". Da Wolgast inzwischen in den Besitz des Kurfürsten gelangt war, wurden die Schiffe gegen Stralsund und Rügen verwendet. Das Jahr **1677** verlief ähnlich wie das vorhergehende Jahr. Die Erfolge der Dänen gegen die Schweden auf See kamen den brandenburgischen Schiffen auch zugute. Die schwedische Galliote „Eichhorn" wurde erbeutet und mit noch zwei anderen brandenburgischen Schiffen nach der Elbe entsendet, um gegen französische Schiffe vorzugehen, weil der König von Frankreich, Ludwig XIV., auch zu den Gegnern des Kurfürsten gehörte.

Im Jahre **1678** waren sieben Kriegsschiffe mit 107 Geschützen und 450 Mann Besatzung gemietet worden, außerdem wurden an der Küste etwa 350 kleinere Fahrzeuge zum Übersetzen nach Rügen zusammengebracht. Der Angriff auf Stralsund und Rügen erfolgte mit 15 000 Mann unter dem Kurfürsten und dem Feldmarschall Derfflinger. Bei den Maßnahmen auf dem Wasser wurde der Kurfürst von dem ihm befreundeten berühmten holländischen Admiral Cornelius Tromp beraten. Das Jahr schloß mit einem vollen Erfolg des Kurfürsten ab. Trotzdem mußte aber der Kurfürst in dem Frieden von St. Germain **1679** seine Eroberungen in Pommern,

Stettin, Stralsund und Rügen infolge des Machtspruches des Königs Ludwig XIV. den Schweden zurückgeben. Bei dieser Gelegenheit hat der Kurfürst das Wort gesprochen, das in deutscher Übersetzung lautet: „Aus meinen Gebeinen wird einst ein Rächer hervorgehen." Wie es in Deutschland damals aussah, geht aus dem Ausspruch des Kurfürsten hervor, welcher zu seiner Umgebung sagte: „Nicht der König von Frankreich zwingt mich zum Frieden, sondern der Kaiser des Reiches, meine nächsten Anverwandten und Verbündeten, sie werden es bereuen und einst ebenso dadurch verlieren, als ich selbst verliere."

Der Kurfürst ließ sich aber nicht entmutigen, Königsberg und Pillau waren ihm geblieben. In Königsberg wurde **1680** eine Handelsgesellschaft und ein Commerz- und Admiralitätskollegium gegründet.

Da der Kurfürst noch Gelder von Spanien zu fordern hatte, wurden im Jahre 1680 sechs Schiffe mit 160 Kanonen, etwa 500 Matrosen und 200 Soldaten in Dienst gestellt. Der Führer dieser Flotte, Klaus v. Bevern, erhielt Befehl, im englischen Kanal auf spanische Schiffe zu kreuzen. An der niederländischen Küste wurde die spanische Fregatte „Carl II." zu Anker liegend weggenommen und nach Pillau gebracht. Das Schiff erhielt den Namen „Markgraf von Brandenburg" und wurde gleich in ein neues Geschwader eingereiht, welches unter Thomas Alders nach der spanischen Küste geschickt wurde. Alders kreuzte bei Kap St. Vincent an der Südwestspitze Portugals, um eine aus Westindien kommende spanische Silberflotte abzufangen. Am 30. September 1680 wurden feindliche Schiffe gesichtet, die sich jedoch nicht als die Silberflotte, sondern als ein spanisches Geschwader von 12 Linienschiffen herausstellten. Die weit unterlegenen Brandenburger schlugen sich zwei Stunden mit den Spaniern herum und mußten schließlich den portugiesischen Hafen Lagos anlaufen. Dieser Kampf hat politisch keine besondere Bedeutung, militärisch zeigt er jedoch die Angriffsfreudigkeit der Brandenburger, die bei dieser Gelegenheit auf dem Atlantischen Ozean in schweres Feuer gerieten. (Das große Bild von Hans Bohrdt im Wilhelmshavener Offiziersheim stellt diese Feuertaufe dar.)

Kurbrandenburgische Admiralitätsyacht.

Die Kurbrandenburgische Flotte.
Nach einem Gemälde im Hohenzollern-Museum.

Koloniale Unternehmungen.

Der Kurfürst gab sich weiter die größte Mühe, seine Küstenstädte für überseeische Unternehmungen zu begeistern. Er bewilligte Schiffbauholz aus den kurfürstlichen Wäldern an die Reeder von Königsberg, Pillau und Memel, er brachte holländische Schiffszimmerleute ins Land und erließ sogar Zollabgaben, aber trotzdem erreichte er wenig. Nur Benjamin Raule schloß sich mit einem seeländischen Kaufmann zusammen und schickte im Einverständnis des Kurfürsten zwei Fregatten, das „Wappen von Brandenburg" und den „Mohrian", unter brandenburgischer Flagge nach Guinea. Auf jedem dieser Schiffe waren Handelsseeleute und vom Staat nur zehn Soldaten eingeschifft. Die Schiffe trafen im Mai **1681** an der afrikanischen Golfküste ein und schlossen mit einigen Negerfürsten Verträge ab. Reich beladen kehrte „Mohrian" allein nach Pillau zurück, während das „Wappen von Brandenburg" auf der Rückreise von einem Kaperschiff der Niederländer aufgebracht wurde. Erst nach jahrelangen Verhandlungen wurde die Fregatte wieder ausgeliefert.

Im Anschluß an die Heimkehr des „Mohrian" wurde **1682** eine brandenburgisch-afrikanische Handelsgesellschaft gegründet. Zu dieser Zeit waren im kurfürstlichen Dienst fünf Fregatten und vier kleinere Fahrzeuge. Außerdem bestand ein aktiver Personalstamm von 12 Schiffsleutnants, 100 Bootsknechten und 50 Schiffszimmerleuten in Pillau.

Die brandenburgisch-afrikanische Handelsgesellschaft rüstete zu einer zweiten Unternehmung nach Neuguinea die Schiffe „Churprinz" und „Mohrian" aus. Die militärische Leitung hatte der Major Otto Friedrich v. d. Groeben. Mitte Juli 1682 gingen die beiden Schiffe von Pillau aus zunächst nach der Elbe, nach der damals dänischen Festung Glückstadt. Dort schifften sich Major v. d. Groeben 2 Ingenieure, 1 Fähnrich, 3 Unteroffiziere und 42 Soldaten an Bord ein. Am 1. Januar 1683 hißte Groeben die Flagge von Kurbrandenburg auf der Stelle, wo er die Feste „Groß Friedrichsburg" erbauen wollte. Nach 18monatlicher Abwesenheit konnte Groeben dem Kurfürsten in Berlin persönlich Meldung über die ganze Unternehmung erstatten. Groeben erhielt als Dank für seine Leistung die Hauptmannschaft der Ämter Marienwerder und Riesenburg. Später hat er noch im Mittelmeer gegen die Türken gekämpft.

Fregatten „Churprinz" und „Mohrian" an der afrikanischen Küste.

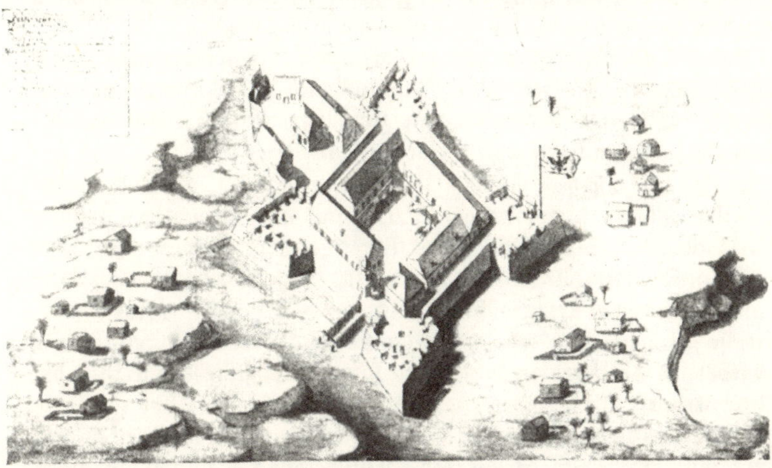

Fort Groß=Friedrichsburg.

Emden.

Im Jahre 1682 schlichtete der Große Kurfürst einen Streit zwischen den ostfriesischen Ständen und dem Fürsten von Ostfriesland in Emden. Hierzu wurden in Glückstadt 300 brandenburgische Soldaten an Bord brandenburgischer Fahrzeuge eingeschifft und nach Emden gebracht. Der Kurfürst schloß mit den Ständen Ostfrieslands einen Handelsvertrag, wonach die Kauffahrer von Emden unter dem Schutz der brandenburgischen Flagge fahren konnten. Die brandenburgisch-afrikanische Gesellschaft, das Admiralitätskollegium und 200 Mann Besatzung wurden nach Emden verlegt. Beide Teile, sowohl Emden, durch den Schutz des Kurfürsten, als der Kurfürst, durch die Benutzung des Hafens, durch Abgaben seitens der Stadt Emden, besonders aber durch die militärische Beherrschung von Hafen und Stadt, hatten große Vorteile.

*

Das bedeutungsvollste Jahr in der Entwicklung der kurbrandenburgischen Marine ist das Jahr **1684**, weil der Kurfürst Friedrich Wilhelm die nötigen Schiffe nicht mehr mietete, sondern neun Schiffe kaufte und nunmehr eine eigene Kriegsflotte besaß. Unter dem Befehl der dem Kurfürsten unmittelbar unterstellten Admiralität standen zwei Flottenstationen, und zwar in der Ostsee Königsberg mit dem Hafen von Pillau und in der Nordsee Emden.

In der Instruktion des Kurfürsten an den Geheimrat Fuchs findet sich der Satz: „Der gewisseste Reichtum und das Aufnehmen eines Landes kommen aus dem Commerzium her. Seefahrt und Handel sind die fürnehmsten Säulen eines Staates.“

In Afrika wurden weitere Verträge geschlossen. Eine brandenburgische Marinekompanie von 110 Mann aus seetüchtigen Leuten wurde gebildet, Standort Emden. Bereits ein Jahr später trat eine zweite und dritte Kompanie hinzu, und diese Truppe erhielt eine Fahne, die den Kurhut führte. Wenn auch später die Marine verfiel, so ist doch noch im Jahre 1701 eine vierte Marinekompanie gebildet worden, und in die Fahne kam an Stelle des Kurhuts die Königskrone.

Infolge der afrikanischen Gründungen traten Streitigkeiten mit den Holländern ein. Bevor eine Entscheidung erfolgte, starb im

Frühjahr 1688 Friedrich Wilhelm, der Große Kurfürst. Seine letzte Parole, die er auf dem Sterbebett ausgab, war: „London und Amsterdam." — Er wies damit in die Zukunft und zugleich auf See.

„Gedenke, daß du ein Deutscher bist." Dieses Wort des Großen Kurfürsten soll ein jeder beherzigen.

Die Zeit von 1688—1786.

Der Nachfolger des Großen Kurfürsten, Friedrich III, als König nannte er sich vom Jahre 1700 an Friedrich I., hatte nicht das Verständnis für die See wie sein großer Vater. Es kam hinzu, daß infolge des Krieges gegen Frankreich der Seehandel durch die französische Flotte vollkommen lahmgelegt war und die Kriegsmarine zu klein war, um die Freiheit des Handels zu gewinnen. Ein Hauptgrund des Rückganges der Marine aber war das Fehlen von Geld. Als im Jahre 1708 ein Transport nach Afrika geschickt werden sollte, mußten hierfür zwei holländische Schiffe geheuert werden, weil die kurbrandenburgischen Kriegsfahrzeuge nicht mehr brauchbar waren.

*

Der Soldatenkönig Friedrich Wilhelm I., der von 1713—1740 regierte, hatte für die See bei seiner ganzen landmilitärischen Auffassung wenig übrig. Für 6000 Dukaten gingen die kolonialen Besitzungen in Afrika an die Holländisch-Westindische Handelsgesellschaft über. Bezeichnend ist es, daß der Negerhäuptling Cunny Groß-Friedrichsburg nicht an die Holländer übergeben wollte, sondern selbständig bis 1725 für die Ehre der Preußenflagge gekämpft hat. Leider fehlt nach diesem Jahre jede weitere Kunde dieses treuen Anhängers des Preußentums.

Friedrich der Große, 1740—1786, war durch die schlesischen Kriege und namentlich durch den Siebenjährigen Krieg gegen seine sämtlichen Nachbarn so in Anspruch genommen, daß er für den Marinegedanken keine Zeit hatte. In seinem politischen Testament schreibt er: „Man wird mir einwenden, daß ich immer nur von Landmacht spreche, von der Seemacht aber schweige. Bis jetzt sind die Hilfsquellen des Staates kaum ausreichend, die Armee zu bezahlen — wären wir Herren von Polnisch-Preußen und besonders von Danzig, dann würde ich raten, an die 30 Galeeren und einige Fähren mit ansehnlichen Batterien zu halten. — Man könnte außerdem 8—10 Fregatten haben, um die Galeeren dahin zu begleiten, wo man sie braucht."

Während seiner Regierungszeit im Jahre **1759** ist es zwischen Preußen und Schweden auf dem Stettiner Haff zu einem regelrechten Seegefecht gekommen. Vier Gallioten (zweimastig, 150 Tonnen) mit den Namen „König von Preußen", „Prinz von Preußen", „Prinz Heinrich" und „Prinz Wilhelm", durchschnittlich mit 80 Mann Besatzung, vier große Fischerfahrzeuge und vier kleine Fahrzeuge mit Kuttertakelage, insgesamt 603 Mann, unter dem Kommodore Hauptmann v. Köller vom Stettiner Garnisonregiment traten den Schweden entgegen. Die Schweden waren vier größere, vier mittelgroße Schiffe, zwei Bombenboote, zwei Gallioten, zwei Schaluppen und zwei Bombenprähme stark.

Die Gesamtbesatzung der Schweden betrug etwa 2600 Seeleute und Soldaten. Am 10. September dauerte dieser Schiffskampf von 9 Uhr vormittags bis 4 Uhr nachmittags. Während des Gefechtes gerieten preußische Soldaten in Gefangenschaft auf der schwedischen Galliote „Schildpadde". Auf der Fahrt nach Karlskrona machten sich die Gefangenen frei, gewannen an Bord die Oberhand und brachten die „Schildpadde" in den Kolberger Hafen. Im ganzen verloren die Schweden drei Schiffe und 120 Tote.

Gegen Ende seiner Regierung trat Friedrich der Große mit den Amerikanern in Handelsbeziehungen. In einem Schreiben des großen Königs heißt es: „Es ist wahr, daß eine Macht, welche keine Kriegsflotte hat, nicht darauf rechnen darf, ihre Kauffahrteiflagge in Kriegszeiten respektiert zu sehen."

Friedrich der Große ist der Schöpfer der preußischen Handelsmarine gewesen. 1704 besaß Königsberg kein einziges großes Seeschiff. 1781 dagegen Königsberg 59 Seeschiffe, Pillau 6 und Memel 19 Seeschiffe. Preußisch-Pommern hatte zu Beginn des Siebenjährigen Krieges 222 Seeschiffe (davon Stettin 70); am Ende des Siebenjährigen Krieges war die Zahl auf 119 zurückgegangen. 1770 betrug sie 186 und 1782 bereits 303. Ostfriesland zählte zu Ausgang der Regierung Friedrichs des Großen 892 Seeschiffe mit 5400 Matrosen. (Vergleiche S. 114.)

„Der König von Preußen". Schiff der Emdener Asiatischen Handelsgesellschaft.

Emden um 1700.

1786—1848.

Vom Tode Friedrichs des Großen bis zum unglückseligen Frieden von Tilsit im Jahre 1807, wo Napoleon I. das Königreich Preußen nahezu zerschlug, hört man von einer preußischen Kriegsmarine nichts. Erst im Jahre 1811 legte der Oberstleutnant von Rauch, später Kriegsminister, einen Flottengründungsplan vor, der drei größere und zwölf kleinere Schiffe mit 400 Mann Besatzung und den Hafen Pillau vorsah.

Diese zukünftige preußische Marine glaubte man unter das Kommando eines russischen Seeoffiziers stellen zu müssen. Gneisenau und der spätere Kriegsminister v. Boyen sind die Vorkämpfer eines Flottengedankens in Preußen gewesen. Gneisenau schreibt 1814: „Besitzt man die Herrschaft des Meeres, so vermag man einen Angriffskrieg auf alle Küsten seines Feindes zu führen, und indem man diesen Angriff vervielfältigt, zwingt man ihn, seine Truppen von einem Ende seines Reiches zum anderen zu schicken. Das scheint mir der wahre Gebrauch des Dreizacks zu sein, und das macht die Natur seiner Übermacht aus."

Im Jahre 1815 erhielt Preußen von Schweden sechs Kanonenschaluppen. Im Jahre 1816 lief als ältestes preußisches Kriegsschiff ein Schoner von Stapel, der den Namen „Stralsund" erhielt. Aus den Gardepionieren wurde eine kleine Gruppe abgezweigt, welche für den Seedienst bestimmt waren und „Mariniers" hießen. Ein Jahr später wurde eine Navigationsschule in Danzig gegründet, doch waren die Direktoren dieser Schule bis 1849 ausländische Seeoffiziere.

1825 lief das preußische Kanonenboot „Danzig", das mit Segeln und Riemen bewegt werden konnte, von Stapel, und zwei Jahre darauf wurde auf dem Dänholm bei Stralsund ein Marineetablissement geschaffen. Die beiden Schiffe „Stralsund" und „Danzig" wurden zeitweilig der Navigationsschule zur Verfügung gestellt. Es vergingen fast zwei Jahrzehnte, ehe man einer Flottengründung nähertrat. Zwar wurden im Verlaufe der Zeit mehrere Kommissionen ernannt, die auch schriftlich viel über eine zukünftige preußische Marine berichteten, doch wurde alles wegen Geldknappheit abgelehnt. Als nun gar bei Seeschiffen die Verwendung von Dampfmaschinen aufkam, hatte man einen besonderen Grund zur

Die Deutsche Reichsflotte 1849/50.

Ruderkanonenboot „Strelasund" 1848 (s. S. 32).

Ablehnung darin, daß man erst einmal die Erfahrungen anderer Nationen abwarten wollte. 1837 schreibt ein englischer Seeoffizier an den preußischen Prinzen Adalbert: „Es ist unerklärlich, daß Preußen, das doch in jeder Beziehung so mächtig dasteht, bisher ganz ohne jede Marine geblieben ist, während doch Sardinien, selbst der Dey von Algier, etwas besäßen, um die Farben ihrer Nation auf dem Weltmeere zu entfalten. Mangel an Seeleuten kann nicht schuld sein, da Preußen die allerbesten Matrosen der Welt hat."

Im Jahre 1843 lief die kleine Fregatte „Amazone" von Stapel, die auf Befehl des Königs als „Übungskorvette für die künftigen Seeschiffsführer" gebaut war. Die Schiffszimmerleute, selbst das Handwerkszeug mußte für den Bau aus dem Ausland besorgt werden, dänische Marineunteroffiziere takelten das Schiff auf. Entsprechend schwierig war die Beschaffung der Besatzung. Die kleine Korvette war nur 34 m lang und hatte 3,5 m Tiefgang. Sie unterstand wunderbarerweise dem Finanzministerium. Das Schiffchen ging 1846 ins Mittelmeer, um die Leiche des Prinzen Heinrich, des Bruders Friedrich Wilhelm III., aus Rom zu holen. Der nachmalige Feldmarschall Graf Moltke hat die Rückreise von Italien bis Gibraltar mitgemacht. Im nächsten Jahre ist „Amazone" sogar in New York gewesen. Mit der Gründung der preußischen Marine 1848 wurde die Korvette dieser zugeteilt, sie ist im Jahre 1861 mit der vollen Besatzung in der Nordsee im Sturm untergegangen.

1848.

Das Jahr 1848 ist für die preußisch-deutsche Marine das Gründungsjahr. Schon seit längerer Zeit wurde in Deutschland in der Öffentlichkeit darauf hingewiesen, daß man eine Kriegsflotte und auch deutsche Kolonien besitzen müßte. Gleichzeitig machten sich in Deutschland Bestrebungen bemerkbar, das zerrissene Reich zu einigen und ein deutsches Kaiserreich wiederherzustellen. Ein Teil dieser Wünsche und Hoffnungen wurde dadurch in die Tat umgesetzt, daß zum 18. Mai 1848 eine deutsche Nationalversammlung in Frankfurt am Main einberufen wurde, mit dem Zweck, Deutschland zu einigen. Inzwischen war es zu einem Kriege mit Dänemark gekommen, weil dieses die Herzogtümer Schleswig-Holstein einverleiben wollte.

Dänemark blockierte mit seinen wenigen Fregatten die deutsche

Küste und legte den ganzen deutschen Handel lahm, weil weder Deutschland noch Preußen irgendwelche Kriegsschiffe besaßen. Infolgedessen wurde der Ruf nach einer deutschen Flotte immer größer. Prinz Adalbert von Preußen (ältester Sohn des Prinzen Wilhelm, eines Bruders vom König Friedrich Wilhelm III. — geboren 1811), der damals Generalinspekteur der Artillerie war und durch große Seereisen, die ihn über England bis nach Brasilien geführt hatten, gewisse Kenntnisse im Seewesen besaß, schrieb in einer Denkschrift vom 1. Mai 1848: „Die gesamte Nation begehrt einstimmig eine deutsche Kriegsmarine, denn deutsch muß sie sein, eine echte Repräsentantin der wiedergeborenen Einheit des Vaterlandes."

In der 7. Sitzung der Nationalversammlung wurde beschlossen, einen Ausschuß für eine deutsche Marine zu ernennen. General von Radowitz erhielt in diesem Ausschuß den Vorsitz. Er begann seine Antrittsrede mit folgenden Worten: „Ein Volk, das sich vorsetzt, eine Seemacht neu zu schaffen, tritt damit in eine der größten Unternehmungen ein, die es sich überhaupt vorzusetzen imstande ist." Weiter führte er aus: „Die Schöpfung einer Kriegsmarine ist nicht bloß eine militärische Frage, sondern im höchsten Grade eine nationale Frage. Sie ist jedes Opfers schon deswegen allein wert." Es wurden daraufhin 6 Millionen Taler für den Bau einer deutschen Kriegsflotte bewilligt. Diese Bewilligung war zwar sehr leicht, jedoch das Eintreiben des Geldes ungeheuer schwer.

Am 22. Mai 1848 wurde durch eine preußische Kabinettsorder befohlen, daß 36 Kanonenschaluppen und 6 Kanonenjollen in Bau zu geben seien. Außerdem wurde die Korvette „Amazone" vom Kriegsministerium übernommen und der eiserne Postdampfer „Preußischer Adler", der zwischen Stettin und Petersburg fuhr, angekauft und bewaffnet. Damit fing die Gründung einer preußischen Marine an.

In Schleswig-Holstein, das unmittelbar unter dem Kriege mit Dänemark litt, konnte man aber nicht warten, bis eine deutsche Flotte entstand, sondern gründete ebenfalls eine eigene Marine. Von diesen gleichzeitig zu schaffenden drei Marinen, nämlich der deutschen, der preußischen und der schleswig-holsteinischen, hat sich nur die preußische Marine als lebensfähig erwiesen. Bevor auf die Entwicklung der preußischen Marine näher eingegangen wird, sollen die beiden anderen Marinen kurz geschildert werden.

Die Deutsche Reichsmarine. 1848—1852.

Oktober 1848 schrieb der Reichsverweser Erzherzog Johann von Österreich an den König von Preußen Friedrich Wilhelm IV.: „Es naht die Zeit heran, wo wir uns ernstlich mit den Vorarbeiten zur Gründung einer deutschen Kriegsflotte werden beschäftigen müssen. Der reiche Schatz an Kenntnissen und Erfahrungen, welche Prinz Adalbert von Preußen im Gebiet der Technik und Nautik besitzt, läßt mich in ihm den einzigen Mann erkennen, welcher mir bei diesem schwierigen Geschäft zur Seite steht, mich mit seinem erleuchteten Rate erfolgreich zu unterstützen vermöchte." Auf Grund dieses Schreibens übernahm der Prinz im November den Vorsitz in der „Technischen Marinekommission". Er forderte eine deutsche Seemacht von 20 Linienschiffen, 10 Fregatten, 30 Dampfern, 120 kleineren Fahrzeugen und eine Besatzung von 18 000 Mann. Die vorstehenden Forderungen sind selbstverständlich niemals erfüllt worden. Sie sind hier nur angeführt, um zu zeigen, was man im Jahre 1848 bereits für das Reich für notwendig hielt. Wie es in Wirklichkeit Ende des Jahres 1849 um die deutsche Flotte bestellt war, mögen die nachstehenden Angaben zeigen:

1 Dampffregatte „Erzherzog Johann" („Acadia"), dienstunfähig*),
1 Dampffregatte „Barbarossa" („Britannia"),
1 Dampffregatte in Amerika gekauft, nicht eingetroffen,
3 Dampfkorvetten „Hamburg", „Lübeck", „Bremen",
1 Dampfkorvette (nicht ausgerüstet),
1 Segelfregatte „Deutschland" (kriegsunbrauchbar),
1 Segelfregatte „Eckernförde" („Gefion").

Die Segelfregatte **„Eckernförde"** („Gefion") kam auf folgende Weise in deutschen Besitz. Am 5. April 1849 lief ein dänisches Geschwader, bestehend aus dem Linienschiff „Christian VIII." mit 84, Fregatte „Gefion" mit 46 und den Raddampfern „Hekla" und „Geyser" mit je 6 Kanonen, in die Bucht von Eckernförde. An Land befanden sich zwei preußische kleine Strandbatterien. Der Kampf begann um 7 Uhr morgens; um 2 Uhr mittags heißte „Christian VIII." die weiße Flagge und bat „um freien Abzug der Schiffe, widrigen-

*) Die in Klammern befindlichen Namen sind die alten Namen der beiden in England gekauften Schiffe.

Gefecht bei Eckernförde 1849. Eroberung der „Gefion".

Gefecht der Deutschen Reichsmarine bei Helgoland
unter Admiral Brommy 1849.

falls die Stadt Eckernförde mit glühenden Kugeln beschossen würde". Die Antwort lautete: „Das Feuer wird fortgesetzt, solange noch ein Geschütz und ein Geschoß sich in der Batterie befindet."

Bei dem herrschenden Ostwind konnten die Dänen nicht aus der Eckernförder Bucht herauskreuzen. Abends um 6 Uhr strichen beide Segelschiffe die Flagge. „Christian VIII.", der in Brand geschossen war, flog in die Luft, und „Gefion" wurde genommen. Besonders ausgezeichnet haben sich Hauptmann Jungmann und Unteroffizier Preußer. Letzterer starb den Heldentod bei Rettung seiner Feinde. Die „Gefion" ist später durch eine Kompanie der 7. preußischen Grenadiere fortgeschafft worden und ging unter dem Namen „Eckernförde" in die deutsche Marine über. Später, als die Reichsmarine verkauft wurde, kam das Schiff in die preußische Marine und erhielt wieder den Namen „Gefion".

Zu der „Technischen Kommission" war Kapitän **Rudolf Brommy** hinzugetreten. Dieser war als der Sohn eines Gerichtsbeamten in Anger bei Leipzig im Jahre 1804 geboren. Nach schwerer Kindheit ging er zur See, trat anschließend in die Marine der Vereinigten Staaten ein und ist später Seeoffizier im Befreiungskriege der Griechen gegen die Türken gewesen. Brommy, ein energischer und tüchtiger Mann, wurde zum „Seezeugmeister" der Reichsmarine ernannt. Die „Technische Kommission" hörte bereits im Februar 1849 auf. Brommy hat dann mit Einsatz seiner ganzen Persönlichkeit die deutsche Marine bis zum April 1852 zusammengehalten und trotz aller Schwierigkeiten auch gefördert. Einmal hat unter ihm als Konteradmiral sogar die deutsche Flotte, und zwar die Schiffe „Barbarossa" (Flaggschiff), „Hamburg" und „Lübeck", die Feuertaufe erhalten. Am 4. Juli 1849 liefen die genannten Schiffe aus der Wesermündung aus, um die allein fahrende dänische Korvette „Valkyren" anzugreifen. Nach einigen Schüssen, die aber nur durch die Takelage gingen, gelang es dem Dänen, in das englische Gebiet bei Helgoland zu entkommen.

Deutsche Uneinigkeit, Geldschwierigkeiten und das Fehlen einer Reichsgewalt führten den Zusammenbruch der kümmerlichen deutschen Flotte herbei. „Barbarossa" und „Gefion" gingen in preußische Dienste über, der Rest der Schiffe wurde von Dr. Hannibal Fischer 1852 verkauft.

Preußische Korvette „Amazone"; von Stapel 1843 — untergegangen 1861.

Preußischer Schoner „Frauenlob".
Untergegangen in Ostasien im Taifun 1860.

Die deutsche Flotte fuhr unter schwarz-rot-goldener Flagge, die im linken Obereck im gelben Felde einen schwarzen zweiköpfigen Adler hatte. Von den Engländern ist diese Flagge nicht anerkannt, sondern sogar als Piratenflagge bezeichnet worden.

Die Schleswig-Holsteinische Marine. 1848—1851.

Im Frühjahr 1849 bildeten das Dampfkanonenboot „v. d. Tann", das insofern bemerkenswert ist, als es das erste Schraubendampfschiff der Marine war, 11 Ruderkanonenboote mit je zwei Bombenkanonen, der armierte Postdampfer „Bonin" mit vier Geschützen und der Schleppdampfer „Löwe" mit einem Geschütz die schleswig-holsteinische Marine unter ihrer eigenen Flagge zur Verteidigung der Küste. Zur Ausbildung von Seekadetten war eine Seekadettenschule eingerichtet worden und wurde der Schoner „Elbe", mit einigen kleinen Geschützen bewaffnet, bereitgestellt. Diese kleine Marine hatte im Jahre 1850 in zahlreichen Begegnungen mit den Dänen sich sehr tapfer geschlagen. Nicht nur an der schleswig-holsteinischen Ostküste, sondern auch in den Watten an der Westküste. Bemerkenswert ist, daß im Jahre 1849 das erste Unterseeboot, „Brandtaucher" genannt, das ein bayerischer Artillerieunteroffizier Wilhelm Bauer in Kiel hatte bauen lassen, Versuche im Kieler Hafen machte. Das Boot sank, die Besatzung von drei Mann wurde gerettet. Als die Kämpfe zwischen Schleswig-Holstein und Dänemark aufhörten, war es auch mit dieser provisorischen Marine am Ende. Die Flagge war längsgestreift blau, weiß, rot.

Die Preußische Marine. 1848—1867.

Von den im Mai 1848 in Bau gegebenen Kanonenschaluppen lief bereits am 10. August die erste von Stapel und erhielt den Namen „Strelasund". „Amazone" und „Preußischer Adler" waren die ersten bereits vorhandenen Schiffe. Die „Amazone" konnte jedoch, obwohl sie einige leichte Geschütze trug, nur als Übungsschiff für Seekadetten benutzt werden. Eine Marinekommission wurde dem Kriegsministerium angegliedert, und Prinz Adalbert übernahm die Leitung dieser Kommission und zugleich das Oberkommando über alle Kriegsfahrzeuge. Für den militärischen Teil des Marinedienstes wurden einige Artillerie- und Ingenieuroffiziere, welche sich freiwillig meldeten, der Marine zugeteilt, für die seemännische Leitung beförderte man Schiffer und Steuerleute der Handelsmarine zu Unteroffizieren und machte dann aus denjenigen, welche sich besonders eigneten, Auxiliaroffiziere. An ausgebildeten Seeoffizieren waren vorhanden der Marineleutnant Jachmann auf der „Amazone", der Marineleutnant Barandon auf dem „Adler" und der aus holländischem Dienst hervorgegangene Marinekapitänleutnant Schröder, welcher Kommandant der „Amazone" war. In Stettin wurde aus zwei Kompanien ein Marinekorps gebildet, welches der Ingenieur Major Gaede führte.

Bereits im Jahre **1849** waren neben „Amazone" und „Preußischer Adler" die armierten Privatdampfer „Königin Elisabeth" und „Danzig", 21 Kanonenschaluppen und 6 Kanonenjollen mit insgesamt 37 Offizieren 1521 Mann vorhanden.

Am 27. Juni 1849 hatte der Raddampfer „Preußischer Adler" ein kleines Gefecht mit der dänischen Brigg „St. Croix".

Zunächst kam es darauf an, gutes seemännisches Personal auszubilden. Aus diesem Grunde wurde das Seehandlungsschiff „Merkur" angekauft und in Stettin umgebaut. Das Schiff hatte keine Geschütze. Im Winter **1850** machte es unter Befehl des Kapitäns Donner, der aus der schleswig-holsteinischen Marine in preußische Dienste getreten war, seine erste Schulreise. Diese ging über England nach Brasilien. Im Mai 1851 kehrte das Schiff nach Swinemünde zurück. Es hatte sich gezeigt, daß der „Merkur" als Schulschiff ungeeignet sei, er wurde daher nur noch als Transportschiff verwendet.

1851 wurden für die preußische Marine zwei schnelle Raddampfer als Avisos „Nix" und „Salamander" in England gebaut. Diese Schiffe hatten die Eigentümlichkeit, daß sie ebensogut vorwärts wie rückwärts fahren konnten. Da die Engländer diese Schiffe gut gebrauchen konnten, so wurden sie im Jahre 1854 den Engländern wieder überlassen, und dafür ging die englische Segelfregatte „Thetis" in preußischen Besitz über, weil wir ein Schiff für Schul- und Auslandsdienst wünschten.

Im November 1851 lief das erste für Preußen auf einer preußischen Werft gebaute größere Kriegsschiff, der Raddampfer „Danzig", von Stapel. Das Schiff hatte Barktakelage. Im folgenden Jahre kamen die Fregatte „Gefion" und die Dampfkorvette „Barbarossa" bei der Auflösung der deutschen Reichsmarine in die preußische Marine.

„Gefion", „Amazone" und das Transportschiff „Merkur" wurden noch im gleichen Jahre bis nach dem La Plata geschickt und kehrten im Jahre 1853 zunächst nach Portsmouth zurück. Dort vereinigte sich „Gefion" mit der Korvette „Danzig", und beide Schiffe gingen nach dem Mittelmeer, wohin später auch das Transportschiff „Merkur" folgte, während „Amazone" in die Heimat segelte. Zum ersten Male waren mehrere preußische Schiffe unter einem Befehl auf weiter Fahrt im Auslande gewesen.

Im November **1853** wurde verfügt: „Die oberste Leitung der Marineangelegenheiten, welche bisher mit dem Kriegsministerium verbunden war, geht auf eine von ihnen getrennte neu zu bildende Zentralbehörde über, welche den Namen „Admiralität" führen und zugleich Kommando und Verwaltungsbehörde sein soll." Ende März 1854 wurde der Prinz Adalbert von Preußen von seiner bisherigen Stellung als Generalinspekteur der Artillerie enthoben und zum „Admiral der preußischen Küsten" ernannt. Hiermit ist zum ersten Male der Titel Admiral in die preußische Marine gekommen. Gleichzeitig wurde ein Marinestationskommando in Danzig geschaffen.

Das Jahr 1853 ist auch deshalb bemerkenswert, weil ein Vertrag zwischen Preußen und Oldenburg abgeschlossen wurde, der den Jadebusen an Preußen abtrat. In dem Vertrag heißt es: „Preußen wird eine Flottenstation im Jadebusen unterhalten und zu diesem Zwecke daselbst einen Kriegshafen auf eigene Kosten herstellen." Als Kaufpreis verpflichtete sich Preußen, innerhalb von drei Jahren 5000 Taler zu zahlen.

Im Jahre 1853 kam nur der Schoner „Hela" hinzu. Innerhalb der Matrosenstammdivisionen wurden Handwerkersektionen gebildet, aus denen später ein Werftkorps und dann schließlich die Werftdivisionen hervorgingen.

Da es noch immer schwierig war, die zukünftigen Seeoffiziere in der kleinen preußischen Marine auszubilden, so wurden sieben preußische Kadetten auf drei Jahre beurlaubt, um Dienste in der englischen Marine anzunehmen. Prinz Adalbert sah die englische

Brommy,
Deutscher Admiral.

Prinz Adalbert,
Preußischer Admiral.

v. Jachmann,
Preußischer Admiral.

Korvette „Danzig" vor Konstantinopel.

Marine und alle ihre Einrichtungen genau so vorbildlich an wie die preußische Armee als Vorbild für andere Armeen galt.

Im Jahre **1855** bestand die preußische Marine aus:

2 Segelfregatten,
„Gefion", 48 Kanonen (früher dänisch),
„Thetis", 38 Kanonen (früher englisch),

2 Dampfkorvetten,
„Danzig", 6 Bombenkanonen,
„Barbarossa", 6 Bombenkanonen (früher reichsdeutsch),

Segelkorvette „Amazone", Schulschiff,

Segelkorvette „Merkur", Schul- und Transportschiff,

2 Schonern, „Hela", „Frauenlob" (von patriotischen Frauen gestiftet und 1855 in Wolgast von Stapel gelaufen),

36 Kanonenschaluppen, 6 Kanonenjollen.

Beim weiteren Ausbau der Marine kam es dem Admiral Prinz Adalbert vor allen Dingen auf solche Schiffe an, die für die Vertretung der preußischen Flagge im Auslande günstig zu sein schienen. Deshalb wurden auf der königlichen Werft in Danzig zwei neue Dampffregatten, „Arkona" und „Gazelle", auf Stapel gelegt, und diese wurden im Jahre 1859 in den Dienst eingereiht. Die Pläne zu diesen Schiffen stammten noch von einem schwedischen Schiffbaumeister. Die Maschine der „Arkona" wurde in England beschafft, dagegen konnte die Maschine der „Gazelle" bereits in Deutschland hergestellt werden.

Im Jahre **1856** hat Admiral Prinz Adalbert zum ersten Male seine Flagge als Chef eines preußischen Geschwaders auf der Dampfkorvette „Danzig" gesetzt. Zu dem Geschwader gehörten die Segelfregatte „Thetis", die Segelkorvette „Amazone", das Transportschiff „Merkur", auf welchem Schiffsjungen ausgebildet werden sollten, und der von deutschen Frauen gestiftete Schoner „Frauenlob". Dieses Geschwader übte zunächst in der Ostsee und ging dann ohne „Merkur" nach Madeira.

Dort wurde das Geschwader aufgelöst, „Thetis" und „Frauenlob" segelten nach Südamerika, „Amazone" brachte die Kadetten in die Heimat, und der Prinz-Admiral ging mit „Danzig nach dem Mittelmeer.

Landangriff des Admirals Prinz Adalbert von Preußen bei Tresforkas 1856.

Das Gefecht bei Tresforkas 1856.

Die Riffpiraten an der marokkanischen Küste hatten im Jahre 1852 ein Stettiner Schiff überfallen und ausgeraubt. Der Prinz hatte die Absicht, sich diese unsichere Gegend persönlich anzusehen. In der Nähe der Küste bestieg der Prinz ein Boot, um von diesem aus die Schlupfwinkel der Piraten zu erkunden. Ohne jeden Grund wurde dieses Boot von Banditen an Land mit Gewehrkugeln beschossen. Dieser frechen Beleidigung der preußischen Flagge mußte sofort eine energische Strafe folgen. Auf Befehl des Prinzen wurden sämtliche Boote der Korvette „Danzig" armiert, und unter seiner persönlichen Führung ging das Landungskorps bei Kap Tresforkas an Land. Bevor die Boote noch anlegten, schossen Kabylen mit Gewehren auf die preußische Bootsbesatzung. Der preußische Angriff erfolgte an dieser Steilküste mit so beispielloser Kühnheit, daß ein französischer Admiral, der später von seiner Regierung an diese Küste geschickt wurde, um gegen die Seeräuber zu sichern, berichtete: „Wenn es nicht eine vollendete Tatsache wäre, daß die Preußen an dieser Stelle gelandet sind, würde ich es für ganz unmöglich gehalten haben." Prinz Adalbert, der damals 45 Jahre alt war, stürmte mit seinem Adjutanten, dem Leutnant z. S. I. Kl. Niesemann, voran. Der Adjutant fiel unmittelbar neben ihm. Es kam zu einem scharfen Feuergefecht, bei dem die Riffpiraten in sehr großer Überzahl waren. Auf preußischer Seite blieben 7 Tote und 20 Verwundete, unter den letzteren befand sich auch Prinz Adalbert. Nach fast fünfstündigem Gefecht zog man sich auf die Boote zurück. Es war ausgeschlossen, weiter gegen den Kabylenstamm vorzugehen. Es sollte vielmehr nur den Piraten klargemacht werden, daß sie nicht ungestraft auf ein preußisches Schiff schießen dürften. Die Verwundeten wurden nach Gibraltar gebracht und die Toten dort beerdigt. Sieben Jahre später wurde von der Fregatte „Gazelle" ein Gedenkstein in Gibraltar zum Gedächtnis der Toten aufgestellt und eingeweiht, eine Säule mit fliegendem Adler. Der Angriff des preußischen Prinzen auf die Riffpiraten machte wegen seiner Kühnheit nicht nur in Deutschland, sondern auch im Auslande einen großen Eindruck. Der Prinz als Soldat wußte, was er der Ehre seiner Flagge schuldig war.

1859 bis 1862 Ostasienreise eines preußischen Geschwaders.

Bereits unter Friedrich dem Großen war die preußische Flagge von Emden aus auf Schiffen der Ostasiatischen Kompagnie bis nach dem fernen Osten gekommen. In der Mitte des vorigen Jahrhunderts sollten die handelspolitischen Beziehungen mit China und Japan neu aufgenommen werden. Im Jahre 1859 wurde deshalb eine Gesandtschaft nach Ostasien geschickt, und um dieser Angelegenheit größeren Nachdruck zu geben, sollten preußische Kriegsschiffe diese Fahrt geleiten. Das Geschwader bestand aus der Dampffregatte „Arkona", der Segelfregatte „Thetis", dem Schoner „Frauenlob" und dem geheuerten Transportschiff „Elbe". Ende Oktober 1859 wurde die Fahrt von Danzig aus angetreten und zunächst nach England gegangen. Es ist bezeichnend, daß man den ganzen Winter bis März 1860 in einem englischen Kriegshafen bleiben mußte, weil damals nur die Engländer imstande waren, die Schiffe für eine so weite Tropenreise, die um Afrika herum ausgeführt werden sollte, entsprechend auszurüsten. Nach erfolgter Ausrüstung gingen die Schiffe einzeln segelnd nach Singapore. Dort vereinigten sie sich, und der preußische Gesandte, Graf Friedrich zu Eulenburg, sowie die Mitglieder der politischen Mission wurden an Bord genommen, da man ihnen die lange Reise auf Kriegsschiffen nicht zumuten wollte. Auf der Weiterfahrt nach Japan gerieten die Schiffe „Arkona" und „Frauenlob", die zusammen fuhren, in einen schweren Taifun. Die kleine „Frauenlob" ging dabei mit der gesamten Besatzung verloren. Auch „Arkona" geriet in größte Gefahr. Als die Sturmsegel beim Beiliegen in Fetzen gingen und das Zentrum des Wirbelsturmes über das Schiff hinwegbrauste, mußten die Mannschaften dichtgedrängt in die Unterwanten, um durch den Winddruck, den der Sturm auf ihre Körper ausübte, das Schiff zum Abfallen zu bringen. Die hölzernen Untermasten besaßen noch keine Stahlwanten, so daß sich in dem Unwetter die Wanten aus Hanf reckten und auch die Befestigung in den Rüsten nachgab. Es hat nicht viel gefehlt, dann wäre auch „Arkona" verloren gewesen.

Anfang September 1860 traf das Geschwader mit dem Gesandten Graf zu Eulenburg auf der Reede von Yokohama ein. Es galt nun einerseits in dem Haupthafen von Japan würdig aufzutreten und andrerseits das Leben des Gesandtschaftspersonals zu schützen, da die

Japaner damals ausgesprochen fremdenfeindlich waren. Der Bericht über den ersten Besuch lautet: „Um Mittag ruderten die Boote, während die mit Flaggen festlich geschmückte ‚Arkona‘ salutierte, an Land. Vorauf fuhr die erste Pinaß, dann der Kutter, dann die Gig des Geschwaderchefs mit den Gesandten, zu beiden Seiten je eine Barkaß, und den Schluß bildete wieder eine Pinaß. Alle Boote waren armiert. Die Fahrt, fünf Seemeilen weit, nahm bei dem schlechten Wetter und der starken Bemannung der Boote fast zwei Stunden in Anspruch. Am Landungsplatz liefen sämtliche Boote der Gig voraus, Seesoldaten und Matrosen wurden ausgeschifft und bildeten Spalier, dann erst legte die Gig an. Graf Eulenburg bestieg, von mehreren japanischen Staatsbeamten begrüßt, mit seiner Begleitung die bereitgehaltenen Pferde, und der Zug setzte sich in Bewegung. Voran die Musik der ‚Arkona‘, das Preußenlied spielend, dann eine Abteilung von 40 Seesoldaten, dann Graf Eulenburg und Kommodore Sundewall sowie die übrigen Herren vom Zivil und die Marineoffiziere. Zuletzt eine Abteilung Matrosen (Seesoldaten und Matrosen mit Gewehren und scharfer Munition); angekommen an dem dem Gesandten zugewiesenen Gebäude, marschierten Matrosen und Seesoldaten in den Hof, heißten unter militärischem Salut die preußische Flagge als Zeichen der Besitznahme des Gebäudes durch die Gesandtschaft.“ Eine Wache von zehn Mann wurde dauernd in dem Gesandtschaftshause gehalten. Nachdem im Februar 1862 noch mit dem Könige von Siam ein Handelsvertrag abgeschlossen war, traten die Schiffe die Heimreise an.

Der Krieg gegen Dänemark 1864.

Bis Ende 1863 hatte sich die preußische Marine stetig weiter entwickelt. — Im Jahre 1859 waren die Dampffregatten „Arkona“ und „Gazelle“, der Aviso „Loreley“ und die kleine Yacht „Grille“ hinzugekommen. In dem darauffolgenden Jahre wurden die Dampfkorvetten „Hertha“ und „Vineta“ und anschließend die etwas kleineren Korvetten „Nymphe“ und „Medusa“ sowie vier Kanonenboote auf Stapel gelegt. Um den Schulbetrieb besser zu fördern, wurden im Jahre 1862 die Segelfregatte „Niobe“ und die Segelbriggs „Rover“ und „Musquito“ von England gekauft. Auf „Niobe“

Fregatte „Niobe“ 1862—1890.

Bau der preußischen Schraubenkorvetten „Gazelle“ und „Arkona“ in Danzig 1863.

sollten Kadetten, auf den Briggs Schiffsjungen ausgebildet werden. — „Niobe“, ein ausgezeichnetes vollgetakeltes Segelschiff, ist bis 1890 als Kadettenschulschiff mit größtem Erfolg gefahren.

An Verlusten waren eingetreten 1860 „Frauenlob“ im Taifun in Ostasien und „Amazone“ beim Sturm in der Nordsee 1861. Die Raddampfkorvette „Danzig“, die erst 12 Jahre in Betrieb war, mußte 1863 aus der Liste der Kriegsschiffe gestrichen werden.

Die preußische Kriegsmarine bestand bei Kriegsausbruch 1864 aus folgenden Schiffen:

I. Dampfschiffe:

3 gedeckte Korvetten „Arkona“, „Gazelle“, „Vineta“ („Hertha“ nicht fertig);
1 Korvette „Nymphe“ („Medusa“ nicht fertig);
1 Raddampfkorvette „Barbarossa“ (nur als Wachtschiff zu gebrauchen);
2 Radavisos „Preußischer Adler“, „Loreley“;
1 Yacht „Grille“;
21 Kanonenboote.

II. Segelschiffe:

„Gefion“, „Thetis“, „Niobe“, „Musquito“ und „Rover“ — 3 Schoner.

III. Ruderfahrzeuge.

40 Kanonenschaluppen und Jollen.

Da „Gazelle“ in Ostasien und „Vineta“ noch in der Ausrüstung war, so kamen für ein Gefecht eigentlich nur „Arkona“ und „Nymphe“ in Frage. Alles übrige schwimmende Material war nur für Sonderzwecke brauchbar. Wenn man von dem Seebataillon und von der Küstenartillerie absieht, bestand das Seeoffizierkorps aus 78 und die gesamte seemännische Mannschaft einschließlich Schiffsjungen und Kadetten aus 1402 Köpfen.

In der Ostsee hatten die Dänen 1 Linienschiff, 4 Fregatten, 3 Dampfkorvetten, 2 gepanzerte Schoner sowie einige Dampfkanonenboote. Unter einem Linienschiff wurde damals ein Schiff verstanden, das außer der Oberdecksbatterie noch zwei Batteriedecks hatte. Eine Fregatte (vielfach auch gedeckte Korvette genannt) besaß ein Batteriedeck und eine Oberdecksbatterie, eine Korvette (auch Glattdeckskorvette genannt) hatte die Geschütze nur auf dem Ober-

Gefecht bei Arkona 1864.
„Arkona“ — „Loreley“ — „Nymphe“.

Oberdeck des Königl. Preußischen Panzerschiffes „Arminius“.

deck stehen. Es ist nicht zu hoch geschätzt, wenn man die Dänen als dreifach den Preußen überlegen auf See bezeichnet.

Der günstigste Stützpunkt für die Schiffe im Kriege gegen Dänemark war Swinemünde. Als Aufgabe der kleinen Flotte wurde von dem Prinzen Adalbert befohlen, der Armee die Flanken zu decken, die feindliche Blockade zu erschweren und die Küsten gegen Landungen und Brandschatzungen zu sichern.

Die Feindseligkeiten zur See begannen am 15. März mit einer Blockade der pommerschen Küste durch die Dänen.

Gefecht bei Arkona 17. März 1864.

Einen Tag nach Beginn des Blockadezustandes unternahm Kapitän z. S. Jachmann eine Erkundungsfahrt von Swinemünde nach Rügen. An dieser Fahrt waren die Schiffe „Arkona“ und „Nymphe“ beteiligt. Da man drei feindliche Schiffe gesichtet hatte, wurde dieser Vorstoß am nächsten Tage, dem 17. März, wiederholt. In der Nähe der Greifswalder Oie trafen „Arkona“ und „Nymphe“ mit „Loreley“, die aus Stralsund kam und Führerschiff einer Kanonenbootsflottille war, zusammen. Die Kanonenboote erhielten Befehl zurückzubleiben, während die drei Schiffe „Arkona“, „Nymphe“ und „Loreley“ in Dwarslinie nach Norden dampften. „Arkona“ auf dem rechten, „Nymphe“ auf dem linken Flügel, die kleine „Loreley“ in der Mitte.

Ein Mitkämpfer berichtet folgendes: „Als ‚Loreley‘ auf Rufweite an ‚Arkona‘ herangekommen war, rief Kapitän Jachmann herüber: ‚Ich werde die Dänen angreifen.‘ Kapitän Kuhn von der ‚Loreley‘ antwortete: ‚Ich komme mit.‘ — Das dänische Geschwader, auf das wir zusteuerten, bestand aus einem Linienschiff, zwei Fregatten, zwei Korvetten und einem sechsten Schiff. Es standen sich sechs Dänen mit 168 Kanonen und drei Preußen mit 43 Kanonen gegenüber. Hieraus wird selbst ein Laie entnehmen können, ein wie großes Wagnis dieser Vorstoß war. Um 2 Uhr mittags eröffnete ‚Arkona‘ das Feuer, auf für damalige Verhältnisse sehr große Entfernung von 3000 m. Der Schuß war zu kurz. Der zweite Schuß, auf 2000 m gefeuert, ging über das dänische Spitzenschiff hinweg. Nun wendete ‚Arkona‘ und damit die preußische Linie nach Steuerbord, d. h. nach

Osten herum, und die Dänen machten diese Bewegung nach Osten mit. Die Entfernung zwischen den beiden nun parallel laufenden Linien betrug kaum 1500 m. Die Lage für ‚Loreley‘ war deshalb schwierig, weil sie ein Raddampfer von ganz leichter Bauart, kaum mehr als eine schwimmende Holzschachtel, war. Jetzt setzte auch das Feuer der Dänen mit den Steuerbord-Breitseitgeschützen ein. Unser ganzes Feuer richtete sich gegen das Spitzenschiff ‚Sjaelland‘. Hinter diesem stand das Linienschiff ‚Skjold‘. Nach kurzer Zeit drehten ‚Arkona‘, ‚Nymphe‘ und ‚Loreley‘ nach Süden und wurden nun von den Dänen scharf bedrängt. Um die Geschütze, die hauptsächlich in der Breitseite standen, möglichst verwenden zu können, wurde von Zeit zu Zeit etwas aufgedreht. Das gleiche geschah seitens der Dänen. Schließlich feuerten von uns nur noch die Heck-, von den Dänen die Bug-Geschütze. Unsere Schiffe verloren fünf Tote und acht Verwundete. Die Gesamtgefechtsdauer vom ersten bis zum letzten Schuß betrug etwa zwei Stunden. ‚Arkona‘ hat 156, ‚Nymphe‘ 84 und ‚Loreley‘ 22 Schuß gefeuert. Die Dänen sollen über 1200 Schuß gefeuert haben.“

Es machte in Europa ungeheures Aufsehen, daß drei kleine preußische Schiffe es überhaupt gewagt hatten, ein rangiertes dänisches Geschwader anzugreifen. König Wilhelm nahm bald darauf Gelegenheit, die Schiffe persönlich zu besichtigen. Kapitän z. S. Jachmann wurde zum Konteradmiral befördert und später in den Adelsstand erhoben.

Im Mittelmeer befanden sich bei Kriegsausbruch die Schiffe „Preußischer Adler“, „Blitz“ und „Basilisk“, letztere zwei kleine Kanonenboote. Sie wurden sofort zurückgerufen und trafen am 9. Mai 1864 gerade rechtzeitig ein, als die Dänen mit einem österreichischen Geschwader unter Führung des Linienschiffskapitäns Tegetthoff in der Nähe von Helgoland zusammenstießen. Das österreichische Geschwader bestand aus den Fregatten „Schwarzenberg“, „Radetzki“ und dem Kanonenboot „Seehund“, das dänische Geschwader aus den Fregatten „Jylland“, „Niels Juel“ und „Heimdall“. Nach zweimaligem Passiergefecht wurden die Fregatte „Schwarzenberg“, das Flaggschiff von Tegetthoff in Brand geschossen. Damit hatten die Dänen den Erfolg des Tages erreicht. Österreicher und Preußen zogen sich in die neutrale Zone von Helgoland zurück.

1865—1866.

Nach dem Waffenstillstand kamen die in Frankreich gebauten Korvetten „Augusta“ und „Viktoria“ sowie das Panzerfahrzeug „Prinz Adalbert“ zum Bestande der Marine hinzu. Dieses erste gepanzerte Schiff der preußischen Marine war aber leider völlig minderwertig und wurde von dem Admiral Prinz Adalbert immer als sein „lahmer Vetter“ bezeichnet. In England wurde für Preußen der gepanzerte Monitor „Arminius“ gebaut.

Der preußische Kriegsminister von Roon entwarf im Jahre 1865 einen Plan für die Erweiterung der preußischen Marine, worin es heißt: „Die preußische Marine muß einen achtunggebietenden Standpunkt unter den Seemächten zweiten Ranges einnehmen. — Hierzu sind nötig, Schiffe zur Bestehung des Feindes auf hoher See, wozu gegenwärtig fast durchweg Panzerfregatten gebraucht werden, Fahrzeuge zur Verteidigung der eigenen Küsten, endlich Schiffe zum Schutz des Handels auf hoher See.“ Es wurden gefordert 10 Panzerfregatten, 10 Panzerfahrzeuge für den Schutz der Heimat und für Übersee 8 Schraubenkorvetten und 6 kleine Korvetten. Außerdem kamen noch eine Anzahl Segelschulschiffe und kleinere Fahrzeuge hinzu. Für die Schiffe in den Tropen wurde Holz als Baumaterial vorgeschlagen.

Der Krieg 1866 gegen Österreich konnte nur zu Lande ausgefochten werden, denn es war ausgeschlossen, daß die wenigen preußischen Schiffe nach dem Mittelmeer geschickt werden konnten, zumal die österreichische Marine wesentlich stärker als die preußische war. Obwohl es nicht in die preußisch-deutsche Marinegeschichte hineingehört, muß hier doch die Schlacht bei Lissa erwähnt werden, die der österreichische Admiral Tegetthoff am 20. Juli 1866 gegen die Italiener focht. Dieser glänzende Sieg der Österreicher hat insofern für uns Bedeutung, weil Tegetthoff seiner schwächeren Flotte den Befehl gegeben hatte, rücksichtslos die italienischen Schiffe zu rammen. Der Rammstoß des österreichischen Flaggschiffes „Ferdinand Max“ gegen das Panzerschiff „Re d'Italia“ entschied den Sieg. Man glaubte nun allgemein, daß in jedem zukünftigem Kampfe die Ramme die Hauptrolle spielen würde. Der Schiffbau und die Taktik sind durch diese Anschauung über 30 Jahre lang stark beeinflußt worden.

König Wilhelm besucht die preußische Flotte im Juni 1864 als Anerkennung für das Gefecht bei Arkona.

Erklärung: In der Mitte König Wilhelm und Admiral Prinz Adalbert, dahinter Konteradmiral Jachmann, Offiziere und Mannschaften der „Arkona". — Links neben dem König die Kronprinzeß Victoria und der Kronprinz Friedrich Wilhelm von Preußen.

Aus dem Kriege 1866 sei beiläufig erwähnt, daß der Übergang des preußischen Korps des Generals von Manteuffel Mitte Juli 1866 bei Hamburg über die Elbe von dem preußischen Panzerfahrzeug „Arminius“ und den beiden Kanonenbooten „Tiger“ und „Cyklop“ unterstützt wurde.

Die Marine des Norddeutschen Bundes 1867 bis 1871.

Im Jahre 1867 vereinigten sich die Norddeutschen Staaten unter Preußens Führung zum Norddeutschen Bund. Die Artikel 53 und 55 der Verfassung des Norddeutschen Bundes lauten: „Die Bundeskriegsmarine ist eine einheitliche unter preußischem Oberbefehl. Die Organisation und Zusammensetzung derselben liegt Seiner Majestät dem Könige von Preußen ob, welcher die Offiziere und Beamten der Marine ernennt und für welchen dieselben nebst den Mannschaften eidlich in Pflicht zu nehmen sind. Der Kieler Hafen und der Jade-Hafen sind Bundeskriegshäfen ...“ „Die Flagge der Kriegs- und Handelsmarine ist schwarz-weiß-rot.“ Am 1. Oktober 1867 wurde die preußische Kriegsflagge mit dem schwarzen Adler in weißem Felde niedergeholt und die neue Bundesflagge, die später auch über der kaiserlichen Marine bis 1918 wehte, zum ersten Male gesetzt.

Die schwarz-weiß-rote Flagge ist eine Vereinigung der Farben Schwarz-Weiß von Preußen und der Farben Weiß-Rot, welche fast alle bedeutenden Hansastädte in der Hansazeit führten. Dem Könige von Preußen, Wilhelm I., waren die Farben Schwarz-Weiß-Rot deshalb genehm, weil sie das preußische Schwarz-Weiß mit dem brandenburgischen Weiß-Rot vereinigten.

*

Die Zeit zwischen den Kriegen 1866 und 1870 bildet für die Marine den Übergang zu gepanzerten Schiffen. Die heimische Industrie hatte im Bau von Panzerschiffen noch keinerlei Erfahrung. Infolgedessen mußten die ersten Panzerschiffe sämtlich vom Ausland beschafft werden. Das erste gepanzerte Schiff, was in Deutschland, und zwar in Danzig 1868 gebaut wurde, war die Panzerkorvette „Hansa“ mit 8 Kanonen, 3600 Tonnen. Die „Hansa“ war ein hölzernes Schiff mit aufgeschraubten Panzerplatten.

Bis zum Kriege 1870 kamen noch die gedeckte Korvette „Elisabeth" und die Glattdeckskorvette „Ariadne" hinzu (letztere erst 1871 fertig).

Im Jahre 1865 bis 1868 war „Vineta" in Ostasien stationiert. Das Schiff ging ausreisend um Kap Hoorn und heimkehrend um das Kap der Guten Hoffnung. Damit ist „Vineta" das erste preußisch-deutsche Kriegsschiff gewesen, welches eine volle Weltreise gemacht hat.

Am 17. Juni 1869 wurde in Gegenwart des Königs Wilhelm der neue Jade-Hafen feierlichst eingeweiht. Dieser Hafen bekam den Namen **„Wilhelmshaven"**. In Wilhelmshaven wurde zunächst ein Oberwerftdirektor eingesetzt, der zugleich Marinestationschef war. Es war dies der Kapitän z. S. Kuhn, der im Jahre 1864 die „Loreley" kommandierte.

Im gleichen Jahre fand im November die Eröffnung des Suez-Kanales statt. Es waren deutscherseits daran beteiligt die Korvetten „Hertha", „Arkona", „Elisabeth", die Yacht „Grille" und das Kanonenboot „Delphin". Die Korvette „Hertha" fuhr als erstes deutsches Kriegsschiff durch den Suez-Kanal nach Ostasien, die Korvette „Elisabeth" brachte den preußischen Kronprinzen, der an der Einweihung teilgenommen hatte, nach Neapel. „Arkona" ging durch das Mittelmeer nach Westindien.

Schließlich sei noch erwähnt, daß Anfang des Jahres 1870 die Ruderkanonenboote, mit denen die preußische Marine begonnen hatte, aus den Listen gestrichen wurden, und daß von den Engländern ein altes Schraubenlinienschiff, der „Renown", zu Artillerieschulzwecken gekauft wurde. Die Maschine des „Renown" wurde später in das deutsche Artillerieschulschiff „Mars" eingebaut.

Der Krieg 1870—1871.

Der deutsche Einigungskrieg gegen Frankreich war ein reiner Landkrieg. Die Marine des Norddeutschen Bundes war der französischen Marine so außerordentlich unterlegen, daß ein Angriff auf die französische Küste oder Flotte nicht in Frage kam. Dagegen war es notwendig, daß unsere Schiffe unbedingt einen französischen Angriff oder gar eine Landung französischer Truppen an der Küste verhinderten, denn lediglich für Nord- und Ostsee besaß die französische Marine zwölf Panzerfregatten, zwei Panzerkorvetten und eine

Anzahl von leichten Schiffen, welche Kreuzerdienst versehen konnten. Unter dem Kommando des Prinzen Adalbert waren „König Wilhelm“, „Kronprinz“, „Friedrich Karl“ und das Panzerfahrzeug „Prinz Adalbert“ zu einem Geschwader vereinigt, um sich über England nach den Azoren zu begeben. Das Fahrzeug „Prinz Adalbert“ war nach Dartmouth geschickt und brachte die Nachricht von der politischen Spannung, so daß der Prinz-Admiral sofort nach Wilhelmshaven zurückkehrte und dadurch einem französischen Geschwader von über 20 Schiffen, die ihn suchten, entging. Das deutsche Geschwader übernahm die Sicherung der Außenjade unter Admiral v. Jachmann. Die übrigen Schiffe wurden zum Wachdienst bis nach Danzig an der Küste verteilt.

Anfang August wurde die Außenbewachung von Kiel („Renown“) zum erstenmal alarmiert, weil französische Schiffe in Sicht seien. Diese waren auf dem Wege nach Danzig. Unterwegs hatte die schnelle kleine „Grille“ Gelegenheit, einige Schuß mit einer französischen Korvette zu wechseln. Am 22. August standen die französischen Schiffe in der Danziger Bucht. Die „Nymphe“, Korvettenkapitän Weikhmann, machte einen nächtlichen Vorstoß und feuerte auf das französische Flügelschiff zwei Breitseiten. Die Erfolge des deutschen Heeres veranlaßten die Franzosen, in die Heimat zurückzugehen. Sie hielten sich unterwegs nur einige Tage bei Helgoland auf. Eine Begegnung deutscher und französischer Streitkräfte in den heimischen Gewässern fand nicht statt.

Im Ausland ist es vor Havanna zu einem Zweikampf zwischen dem kleinen Kanonenboot „Meteor“ unter Kapitänleutnant Knorr und dem wesentlich stärkeren Aviso „Bouvet“ gekommen.

„Meteor“ war nur 38 m lang, 7 m breit und hatte eine Wasserverdrängung von 320 Tonnen. Das kleine Fahrzeug besaß drei Geschütze, je einen Zwölfpfünder vorn und hinten und einen 24pfünder in der Mitte. Letzteres Geschütz erschien für das Schiff bei einer Überquerung des Atlantischen Ozeans zu schwer, und da die Korvette „Arkona“ zur gleichen Zeit nach Westindien ging, so wurde dieses Geschütz der „Arkona“ mitgegeben und erst in Westindien von „Meteor“ an Bord genommen.

Am 25. September 1870 verließ „Meteor“ den Hafen von Stralsund, gab seinen 24pfünder auf die „Arkona“ und segelte nach England. Dort wurden zwei Boote neu an Bord genommen. Die Reise

Gefecht des Kanonenbootes „Meteor“ bei Havanna 1870.

Preußische Flotte im Kieler Hafen 1867.

von England bis nach Porto Grande dauerte drei Wochen. Auf der Weiterreise nach Westindien mußte ausschließlich gesegelt werden, weil „Meteor“ nur ein Kohlenfassungsvermögen für vier Tage hatte. Bei glattem Wetter konnte das Fahrzeug mit Volldampf, gesetzten Segeln und gutem Winde nur neun Knoten laufen. Schon bei Windstärke 6 und entsprechendem Seegang kam „Meteor“ kaum noch aus der Stelle.

Das Gefecht fand am 9. November 1870 statt. „Bouvet“ war am Tage vorher ausgelaufen, „Meteor“ wurde aus Neutralitätsgründen noch 24 Stunden im Hafen festgehalten.

„Bouvet“ kam am Nachmittag in Sicht. „Meteor“ und „Bouvet“ liefen sofort aufeinander zu. Der erste Schuß des Franzosen fiel auf 2000 Meter. „Bouvet“ versuchte zu rammen, beide Schiffe glitten aber mit großer Geschwindigkeit mit ihrer Backbordseite so hart aneinander vorbei, daß auf dem kleinen „Meteor“ der größte Teil der Takelage von oben kam. Durch einen Schuß ins Hauptdampfrohr wurde „Bouvet“ schwer beschädigt, setzte Segel und flüchtete auf neutrales Gebiet. „Meteor“ mußte erst seine Schraube klarieren.

Im Oktober 1870 wurde die Kreuzerkorvette „Augusta“ in Dienst gestellt. Kommandant Korvettenkapitän Weikhmann. Das Schiff kreuzte vor der Girondemündung, nahm zwei französische Segelschiffe weg und versenkte einen Regierungsdampfer.

Am 18. Januar **1871** wurde in Versailles das Deutsche Kaiserreich proklamiert. Im Artikel 53 der neuen Reichsverfassung heißt es: „Die Kriegsmarine des Reiches ist eine einheitliche, unter dem Oberbefehl des Kaisers. Die Organisation und Zusammensetzung derselben liegt dem Kaiser ob, welcher die Offiziere und Beamten der Marine ernennt und für welchen dieselben nebst der Mannschaft eidlich in Pflicht zu nehmen sind. Der Kieler Hafen und der Jadehafen sind Reichskriegshäfen.“ Die schwarz-weiß-roten Farben und die Art der Flagge wurden beibehalten.

Die Kaiserliche Marine unter General von Stosch*).

Am 1. Januar 1872 erhielt das bisherige Marineministerium den Namen „K a i s e r l i c h e A d m i r a l i t ä t“. Als erster Chef der Admiralität wurde General der Infanterie von Stosch ernannt.

*) General von Stosch wurde 1875 zum Admiral ernannt.

Panzerschiffsgeschwader unter Segel.
Von vorn „König Wilhelm", „Kronprinz", „Kaiser", „Hansa".

Panzerschiff „König Wilhelm", umgebaut 1895 zum „Kreuzer I. Kl.".

Die I. Matrosen- und I. Werftdivision kamen nach Kiel, die II. nach Wilhelmshaven. Die Marinedepots in Stralsund und Geestemünde wurden aufgehoben. Am 21. September 1871 war bereits eine Torpedoabteilung geschaffen worden. Der erste Kommandeur war Korvettenkapitän Graf von Monts. Vom Mai 1878 an hat der spätere Großadmiral von Tirpitz als Kommandant des „Ziethen" die Torpedowaffe zehn Jahre lang geleitet und weiter ausgebaut.

Bei Beginn seiner Dienstzeit legte der Chef der Admiralität General von Stosch in einer Denkschrift seine Ansichten über den Ausbau der Kriegsmarine nieder. Als Forderungen wurden aufgestellt: Schutz des Seehandels, Verteidigung der Küsten, Entwicklung des Angriffsvermögens. An auswärtigen Stationen sollten besetzt werden die ostasiatische und die westindische mit je zwei Korvetten und einem Kanonenboot, außerdem im Ausland als Geschwader oder einzeln fahrend eine Panzerfregatte, zwei Korvetten und ein Kanonenboot. Zur Verstärkung dieses „fliegenden Geschwaders" sollten in der Heimat stets bereit sein drei Panzerfregatten, drei Korvetten und zwei Kanonenboote. „Zur lebendigen Küstenverteidigung" in der Nordsee waren acht Panzerfregatten und in der Ostsee sechs Panzerkorvetten zu „Ausfallzwecken" vorgesehen.

Gepanzerte Schiffe 1874.

Name	Schwere Artillerie	Tonnen	PS	Besatzung	Schiffsart	Gebaut in
König Wilhelm .	23—21 cm	9600	8000	700	Batterieschiff	England
Kaiser	8—26 cm	7600	8000	600	Kasemattsch.	England
Deutschland . . .	8—26 cm	7600	8000	600	Kasemattsch.	England
Friedrich Carl . .	16—21 cm	5900	3500	500	Batterieschiff	Frankreich
Kronprinz	16—21 cm	5500	4800	500	Batterieschiff	England
Großer Kurfürst	4—26 cm	4100	5400	500	2 Türme	Wilhelmshav.
Friedr. der Große	4—26 cm	4100	5400	500	2 Türme	Kiel
Preußen	4—26 cm	4100	5400	500	2 Türme	Stettin
Hansa	8—21 cm	2200	3000	380	Kasemattsch.	Danzig

Außerdem 2 kleine Panzerfahrzeuge „Arminius" und „Prinz Adalbert" (2 Türme).

Es wurden deshalb neu gefordert 8 Panzerfregatten, 6 Panzerkorvetten, 7 gepanzerte Monitors*), 2 Panzerbatterien, 20 Kreuzer,

*) Monitor ist ein kleines Turmschiff.

6 Avisos, 18 Kanonenboote, 28 Torpedofahrzeuge und 5 Schulschiffe. Die Fertigstellung sollte bis zum Jahre 1882 geschehen sein.

Zu den vorgenannten Schiffen wurden unter Stosch die vier Ausfallkorvetten der Sachsenklasse gebaut. Die Zahl der ungepanzerten Schiffe wurde beträchtlich vermehrt. Hierher gehören namentlich die Fregatten und Korvetten, welche in den achtziger Jahren bei der Erwerbung der Kolonien Hervorragendes geleistet haben, wie z. B. „Leipzig", „Prinz Adalbert*)" „Bismarck", „Gneisenau", „Sophie", „Carola" usw. Zur Küstenverteidigung wurden die Panzerkanonenboote der Wespeklasse gebaut, welche nur ein schweres (30,5 cm) Geschütz hatten. Dazu kamen eine Anzahl Auslandskanonenboote, Avisos für den Geschwaderdienst und die ersten Torpedofahrzeuge.

General von Stosch legte großen Wert darauf, in Verbindung mit den Deutschen im Ausland zu bleiben. Er hat stets betont, „daß die Machtentwicklung des Deutschen Reiches die im Ausland lebenden Deutschen erst wieder zu Deutschen gemacht habe".

Von sonstigen wichtigen Neuschaffungen seien angeführt die Werften, die Schiffskammern, die zweite Hafeneinfahrt in Wilhelmshaven, zahlreiche Kasernen und Küstenbefestigungen, die Gründung einer Marineakademie (1872) und die Organisation des Maschineningenieurkorps.

Stosch betonte stets: „Nicht Schiffe kämpfen, sondern Menschen." Von ihm stammt das Signal „Ran an den Feind." Dieses Signal, der rote Doppelstander „Z", wurde im Jahre 1874 eingeführt. Es heißt: „Auf dieses Signal — Ran an den Feind — geht jedes Schiff möglichst unter Aufrechterhaltung der Rangierung auf das nächste feindliche Schiff zu und sucht dasselbe zu zerstören." In der Skagerrakschlacht 1916 war der Doppelstander „Z" das Angriffssignal für Torpedoboote. Das Angriffssignal für die Schlachtkreuzer war „R" (der blaue Peter) und bedeutete ursprünglich „Rein in den Feind" und wurde von Großadmiral von Koester geschaffen.

Im Juni 1873 starb der Generalinspekteur der Marine, Admiral Prinz Adalbert von Preußen, am Herzschlage. — 1882 wurde sein Denkmal in Wilhelmshaven von dem Stationschef Vizeadmiral Batsch, dem bedeutendsten Seeoffizier der siebziger Jahre, eingeweiht.

*) „Prinz Adalbert" hieß ursprünglich „Sedan", er wurde 1878 umgetauft, als Prinz Heinrich seine Weltreise antrat.

Auslandstätigkeit der Marine unter v. Stosch.

1872 trieb Kapitän zur See Batsch mit „Vineta“ und „Gazelle“ eine Forderung von 60 000 M. von der Republik Haiti ein. Zwei haitianische Korvetten mit je zehn Kanonen wurden durch armierte deutsche Boote unter Führung von Kptl. Hollmann überrumpelt.

1873 brachen in Spanien schwere Unruhen aus. Das Panzerschiff „Friedrich Carl“, die Fregatte „Elisabeth“, beide in Westindien, wurden nach Barcelona entsandt; hierzu kam noch das im Mittelmeer befindliche Kanonenboot „Delphin“. Ein Piratenschiff der Spanier wurde weggenommen, infolgedessen wollten die aufständischen Spanier das deutsche Konsulat in Cartagena angreifen. Der deutsche Geschwaderchef, Kommodore Werner, erklärte, daß er in diesem Falle die Stadt beschießen werde. Die Aufständischen gaben nach, holten die roten Flaggen nieder und setzten die spanische Flagge. Die aufständischen Schiffe „Viktoria“ und „Almansa“ versuchten die spanische Küste zu brandschatzen. „Friedrich Carl“ erzwang auch hier das Setzen der Nationalflagge, nahm beide Schiffe und übergab sie den gemeinsam mit den Deutschen arbeitenden Engländern. Die Engländer nannten die Wegnahme der Schiffe „eine kühne Tat, die ihren Platz in der Geschichte als glänzende Kriegsleistung verdiene“.

1874 war ein Deutscher in Spanien erschossen worden. Die Kanonenboote „Nautilus“ und „Albatros“ wurden nach Spanien geschickt, um Genugtuung zu fordern, die auch gegeben wurde.

1874—1876 erhielt die Fregatte „Gazelle“, Kpt. z. S. Freiherr v. Schleinitz, den Auftrag, eine wissenschaftliche Expedition nach dem Südatlantischen Ozean und der Südsee zu unternehmen. Diese Fahrt der „Gazelle“ stellt ein Ruhmesblatt in der Geschichte der geographischen Wissenschaft und der Erforschung unseres Planeten dar. Die Reise dauerte 23 Monate. In 450 Seetagen wurden etwa 30 000 sm, davon 20 000 sm unter Segel, zurückgelegt. Die Forschungen der „Gazelle“ haben den Anstoß zur späteren Erwerbung der deutschen Kolonie Neuguinea gegeben, deren Gouverneur dann auch der Vizeadmiral Frhr. v. Schleinitz wurde.

Die Segelschulschiffe „Niobe“, „Rover“, „Undine“ und „Musquito“ dehnten ihre Reisen bis nach Amerika in einer Dauer von 15 Monaten aus.

„Kronprinz", „Deutschland", „Kaiser", „Friedrich Carl".
Panzergeschwader unter Admiral Batsch im Hafen von Malta 1876.

1876 befanden sich 4 Korvetten und 2 Kanonenboote mit insgesamt 58 Geschützen und 1379 Mann unter dem Oberbefehl des Grafen von Monts in Ostasien. Die chinesische Regierung sollte gezwungen werden, den Seeräubern das Handwerk zu legen.

Zu gleicher Zeit war im Mittelmeer ein Panzergeschwader aus 4 Panzerschiffen und 4 kleineren Schiffen zusammen mit 67 Geschützen und 2622 Mann Besatzung unter Admiral Batsch. Der Grund zur Zusammenziehung einer so starken Streitmacht war die Ermordung des deutschen Konsuls in Saloniki und die Gefahr für die im Orient lebenden Deutschen. Es sollte den Türken ein Begriff von der Kraft des Deutschen Reiches gegeben werden.

Da außerdem noch eine Reihe von Schulschiffen im Ausland und eine Korvette in Westindien waren, so ergibt sich, daß im Jahre 1876 trotz der noch sehr kleinen Marine 25 Schiffe mit 6851 Mann im Dienst und zum allergrößten Teile im Auslande waren. Von allen für überseeische Zwecke geeigneten Schiffen waren nur „Arkona" und „Albatros" nicht unterwegs.

1878 wurde ein größeres Geschwader unter Kpt. z. S. v. Wickede, bestehend aus „Elisabeth", „Leipzig", „Ariadne" und „Medusa", in Mittelamerika zusammengezogen, um eine größere Schuldsumme einzutreiben. Nur dadurch, daß ein Landungskorps von 400 Mann ausgeschifft wurde, konnten alle Forderungen durchgesetzt werden. — Im gleichen Jahre machte der junge Prinz Heinrich an Bord der Fregatte „Prinz Adalbert" zum Zwecke seiner Ausbildung eine zweijährige Weltreise. Der I. Offizier des Schiffes war der Korvettenkapitän Koester.

1879, während des Krieges zwischen Peru und Chile, wurden die Panzerfregatte „Hansa", Kapitän z. S. Heusner, und die Korvette „Freya" zum Schutze deutscher Kaufleute entsandt.

1881 ging die Korvette „Viktoria", Korvettenkapitän Valois, zu einer internationalen Flottendemonstration nach dem Orient, und anschließend wurde das Schiff nach Liberia geschickt, um den dortigen Negerstaat zu züchtigen. Ein Landungskorps mußte ausgeschifft werden.

1882 mußte die Korvette „Hertha" gegen die Eingeborenen des Königreichs Dahome vorgehen. — Die Korvette „Carola"" und das Kanonenboot „Hyäne" führten eine Strafexpedition gegen die Hermitinseln.

Batsch,
Admiral.

v. Stosch,
General
(erhielt 1875 Admiralstitel).

v. Caprivi.
General.

Kreuzerfregatte „Prinz Adalbert“ unter Leesegeln 1878.

1878 ereignete sich in der Heimatflotte ein schwerer Unglücksfall. Am 31. Mai wurde an der englischen Küste das Panzerschiff „Großer Kurfürst“ beim Ausweichen vor einem Segelschiff von dem dicht neben ihm fahrenden „König Wilhelm“ gerammt. Der „Große Kurfürst“, Kommandant Kapitän z. S. Graf Monts, kenterte nach einer Viertelstunde, und von der 487 Köpfe starken Besatzung fanden 269 den Tod.

Nach diesem unglücklichen Ereignis wurden in der Marine die Ruderkommandos geändert. Bisher war es Brauch, das Kommando so zu geben, wie die Ruderpinne gelegt werden sollte. Das heißt, auf das Kommando Steuerbord wurde die Ruderpinne Steuerbord gelegt, und das Schiff drehte dann nach Backbord. Von 1878 an wurde nicht mehr befohlen, wie die Ruderpinne gelegt, sondern wie der Bug des Schiffes drehen soll.

1883 wurde Admiral von Stosch verabschiedet, an seine Stelle trat der General von Caprivi. Die Marine hatte gehofft, daß ein Seeoffizier an die Spitze kommen würde. Infolgedessen nahm Admiral Batsch, der bedeutendste Admiral der 70er Jahre, seinen Abschied.

Die Marine unter General von Caprivi 1883—1888.

Die politische Lage Deutschlands war während der Amtszeit von Caprivi schwierig, weil ein Zweifrontenkrieg gegen Frankreich und Rußland im Bereich der Möglichkeit lag. In einem solchen Kriege bildete die Marine den Seeflügel der Armee und mußte die Küste gegen jeden feindlichen Angriff schützen. Aus diesem Grunde wurde besonderer Wert auf Küstenpanzerschiffe und namentlich auch auf die Torpedowaffe gelegt, die gegen jeden angreifenden Feind selbständig vorgehen sollte; man hoffte sogar die französischen Nordhäfen zu schädigen, bevor die französischen Schiffe aus dem Mittelmeer zur Stelle sein konnten. Die Torpedowaffe war zu jener Zeit dem Korvettenkapitän Tirpitz anvertraut. Er war der erste Torpedobootsflottillenchef und der erste Inspekteur des Torpedowesens und hat auch als Staatssekretär ganz besonders an der Torpedowaffe gehangen.

In einer Denkschrift über die Marine, die Caprivi bei seinem Amtsantritt verfaßte, heißt es: „Ohne den Hintergrund von gepanzerten Schlachtschiffen, ohne die Sicherheit, in einer gesammelten, kampfbereiten Hochseeflotte die nötigenfalls ausgiebige Unterstützung finden zu können, würde ein der Weltstellung des Deutschen Kaiserreichs angemessenes Auftreten der Schiffe des politischen Dienstes (Auslandsschiffe) auf die Dauer nicht gewährleistet sein." — „Eine Marine, die ihren Schwerpunkt auf oder am Lande sucht, verdient den Namen nicht mehr." — „Abgesehen davon, daß die wirksamste Weise der Verteidigung der vaterländischen Küste unter allen Umständen der Sieg in einer Schlacht auf hoher See bleiben wird, würde eine Küstenverteidigung sich immer nur mit dem negativen Vorteil der reinen Abwehr begnügen und auf die Ausnutzung errungener Vorteile verzichten müssen, wenn sie keine Schiffe besäße, die imstande sind, Momente der Schwäche beim Gegner auszunutzen, ihn anzugreifen." Und 1884 schrieb Caprivi: „Wir sind zur See als Alliierte wertlos, wenn wir nicht mit einer Schlachtflotte auf hoher See erscheinen können."

Während der Amtszeit des General von Caprivi sind an Panzerschiffen hinzugekommen „Oldenburg", die ersten Vertreter der Siegfriedklasse und die geschützten Kreuzer „Irene" und „Prinzeß Wilhelm".

Die Erwerbungen der Kolonien.

Schon in den siebziger Jahren war die Südsee und namentlich Samoa von deutschen Kriegsschiffen öfters besucht worden. Im Jahre 1880 unternahm der Reichskanzler Fürst Bismarck einen Fühler, wie sich die Volksvertretung zur Kolonialfrage stellen würde, indem er eine Samoa-Vorlage einbrachte. Leider wurde diese abgelehnt, sonst würde Samoa wohl unsere erste Kolonie geworden sein. Der Zeitpunkt, zu dem das koloniale Auftreten Deutschlands beginnt, ist der 24. April 1884, als Bismarck an den Generalkonsul in Kapstadt telegraphierte, daß der Bremer Kaufmann Lüderitz bei seiner Erwerbung in Südwestafrika Anspruch auf deutschen Schutz gegen die Engländer habe.

Im Juli **1884** traf das Kanonenboot „Möwe", Korvettenkapitän Hoffmann, vor Togo ein. Nach Verhandlungen mit den Häuptlingen wurde am 5. Juli unter einem Salut von 21 Schuß die deutsche Flagge geheißt (Kolonie Togo 82 000 qkm.) Anschließend wurde durch Dr. Nachtigal im Beisein der Offiziere der „Möwe" in Kamerun die deutsche Flagge geheißt. (Kamerun 500 000 qkm — 3,5 Millionen Einwohner — 320 km Küstenlänge.) Es folgte dann das Flaggenheißen in Angra Pequena, hierdurch entstand zusammen mit dem Lüderitzgebiet die deutsche Kolonie Südwestafrika (831 000 qkm — 200 000 Einwohner — 1200 km Küstenlänge).

Im Oktober vereinigte sich die Fregatte „Elisabeth" mit dem Kanonenboot „Hyäne" in Matupi und heißte dort die deutsche Flagge.

Die erworbenen, jetzt Bismarckgruppe genannten, Besitzungen Neupommern, Neumecklenburg, Neulauenburg umfaßten 47 000 qkm mit 180 000 Einwohnern. Im November wurde von der Fregatte „Elisabeth" in Neuguinea die deutsche Flagge geheißt.

Ende 1884 brach in Kamerun ein Negeraufstand aus, der durch Engländer angezettelt war. Die Fregatten „Bismarck" und „Gneisenau" sowie die Korvetten „Olga" und „Ariadne" wurden als Kreuzergeschwader unter Admiral Knorr in Dienst gestellt und trafen am 18. Dezember auf dem Kamerunfluß ein. Ein größeres Landungskorps wurde ausgeschifft. Es kam zu einer Reihe kleiner aber harter Kämpfe, bei welchen der Leutnant z. S. Scheer als Führer eines Landungszuges der „Bismarck" seine Feuertaufe erhielt.

Von Dr. Karl Peters, der die Gesellschaft für deutsche Kolonisation in Afrika vertrat, wurden im Jahre 1885 in Ostafrika gegenüber der Insel Sansibar mit einer Anzahl unabhängiger Fürsten Verträge abgeschlossen. Um dem deutschen Ansehen, namentlich den Ansprüchen des Sultans von Sansibar gegenüber, mehr Nachdruck zu verschaffen, war ein Geschwader, bestehend aus den 4 Fregatten „Prinz Adalbert", „Stosch", „Elisabeth" und „Gneisenau" sowie zwei gemieteten Dampfern als Tender nach Sansibar entsendet worden. Geschwaderchef Kommodore Paschen.

Im August 1885 traf Konteradmiral Knorr mit „Bismarck" von Kamerun kommend, ein. Die Verhandlungen mit dem Sultan wurden zum Abschluß gebracht. Deutsch-Ostafrika umfaßte 940 000 qkm mit 3 000 000 Einwohnern und besaß in Daressalam einen ausgezeichneten Hafen.

Frhr. v. d. Goltz,
Admiral.

v. Knorr,
Admiral.

Deinhard,
Admiral.

Schiffsjungen-Brigg „Rover“.

Im gleichen Jahre wurde auf den Karolinen die Flagge geheißt, da aber die Spanier bereits Anspruch auf diese Inselgruppe zu haben behaupteten, ließ Fürst Bismarck die Karolinenfrage durch den Papst schlichten, und Deutschland verzichtete auf diese Inseln. Im Jahre 1899 gingen die Karolinen aber doch in deutschen Besitz über. — Samoa wurde erst 1900 deutsch.

Aus der Zeit von Caprivi ist noch zu erwähnen:

1884 Untergang der Korvette „Augusta", Korvettenkapitän v. Gloeden. Das Schiff ist mit der gesamten Besatzung von 9 Offizieren und 217 Mann im Indischen Ozean auf der Ausreise nach Australien in einem Orkan verschollen.

Im gleichen Jahre strandete im Oktober die Schiffsjungenbrigg „Undine", Korvettenkapitän Cochius, in der Jammerbucht. Das Schiff konnte sich bei schwerem, auflandigem Winde nicht freikreuzen. Die Besatzung wurde gerettet.

1887 wurde der Grundstein zum Nordostseekanal durch den alten Kaiser Wilhelm I. in Kiel gelegt.

Als General v. Caprivi bei Regierungsantritt des Kaisers Wilhelm II. die Admiralität an den Admiral Grafen v. Monts abgab, bestand die Marine insgesamt aus 15 480 Köpfen, darunter 534 Seeoffiziere. An Schiffsmaterial war vorhanden: 13 Panzerschiffe, die sämtlich mehr oder weniger veraltet waren, 8 Kreuzerfregatten, die sich im Auslands- und Schuldienst vorzüglich bewährt hatten, 10 Kreuzerkorvetten, von denen jedoch nur „Prinzeß Wilhelm" und „Irene" ohne Takelage waren und Doppelschrauben besaßen, 14 kleine Küstenpanzerfahrzeuge, 5 Kreuzer, 5 Kanonenboote, 6 Avisos, 10 Schulschiffe und 9 Schiffe zu besonderen Zwecken.

Kurz vor seinem Abgange hatte General v. Caprivi an die höheren Seeoffiziere zwölf schriftliche Fragen gestellt, die sich auf die Weiterentwicklung der Marine bezogen. Kapitän z. S. Tirpitz zeigte in seiner Antwort einen Weg, wie man diese Fragen am zweckmäßigsten praktisch lösen müßte, denn selbst in der englischen Marine herrschte darüber keine Klarheit.

Am 9. März 1888 starb Kaiser Wilhelm I., ihm folgte Kaiser Friedrich III., der nach einer Regierung von drei Monaten am 15. Juni ebenfalls abberufen wurde.

Panzerschiff „Baden" als Flaggschiff.
(„Baden" — „Bayern" — „Sachsen" — „Württemberg".)

Geschützter Kreuzer „Prinzeß Wilhelm" („Irene").
Erste deutsche Kreuzer ohne Segeltakelage.

Regierungsantritt Kaiser Wilhelms II. 1888.

Der junge Kaiser hatte ein besonderes persönliches Interesse an der Marine und hatte erkannt, daß der Ausbau der Marine mit den Anforderungen, die das Deutsche Reich an seine schwimmende Streitmacht stellen mußte, nicht Schritt gehalten hatte.

Zunächst setzte der Kaiser an die Spitze der Marine einen Seeoffizier, den Admiral Graf v. Monts. Leider ist dieser fähige Seeoffizier bereits nach einem halben Jahr, im Januar 1889, gestorben. Unmittelbar nach dem Tode dieses Chefs der Admiralität ordnete der Kaiser eine Teilung der Admiralität in ein Oberkommando der Marine und ein Reichsmarineamt an. Der erste Kommandierende Admiral war der Vizeadmiral Frhr. v. d. Goltz, der Erste Staatssekretär des Reichsmarineamts der Konteradmiral Heusner. Der letztere fiel schon nach einem Jahre krankheitshalber aus, und an seine Stelle kam der Konteradmiral Hollmann. Gleichzeitig mit dieser Teilung der Admiralität wurde ein Marinekabinett geschaffen, erster Kabinettschef wurde Kapitän z. S. Frhr. v. Senden-Bibran.

Durch die Zweiteilung der Marine in ein Oberkommando und in ein Reichsmarineamt entstanden naturgemäß gewisse Reibungen. Obwohl der Kommandobehörde der Vorrang eingeräumt werden mußte, spielte die Verwaltungsbehörde, das Reichsmarineamt sehr bald deshalb eine maßgebende Rolle, weil es zunächst darauf ankam, durch die Verwaltungsbehörde den Ausbau der Marine zu veranlassen und vor allen Dingen die Geneigtheit des Reichstages für die Interessen der Marine zu gewinnen.

Im Jahre 1899, kurz nachdem Admiral Tirpitz Staatssekretär des Reichsmarineamts geworden war, zerschlug dieser das Oberkommando, infolgedessen wurde das Reichsmarineamt die vorherrschende Behörde, und hierdurch sind dann im Kriege schwere Folgen entstanden, weil im Kriege eine oberste Kommandobehörde fehlte (siehe Seite 82).

Unmittelbar nach dem Regierungsantritt des Kaisers wurde auch die Uniform der Seeoffiziere geändert. Früher gab es einen kurzen Waffenrock mit Ärmelabzeichen und einen Überrock ohne Ärmelabzeichen. Letzterer wurde vielfach offen getragen. Aus diesen beiden Kleidungsstücken entstand ein einheitlicher Rock, ähnlich der Form wie er jetzt getragen wird. An Stelle der Mütze mit einem breiten goldenen Streifen wurde eine solche mit schwarzem Band und Eichenlaubstickerei eingeführt. Der bisher untergeschnallte Säbel mußte nunmehr übergeschnallt werden. Auf die weiteren Kleiderbestimmungen soll hier nicht eingegangen werden. Bemerkt sei nur, daß der Dolch für Seeoffiziere erst im September 1901 als besonderer Gnadenbeweis eingeführt wurde. — Ganz abgeschafft wurde der Frack.

Im Juli 1888 wurde befohlen, daß ein Geschwader den Kaiser auf seiner Besuchsreise nach Rußland, Schweden und Dänemark zu begleiten habe.

Geschwaderchef war Admiral Knorr. Flaggschiff „Baden", dazu „Bayern", „Friedrich der Große", „Kaiser" und der Aviso „Ziethen". Ferner das Schulgeschwader, bestehend aus „Stein", „Moltke", „Gneisenau", „Prinz Adalbert" und Aviso „Blitz". Man sieht aus diesen Schiffen, die damals unsern Stolz bildeten, wie kümmerlich es noch um die Marine bestellt war. Der Kaiser fuhr an Bord der „Hohenzollern" einem älteren Raddampfer, der später als eine neue „Hohenzollern" gebaut wurde, den Namen „Kaiseradler" bekam. Alle Schiffe waren schwarz gestrichen mit gelben Aufbauten, gelben Schornsteinen und roten Wasserlinien. Obwohl die Schiffe nicht untereinander eingefahren waren, ist die Fahrausbildung doch schon vorzüglich gewesen. Die Einschraubenschiffe mit hoher Takelage waren um so schwerer zu handhaben, als sie sehr durch den Wind beeinflußt wurden, und weil ihre Kommandobrücken ganz achtern hinter Schornsteinen und Großmast lagen.

Im Jahre 1889/90 wurde auf Befehl des Kaisers der Marineetat dahin geändert, daß gleichzeitig 4 größere Panzerschiffe angefordert wurden. Diese 4 Schiffe, die Brandenburgklasse („Brandenburg", „Kurfürst Friedrich Wilhelm", „Weißenburg" und „Wörth"), bildeten später den Kern der zukünftigen Flotte. Der Kaiser verfügte persönlich, daß diese Schiffe im Gegensatz zu ähnlichen Schiffen auch fremder Marinen einen dritten, den mittleren Turm erhalten sollten. Es ist bedauerlich, daß später auf den weiteren Neubauten zu dem Zweiturmsystem zurückgekehrt wurde.

10. August 1890 Besitzergreifung von **Helgoland.** Diese Insel war von England gegen Besitz in Ostafrika eingetauscht worden. Ohne Helgoland keine Sicherheit der Deutschen Bucht.

Der Dienst in der Heimat 1890—1900.

Im Januar 1892 reichte Admiral Knorr eine Denkschrift ein, die Kapitän z. S. Tirpitz „über eine Neuorganisation unserer Panzerflotte“ verfaßt hatte. In dieser Denkschrift wurde die „zukünftige Seeschlacht als das unverrückbare Ziel bei unserer Taktik, bei unserer Personalausbildung und bei unserer Organisation fest ins Auge gefaßt. Kapitän z. S. Tirpitz wurde nunmehr Chef des Stabes des Oberkommandos. Vom Jahre 1892 bis 1895 wurde unter unmittelbarer Leitung des Oberkommandos mit allen verfügbaren Schiffen in den Sommermonaten ununterbrochen geübt und probiert, welche Art von Taktik und demnach welche Art von Schiffen für unsere Marine nötig sei. Diese Periode von 4 Jahren ist für unsere heutige Anschauung, aber sogar für alle Marinen grundlegend gewesen. Es ist erstaunlich, daß die kleine veraltete deutsche Marine führend und bahnbrechend in Taktik, Exerzieren und Schießen geworden ist. Zunächst wurden alle Formationen, die aus alter Zeit stammten und die für ein neuzeitliches Gefecht ungeeignet erschienen, ausgeschieden. Es entstanden die Gefechtslinie, einfache Marsch- und Ankerformationen und vor allen Dingen die Übergänge aus der Marschformation in die Gefechtsformation unter den verschiedensten Verhältnissen. Gleichzeitig wurden Überlegungen über die Verwendung von Torpedobootsmassen in der Tagschlacht erprobt. Die Versuche im Kreuzerdienst, Sicherung und Aufklärung, fallen erst in die Zeit nach 1900, als ein Befehlshaber der Aufklärungsschiffe (B. d. A.) geschaffen wurde.

Die Erfahrungen dieser Übungsjahre wurden in Dienstvorschriften niedergelegt. Die Dienstschrift IX, die wichtigste und letzte aus dieser Zeit bildet die Grundlage für den Ausbau der Marine durch die Flottengesetze.

In diese Zeitspanne fällt auch die Eröffnung des „Kaiser-Wilhelm-Kanals“, wodurch nun die Kriegsverwendung einer deutschen Flotte fast um das Doppelte erhöht wurde.

Die Artillerie in den neunziger Jahren.

Bis Anfang der neunziger Jahre wurde das Feuer der Buggeschütze im allgemeinen erst auf 3000 m eröffnet. Die Höchstleistung

Besitzergreifung von Helgoland 1890.

Helgoland nach dem Ausbau 1914.

der Artillerie bestand in einer „konzentrierten Breitseite“ zwischen 500 und 1000 m, und das Ende einer Schlacht sollte sich im äußersten Nahkampfe, im Rammstoß sogar im Enterkampf abspielen. Beim Dienst in der Artillerie wurde der Schwerpunkt mehr auf vorzügliches Exerzieren, weniger auf planmäßiges Schießen gelegt. Erst als Admiral Thomsen Inspekteur der Marineartillerie geworden war, führte er ein Schießverfahren ein. Man glaubte damals nicht, daß man mit diesem Verfahren etwas erreichen würde. Entfernungsmesser gab es noch nicht, sondern nur die einfachen Winkelinstrumente. Große Schleppscheiben waren ebenfalls nicht vorhanden, Nachtschießübungen wurden nicht gemacht, kurz die Artillerie war auf den Anschauungen der alten Nelsonzeit stehengeblieben. Mit eiserner Energie hat sich Admiral Thomsen durchgesetzt. Als er Geschwaderchef wurde, waren die 4 Schiffe der Brandenburgklasse fertig, und dem damaligen Schießverfahren kam es besonders zugute, daß diese Schiffe 3 Türme besaßen. Schnellfeuergeschütze und Metallkartuschen größeren Kalibers waren noch nicht an Bord. Es ist auffallend, daß man nach dem 28-cm-Geschütz der Brandenburgklasse wieder auf das 24-cm-Geschütz bei der Kaiser- und Wittelsbachklasse zurückging. Der Grund war der, daß die Front und die maßgebenden Artilleristen der Flotte die Hauptwirkung in einem Massengranatfeuer sahen und dringend forderten, als Hauptartillerie das damals größte Schnellfeuergeschütz einzuführen. Dieses war aber das 24-cm-Geschütz.

Die Torpedowaffe.

Die Torpedowaffe ist in den achtziger Jahren durch den Korvettenkapitän Tirpitz entwickelt worden. Der Grundgedanke bestand darin, daß der Torpedo, der höchstens 300 m weit lief und die besten Treffaussichten auf etwa 200 m hatte, durch kleine Torpedoboote dicht an den Feind getragen werden sollte.

6 Torpedoboote von 150—200 t, gestützt auf ein Torpedodivisionsboot von 300 t, bildeten eine Torpedobootsdivision. Diese sollte stets von vorne kommend derartig angreifen, daß das Führerboot und die Zentrumsrotte auf den Feind zuliefen, während die linke und die rechte Flügelrotte im weiten Bogen ausholten und den Feind von beiden Seiten zu fassen suchten, die sogenannte Tirpitzsche

Artillerieschulschiff „Mars".

Torpedoschulschiff „Blücher".

Kreuzer II. Kl. „Kaiserin Augusta".

Zange fuhren. Außerdem spielte der Durchbruch mehrerer Divisionen durch die eigene Linie eine sehr große Rolle. Um möglichst viele Boote durch eine Lücke der Linie zu bekommen und möglichst viele Boote gleichzeitig anzusetzen, hielt Tirpitz bis 1900 an dem kleinen Boot fest. Erst zu dieser Zeit wurde das sogenannte Große Torpedoboot nach Vorgang des englischen Zerstörers eingeführt. Da aus den Torpedoabteilungen 1906 Torpedodivisionen geworden waren, wurde der Ausdruck Torpedo b o o t s division abgeschafft und dafür Halbflottille eingeführt.

Der Auslandsdienst von 1888 bis zum Weltkriege.

1888 A u f s t a n d i n S a m o a. Kreuzer „Adler", Kanonenboot „Eber" und Korvette „Olga" setzten Landungskorps an Land. Schwere Landkämpfe, 2 Offiziere, 13 Mann tot, 40 Mann verwundet. Glänzender Erfolg unserer Landungskorps.

1889, drei Monate nach diesen Landkämpfen, wurde „O l g a", „E b e r" und „A d l e r" im Hafen von Apia durch einen schweren Sturm heimgesucht. „Eber" und „Adler" gingen verloren und „Olga" wurde auf den Strand gesetzt. Gleichzeitig gingen im Hafen drei amerikanische Kriegsschiffe und zahlreiche Handelsschiffe unter; nur einem englischen Kreuzer mit starker Maschine gelang es, die Reede zu verlassen. An Stelle der verlorengegangenen Schiffe wurde die Korvette „Alexandrine" nach der Südsee geschickt. Der Kaiser sagte den Alexandrinemannschaften: „Nicht ertrunken sind die Kameraden, sondern gefallen, ihre Pflicht bis zum letzten Augenblick erfüllend. Nachdem sie siegreich in Samoa gegen Menschen gefochten, fanden sie im mutigen Kampfe gegen die entfesselten Elemente ihren rühmlichen Tod! Gott hat es so gewollt; auch sie starben für Kaiser und Reich."

1888—1890 hat das Kreuzergeschwader „Leipzig", „Carola", „Sophie", „Möve" und dazu später „Schwalbe" und „Pfeil" eine sehr schwere **Blockade von Deutsch-Ostafrika** unter Konteradmiral Deinhard gegen den Sklavenhandel durchgeführt. Die Blockade wurde hauptsächlich mit Schiffsbooten, die ihre Schiffe nur als Stützpunkte benutzten, gemacht. Die Anstrengungen der Bootsbesatzungen waren außergewöhnlich groß. Schwierig war die Ausrüstung der offenen Boote mit Wasser. Die Dampfpinassen hatten Kohlen für einen Tag und in einer nachgeschleppten Jolle Kohlenzuladungen. Die Bemannung der Boote bestand außer dem Offizier, einem Unteroffizier, einem Dolmetscher aus 7 bis 14 Mann. Um einen Begriff von der Tätigkeit zu geben, sei bemerkt, daß z. B. „Pfeil" und seine Boote in einem Monat 411 verdächtige Fahrzeuge revidiert und teilweise aufgebracht haben.

Januar 1889 erstürmte das Landungskorps der „Sophie" die Ortschaft Daressalam. Der Führer, Kapitänleutnant Landfermann, starb am Hitzschlag.

März 1889 stürmten die Landungsabteilungen „Leipzig", „Carola", „Schwalbe" unter Korvettenkapitän Hirschberg den Küstenort Kondutschi.

Im Mai wurde in einem Großangriff dieser Landungsabteilungen zusammen mit der Wißmanngruppe das Buschirilager erstürmt. — Nahkampf mit Bajonett.

Im Juni und Juli wurden durch Landungskorps die Orte Sadani, Pangani und Tanga genommen.

1890 wurden von „Carola" und „Schwalbe" die Orte Kilva, Lindi und Mikindani mit Waffengewalt besetzt.

1891 ging das Kreuzergeschwader, das inzwischen Admiral Valois übernommen hatte, über Ostasien nach Chile. Das Flaggschiff „Leipzig" wurde wegen Kohlenmangel über 1500 Seemeilen von „Sophie" und „Alexandrine", da der Wind ungünstig war, geschleppt.

1893 wurde das Kreuzergeschwader in Kapstadt aufgelöst. „Leipzig" ging in die Heimat. „Arkona" und „Alexandrine" mußten viele Monate während der Gelbfieberzeit zum Schutz der Deutschen wegen Revolution an der brasilianischen Küste Sicherheits- und Lotsendienste versehen.

1894 Kämpfe der „Hyäne" in Kamerun. Eine Kompanie Marineinfanterie wurde nach Kamerun verlegt.

„Bussard" und „Falke" beschießen Aufständische in Samoa.

Es wurden ferner Schiffe nach Marokko, nach Kreta, nach Haiti und nach Kuba geschickt, um mit der Waffe für deutsche Interessen einzutreten.

1897 Besitzergreifung von Kiautschou. Die Kreuzerdivision unter Vizeadmiral v. Diederichs. „Kaiser" (Flaggschiff), „Prinzeß Wilhelm", „Irene", „Arkona" und „Cormoran" setzten ein Landungskorps von 717 Mann an Land. China trat die Bucht von Kiautschou und entsprechendes Hinterland an Deutschland in einem Pachtvertrage ab. Eine zweite Division, bestehend aus „Deutschland“, „Kaiserin Augusta“ und „Gefion“, unter Konteradmiral Prinz Heinrich von Preußen wurde nach Ostasien geschickt. — Das neugebildete III. Seebataillon, 1200 Mann und außerdem 200 Mann Matrosenartillerie, gingen ebenfalls nach Ostasien.

1899 Kämpfe auf Samoa. Zunächst nur zwischen den Eingeborenen. Da jedoch Deutsche, Engländer und Amerikaner verschiedene Interessen hatten, so wurden die Parteien der Eingeborenen gegeneinander unterstützt. Deutscherseits beteiligt der Kreuzer „Falke“. Durch den Samoavertrag wurde endlich Ruhe geschaffen. Deutschland erhielt die Inseln Upolo und Sawai (2600 qkm, 30 000 Einwohner). England bekam die Tongainseln und Amerika die Insel Tutuila. Die jahrelange Tätigkeit der deutschen Marine in der Südsee hatte sich nutzbringend erwiesen.

Chinakämpfe 1900—1901.

In Nordchina entstand eine fremdenfeindliche Bewegung, der sogenannte B o x e r a u f s t a n d. Christliche Chinesen wurden ermordet, Eisenbahnen zerstört. Zum Schutze der Deutschen Gesandtschaft in Peking wurden Leutnant Graf Soden und 50 Mann vom III. Seebataillon nach Peking geschickt. Andere Nationen hatten ähnlich verfahren. Es befanden sich in den chinesischen Gewässern „Kaiserin Augusta“, „Hertha“, „Hansa“, „Irene“, „Gefion“ und „Iltis“. Zum Schutz der Deutschen waren 5 Offiziere und 115 Mann in Tientsin gelandet. Die fremden Nationen schickten ebenfalls Truppen an Land. In die Peihomündung, gegenüber von den Takuforts, wurden Kanonenboote gelegt, unter diesen ist das deutsche Kanonenboot „Iltis“ zu nennen.

Anfang Juli beschloß der älteste Admiral, der englische Admiral Seymour, ein Landungskorps aller verbündeten Mächte in einer Stärke von über 2000 Mann nach Peking zu führen. Der deutsche Anteil dieses Landungskorps stand unter dem Kommandanten der „Hertha“, Kapitän z. S. v. Usedom, und betrug 20 Offiziere, 2 Ärzte,

Kreuzerkorvette „Olga" beschießt Hikoritown (Kamerun) 1884.

Panzerkreuzer I. Kl. „Kaiser" verläßt Wilhelmshaven nach Ostasien 1897.

„Iltis" bei den Takuforts. 1900.

487 Mann. (Entfernung Peking—Tientsin 120 km.) Auf dem halben Wege bis Peking wurde der chinesische Widerstand so groß, daß man nach Tientsin zurückmußte. In schweren Gefechten bei Langfang und Peitsang zeichneten sich die deutschen Mannschaften besonders aus. Als der Feind am 22. Juni mit starken Kräften die englische Spitze angriff, wurde diese durch Vorziehen von deutschen Mannschaften verstärkt. Hierbei fiel der bekanntgewordene Ruf: „The Germans to the front." Besonders schwer waren die Kämpfe bei der Erstürmung des Arsenals Hsiku. Die Gesamtverluste des internationalen Landungskorps betrugen 61 Tote und 223 Verwundete. — Während der vorstehenden Kämpfe fand gleichzeitig am 17. Juni der Angriff der Kanonenboote auf die Taku-Forts statt. Hierbei zeichnete sich das deutsche Kanonenboot „Iltis" unter Korvettenkapitän Lans aus. (7 Tote, 11 Verwundete. „Iltis" erhielt 12 Treffer und verfeuerte 3115 Schuß.) Die vereinigten Landungskorps von etwa 1000 Mann Stärke, darunter 120 Deutsche, stürmten unter Kapitän z. S. Pohl anschließend die Forts. — Bei den schweren Kämpfen um Tientsin führte der russische General v. Stößel; deutscherseits waren beteiligt 20 Offiziere, 757 Mann. Der russische Führer telegraphierte: „Während des gestrigen Kampfes trat deutsches Landungskorps unter russischen Befehl, das Verhalten war über alles Lob erhaben. Sie haben hervorragende Tapferkeit, gründliche Ausbildung, Umsicht und Manneszucht gezeigt."

Zur Verstärkung der in China kämpfenden Truppen wurden aus der Heimat der Große Kreuzer „Fürst Bismarck" und die 1. Division des I. Geschwaders („Kurfürst Friedrich Wilhelm", „Brandenburg", „Weißenburg", „Wörth") sowie verschiedene kleine Kreuzer („Hela", „Schwalbe", „Bussard", „Geier") und 3 Torpedoboote nach China geschickt. Gleichzeitig ging ein großer Armeetransport nach Ostasien. (Graf Waldersee Führer der internationalen Landtruppen.)

Bei einem neuen Vorstoß gegen Peking wurde diese Stadt am 14. August besetzt. (v. Usedom, Lans und Graf Soden erhielten den Orden Pour le mérite.)

Die deutsche Linienschiffsdivision traf im August 1901 nach dreizehnmonatiger Abwesenheit in Wilhelmshaven wieder ein.

1902 vernichtete das Kanonenboot „Panther" einen haitianischen kleinen Kreuzer wegen Vergewaltigung eines Hamburger Dampfers.

Germans to the front.
(Die Deutschen an die Front.)

I. Division des Manövergeschwaders 1894.
Brandenburgklasse (ging während der Chinawirren nach Ostasien).

1902 waren die deutschen Schiffe „Vineta“, „Gazelle“, „Falke“, „Panther“, „Sperber“ und die in Westindien befindlichen Schulschiffe „Stosch“ und „Charlotte“ vor Venezuela tätig. Es wurde die Blockade über die Küste verhängt und verschiedentlich mit der Waffe vorgegangen.

1904 brach ein schwerer **Aufstand in Deutsch-Südwestafrika** aus. Zunächst griff der Kreuzer „Habicht“ ein und schickte ein Landungskorps von 2 Offizieren, 1 Arzt und 52 Mann bis ins Innere nach Karribib. Gleichzeitig wurden aus der Heimat größere Teile des I. und II. Seebataillons unter Major v. Glasenapp nach Afrika geschickt. Der schwerste Kampf fand bei Owikokorero statt. Während der ganzen Kämpfe haben sämtliche beteiligten Mannschaften Hervorragendes geleistet. Die Anstrengungen und Entbehrungen durch Durst und Krankheit sind ganz außerordentliche gewesen.

1905 brach ein Negeraufstand in Ostafrika aus. Kreuzer „Bussard“ griff ein, überführte Schutztruppenkompanien und landete verschiedentlich mit Erfolg. Es wurden hinzugezogen die Kreuzer „Seeadler“ und „Thetis“. Aus Deutschland wurde eine Marineinfanterie- und eine Maschinengewehrabteilung nach Afrika entsendet.

1911 kam es zu größeren Kämpfen auf der Insel **Ponape.** Beteiligt waren die Kreuzer „Cormoran“, „Emden“ und „Nürnberg“ sowie das Vermessungsschiff „Planet“. Die Wegnahme des Dschokadsch-Berges ist als besonders militärische Leistung hervorzuheben. Die Anstrengungen waren bei schweren Regenböen und schlechtem Wetter in der steilen und unübersichtlichen Gebirgsgegend bei nächtlichem Biwakieren besonders groß.

*

Schiffsverluste. 1889. „Eber“ und „Adler“ gehen im Orkan im Hafen von Apia verloren. „Olga“ wird auf Strand gesetzt.

1895. Torpedoboot S 41 („Langemark“) kentert im Sturm im Skagerrak.

1896. Kanonenboot „Iltis“ (Kapitänleutnant Braun) strandet im Sturm an der chinesischen Küste. 13 Mann gerettet. Die Mannschaft stimmt nach den drei Hurrahs das Flaggenlied an. Obermaat Raehm.

1897. Torpedoboot S 26 (Herzog Friedrich Wilhelm von Mecklenburg) kentert im Sturm vor der Elbmündung.

1900. Gneisenau strandet im Sturm bei Malaga (41 Tote, darunter der Kommandant Kapitän z. S. Kretzschmann und der I. Offizier Kapitänleutnant Berninghaus.

1901. Torpedoboot S 42 (v. Rhöneck) auf der Elbe gerammt und gesunken. — „Aviso Jagd“ (Korvettenkapitän v. Cotzhausen) beim Evolutionieren gerammt und gesunken.

1906. S 126 beim Schießen von „Undine“ gerammt und gesunken.

1911. U 3 im Kieler Hafen gesunken. 2 Offiziere und 1 Mann tot. Boot später gehoben.

1913. S 178 bei Helgoland gesunken. — Luftschiffe L 1 und L 2 verloren.

Flottengesetze.

Im Dezember 1897 begann die Beratung im Reichstag über ein Flottengesetz. Reichskanzler Fürst Hohenlohe äußerte „grade zur Führung einer friedlichen Politik muß unsere Flotte einen Machtfaktor bilden, der in den Augen von Freund und Feind ausreichendes Gewicht besitzt. Admiral Tirpitz, der damals seit einem Jahre Staatssekretär war, stellte zwei Forderungen: erstens die gesetzliche Festlegung und zweitens die Verstärkung der Kriegsflotte. Der Schiffsbestand sollte sein:

1 Flottenflaggschiff, 2 Geschwader zu je 8 Linienschiffen, 2 Divisionen zu je 4 Küstenpanzerschiffen, 6 Große Kreuzer und 16 Kleine Kreuzer für den Aufklärungsdienst in der Heimat, 3 Große Kreuzer und 10 Kleine Kreuzer für den Auslandsdienst, und hierzu als Materialreserve 2 Linienschiffe, 3 Große Kreuzer, 4 Kleine Kreuzer. Selbstverständlich gehörten noch hinzu Torpedofahrzeuge, Schulschiffe, Spezialschiffe usw. Gleichzeitig wurde der genaue Personalbestand festgelegt. Im April 1899 wurde dieses Flottengesetz im Reichstag angenommen.

Dieses Flottengesetz war aus jahrelangen Überlegungen während der taktischen Übungen Anfang der neunziger Jahre entstanden. Bald nachdem dieses Gesetz durchgegangen war, änderte sich die Weltlage durch den Burenkrieg, die Samoafrage, dem amerikanisch-spanischen Gegensatz. Es wurde daher nötig, ein zweites Flottengesetz im Jahre 1900 einzubringen. Dieses zweite Flottengesetz läßt sich am kürzesten dadurch kennzeichnen, daß man den Schiffsbestand der *Heimatflotte* ungefähr verdoppelte. Hierbei wurde aber ganz besonders von Staatssekretär Tirpitz betont, daß der Kampfzweck der Flotte in einer politischen Defensive zu suchen sei, er schreibt wörtlich: „*Die Flotte müsse so eingerichtet werden, daß ihre höchste Kriegsleistung in einem Verteidigungskriege auf der Nordsee in einer Seeschlacht liege — — was wir anstrebten, war, so stark zu sein, daß auch für die gewaltige Übermacht der englischen Flotte das Anbinden mit uns ein gewisses Wagnis bedeuten sollte. Hierin lag die politische Defensive ebenso wie der taktische Wille zur Schlacht in einem Verteidigungskriege (Risikogedanke).*“

1906 wurden in einer „Novelle zum Flottengesetz“ geringe Nachforderungen gestellt, die sich namentlich auf Auslandsschiffe und Materialreserve bezogen.

1908 wurde das Alter der Linienschiffe, das bisher 25 Jahre war, auf 20 heruntergesetzt.

Im November 1912 wurde auch mit Rücksicht auf gleichmäßige Bauleistungen der Werften der Schiffsbestand wie folgt festgesetzt:

Die Schlachtflotte:	1 Flottenflaggschiff,
	5 Geschwader aus je 8 Linienschiffen,
	12 Große Kreuzer,
	30 Kleine Kreuzer.
Die Auslandsflotte:	8 Große Kreuzer,
	10 Kleine Kreuzer.

Da 61 Linienschiffe und große Kreuzer insgesamt gefordert waren, die eine Lebensdauer von je 20 Jahren hatten, so ergab sich im allgemeinen ein Dreiertempo, d. h. drei große Schiffe im Jahr.

*

Nachfolger von Admiral Frhr. v. d. Goltz, der 1895 den Abschied erhalten hatte, war Admiral v. Knorr geworden. Den größten Teil der praktischen Übungen auf dem Wasser hatte zunächst als Geschwaderchef Admiral v. Koester und später Admiral v. Thomsen gehabt.

Großadmiral
v. Koester.

Großadmiral
v. Tirpitz.

Admiral
v. Thomsen.

Kaiser Wilhelm II. und Prinz Heinrich von Preußen im Jahre 1894.
(Das Bild ist absichtlich aus der Zeit der Flottenentwicklung gewählt.)

Von besonderer Wichtigkeit ist eine Kaiserliche Kabinettsorder vom 14. März 1899, die von dem Staatssekretär Tirpitz veranlaßt wurde. In dieser Order verfügt der Kaiser:

1. daß er, der Kaiser, den Oberbefehl über die Marine selbst übernehmen will,
2. daß das **Oberkommando** in der Marine in **Fortfall** kommt,
3. daß ein Admiralstab der Marine geschaffen wird,
4. daß die Chefs der Marinestationen, der Inspekteur des Bildungswesens, der Chef des 1. Geschwaders (aus dem später der Flottenchef hervorging) und der Chef des Kreuzergeschwaders dem Kaiser unmittelbar unterstellt seien.

Es folgen dann noch eine Reihe unwesentlicher Punkte.

Dieses Zerschlagen des Oberkommandos, ohne daß gleichzeitig eine starke im Kriege verantwortliche Kommandobehörde, auf die sich der Kaiser stützen konnte, geschaffen wurde, hat sich in den Jahren 1914 bis 1918 als Quelle vieler Reibungen erwiesen.

Im Jahre 1900 wurden die Verbände von Linienschiffen zu einer ständigen Übungsflotte zusammengezogen. Geschwaderchef des 1. Geschwaders und gleichzeitig Flottenchef wird Admiral v. Koester. Da inzwischen in den neunziger Jahren die Ansichten über das Exerzieren in einer Flotte und namentlich auch über den Artilleriedienst ziemlich geklärt waren, so beginnt nunmehr auf Grund der bisherigen Erfahrungen eine ganz planmäßige Ausbildung der deutschen Flotte. Es ist dies die größte Exerzierperiode, die zunächst unter Führung von Admiral v. Koester bis zum Jahre 1906 reicht. In diesem Jahre erhielt der 62jährige Großadmiral v. Koester seinen Abschied.

Im Jahre 1902/03 wurde zum erstenmal die Stellung eines Befehlshabers der Aufklärungsschiffe (B.d.A.) besetzt. Über die Namen und Stellenbesetzungen der höchsten Offiziere siehe S. 117 u. 118.

Im Jahre 1905 kam die aktive Schlachtflotte (dieser Name war 1904 an Stelle der Übungsflotte getreten) zum erstenmal auf die volle Stärke nach dem Flottengesetz, und zwar auf 16 Linienschiffe. In dem gleichen Jahre wurde ein selbständiger Flottenchef geschaffen, d. h. der Chef der Schlachtflotte war nicht mehr Chef des 1. Geschwaders.

Geschwader der Preußenklasse 1907.

Großkampfschiff „Westfalen“. — Flaggschiff 1910.

Die Hochseeflotte vor dem Weltkriege.

Um diese Zeit, in der sich die deutsche Flotte nach dem Flottengesetz ganz sachlich und planmäßig weiterentwickelte, trat ein Umstand ein, der von der größten Bedeutung werden sollte. In dem russisch-japanischen Kriege war die Schlacht bei Tschusima geschlagen worden Bemerkenswert ist, daß hierbei das deutsche Artillerieschießverfahren, das die Japaner erfahren und angewendet hatten, seine gewaltige Überlegenheit zeigte. Das allgemeine Ergebnis dieser Schlacht war, daß nur schwerste Artillerie, möglichst auf ganz großen Schiffen vereinigt, volle Sicherheit gewähren könne. Der englische Lord der Admiralität, Admiral Fischer, ein besonderer Deutschenhasser, veranlaßte nunmehr den Bau von Großkampfschiffen. Da zufällig das erste dieser Schiffe den Namen „Dreadnought" bekam, wurden sehr häufig diese neuen Großkampfschiffe auch einfach als Dreadnoughts bezeichnet. In England hoffte man, daß Deutschland solche Kampfschiffe nicht nachbauen könne, weil sie für den Kaiser-Wilhelm-Kanal zu groß waren. Es war eine Enttäuschung für England, daß wir doch diesem Großkampfschiffbau folgten und der Reichstag die Erweiterung des Kaiser-Wilhelm-Kanals und die Vergrößerung der Schleusen bewilligte. Durch den Übergang zum Großkampfschiff wurden alle Linienschiffe und Großen Kreuzer der vorherigen Zeit stark entwertet. Der deutsche Kriegsschiffbau hatte sich also auf englische Veranlassung mit einem Sprung den Engländern genähert. Die ersten Großkampfschiffe, die Nassauklasse, liefen bei uns im Jahre 1908 von Stapel, und im Jahre 1910 war in der Hochseeflotte bereits eine Division von 4 Großkampfschiffen vorhanden.

1906 holte Großadmiral v. Koester seine Flagge als Flottenchef nieder. Ihm folgten bis zum Kriege als Flottenchefs die Admirale Prinz Heinrich 1906—09, v. Holtzendorff 1909—12, v. Ingenohl 1912—15.

1906 wurde das erste deutsche U-Boot U 1 fahrbereit. Die Versuche verliefen so günstig, daß ein planmäßiger U-Bootsbau begonnen werden konnte. — 1909 wurden die ersten 4 U-Boote zu einer U-Bootsflottille unter Fregattenkapitän v. Mantey zusammengezogen. Stammschiff war das U-Bootshebeschiff „Vulkan". Die erste größere militärische Leistung bestand darin, daß im November 1909 die U-Boote U 3 und U 4 ohne Begleitung von Cuxhaven um Skagen nach Kiel fuhren. Im gleichen Monat nahm der Staatssekretär

Tirpitz an einer Tauchfahrt teil und verfügte, daß eine größere Summe für U-Bootszwecke in den Marineetat eingestellt werden solle. Zur völligen Kriegsbrauchbarkeit fehlte damals noch ein U-Bootsdieselmotor und der Kreiselkompaß. Erst durch diese beiden Einrichtungen konnte das U-Boot vom Jahre 1914 an zu der Höhe entwickelt werden, die es im Weltkriege erreichte.

1912/13 wurde im Reichsmarineamt eine Sektion für Luftfahrwesen gegründet. Die ersten Luftschiffe L 1 und L 2 kamen in Dienst. Beide verunglückten. Gleichzeitig fingen Versuche mit Marinefliegerei an.

Der Weltkrieg.

Die Lage in Europa hatte sich seit dem Burenkriege (1899—1902) wesentlich zugespitzt. Der deutsche Wettbewerb in bezug auf den Überseehandel und die Sicherung dieses Handels durch den Bau einer deutschen Flotte hatte erst Mißtrauen, dann politische Sorge bei den Engländern hervorgerufen. Der Gegensatz zwischen Frankreich und Deutschland, der seit 1870/71 bestand, konnte nicht überbrückt werden. Rußland war machthungrig und ein scharfer Gegner unseres Verbündeten, der Österreicher. Diese Einkreisungspolitik mußte zu einem Krieg führen. Der Mord von Serajewo war der Funke in das Pulverfaß. Alle diplomatischen Verhandlungen hatten bei der Einstellung unserer Feinde keinerlei Erfolg. Anfang August 1914 brach der von unseren Feinden wohl vorbereitete und geplante Krieg aus.

Nach dem Mord von Serajewo hoffte man in Deutschland doch noch den Frieden zu erhalten. Aus diesem Grunde trat der Kaiser mit „Hohenzollern" die übliche Norwegenreise und auch die Heimatsflotte ihre Sommerreise, ebenfalls nach Norwegen, an.

Am 27. Juli traf der Kaiser wieder in Kiel ein, und gleichzeitig verließ die deutsche Flotte die norwegischen Häfen, um nach Kiel und Wilhelmshaven zurückzudampfen. Die Flotte wurde nicht einheitlich zusammengehalten; erst am 31. Juli, als drohende Kriegsgefahr bestand, wurde der Aufmarsch nach Wilhelmshaven begonnen.

1. August abends kam der Mobilmachungsbefehl, und zwar sollte der 2. August der 1. Mobilmachungstag sein. Die Kriegserklärung Englands traf erst am 4. August abends ein. Die englische Flotte

hatte bereits Mitte Juli eine Probemobilmachung gemacht und war anschließend Ende Juli nach denjenigen Stützpunkten in der Nordsee gedampft, die für den Kriegsfall vorgesehen waren.

Ein Krieg gegen Frankreich und Rußland allein hätte für die deutsche Marine keine Schwierigkeit bedeutet, diese wurde erst groß, als man mit England als zähestem Gegner zu rechnen hatte.

Bei einem Vergleich der Kräfte moderner Flotten miteinander genügt es im allgemeinen, wenn man nur die Zahlen der Großkampfschiffe gegenüberstellt unter der Voraussetzung, daß der Kriegsschauplatz beschränkt ist und man das Ziel in einer Seeschlacht sieht. In dem Kriege Deutschland gegen England wurde zwar auf allen Meeren gefochten, aber die Entscheidung lag doch nur in der Nordsee. Deutschland hatte im August 1914 in der Nordsee 16 Großkampfschiffe und England 24. Dieses Verhältnis blieb während des Krieges annähernd das gleiche; es verschob sich nur unbedeutend zugunsten der Engländer.

Der deutsche Operationsbefehl für die Flotte lautet gekürzt: „Ziel der Operation soll sein, die englische Flotte durch offensive Vorstöße gegen die Bewachungs- und lokale Streitkräfte der deutschen Bucht sowie durch eine bis an die britische Küste getragene rücksichtslose Minen- und wenn möglich U-Bootsoffensive zu schädigen. Nachdem durch diese ein Kräfteausgleich geschaffen ist, soll nach Bereitschaft und Zusammenfassung aller Kräfte versucht werden, unsere Flotte unter günstigen Umständen zur Schlacht einzusetzen. Bietet sich schon vorher eine günstige Gelegenheit zum Schlagen, so muß diese ausgenutzt werden."

Es muß besonders hervorgehoben werden, daß alle führenden Männer in Deutschland und bei unseren Gegnern ausnahmslos mit einem kurzen Kriege von ungefähr einem halben Jahr Dauer rechneten. Noch vor dem Kriege bewiesen zahlreiche Wirtschaftler aller Nationen, daß ein längerer Krieg völlig unmöglich sei. Großadmiral v. Tirpitz hat nach seiner eigenen Aussage unsere Flotte nur für einen **Verteidigungskrieg** und für eine Schlacht innerhalb der deutschen Bucht in höchstens 100 Seemeilen Entfernung von Helgoland gebaut. Er hat selbst öfter betont, daß „jeder Angriff auch der größten Seemacht auf uns ein gewagtes Unternehmen" sein müsse. Dies ist der Grund, daß die Engländer nicht kamen.

Großadmiral
v. Holtzendorff.

Admiral
v. Schröder.

Admiral
v. Pohl.

Admiral
v. Ingenohl.

Admiral
Scheer.

Admiral
v. Hipper.

Admiral
Graf Spee.

Admiral
Souchon.

Admiral
Maaß.

Wir hofften jedoch, allerdings vergeblich, daß sie trotzdem kommen würden.

Als unser Flottenbau um die Jahrhundertwende einsetzte, zogen die Engländer als ersten Gegenzug die hauptsächlichsten Kampfgeschwader in der Nordsee zusammen und erhöhten den Dienstbetrieb. Als dann die deutsche Flotte stärker wurde, etwa 1906, kam als zweiter Gegenzug der Bau der Großkampfschiffe in der Hoffnung, daß wir nicht folgen könnten, weil der Kaiser-Wilhelm-Kanal dies nicht zuließ. Wir bauten aber doch Großkampfschiffe und verbreiterten den Kanal. Nun gingen die Engländer zur weiteren Blockade über, schließlich zur Fernblockade von den englischen Stützpunkten aus, indem die Nordsee in der Doverstraße und zwischen Scapa Flow und Norwegen abgeriegelt wurde. Unsere Flotte konnte einen Angriff in die englischen Gewässer unter für uns **günstigen** Bedingungen **nicht** ausführen, weil sie von Tirpitz dafür gar nicht gebaut war. Nach Lage der Dinge konnten wir aber, wenn man vom U-Bootskrieg ganz absieht, einen Erfolg über die Engländer nur durch eine siegreiche völlig durchschlagene Schlacht erringen. Da die Engländer nicht kamen und auch nicht kommen wollten, war eine solche Schlacht von uns nur unter vollem Einsatz der Flotte und in englischen Gewässern, das heißt unter ungünstigen Bedingungen, zu erreichen. Hierzu wäre nämlich ein Kriegsmarsch von mindestens 24 Stunden Dauer erforderlich gewesen. Es fehlte dazu aber alles Beiwerk für eine Aufklärung im feindlichen Gebiet (die Kleinen Kreuzer waren schwach armiert, die Torpedoboote hatten wenig Brennstoff, den U-Booten fehlte die Erfahrung, Luftschiffe und Flieger waren noch nicht entwickelt). Nach einem solchen Marsch hätte es im Belieben des Feindes gelegen, wann und wo er sich stellen wolle, leicht konnte er eine zweite Kriegsnacht, die nur für ihn allein günstig sein konnte, einschieben. Der Rückmarsch hätte abermals eine Nacht gefordert. Alle verantwortlichen Admirale der Flotte waren einstimmig der Ansicht, daß im Stärkeverhältnis 2 zu 3, ohne jede Kriegserfahrung, ein so ungeheures Wagnis nicht übernommen werden könne. Auch der Sieger von Skagerrak hat noch im Sommer 1915 davon abgeraten. Das Problem, die Engländer in die deutsche Bucht zu locken, war **unlösbar.** Es ist jetzt mit Sicherheit erwiesen, daß die Engländer trotz ihrer Überlegenheit sich nur an der englischen Küste und nur

Die wichtigsten deutschen Flottenvorstöße 1914—18.

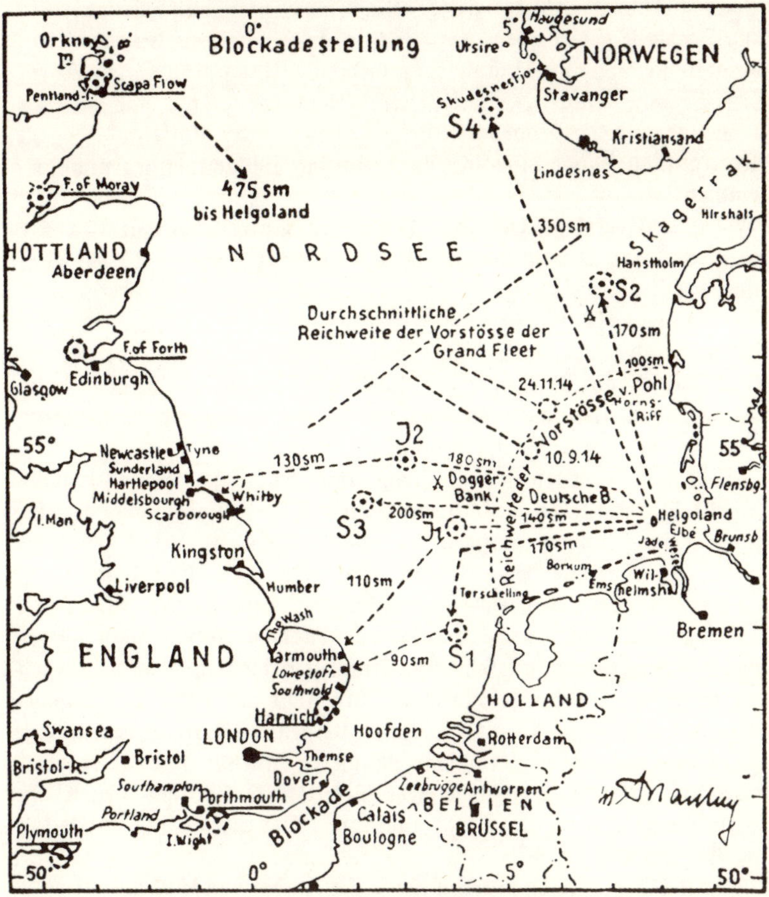

J 1	v. Ingenohl	3. 11. 1914	Beschießung Yarmouth
J 2	„	16. 12. 1914	Beschießung Hartlepool-Witby-Scarborough
S 1	Scheer	24. 4. 1916	Beschießung Lowestoft
S 2	„	31. 5. 1916	Skagerrakschlacht
S 3	„	19. 8. 1916	Fühlung mit dem Feinde
S 4	„	5. 4. 1918	Keine Begegnung mit dem Feinde.

unter für sie selbst günstigen Umständen zur Schlacht stellen wollten. Wenn sich die Engländer gelegentlich (im ganzen nur zweimal) bis 100 Seemeilen mit ihrer Hauptflotte an Helgoland heranfühlten, so taten sie dies unter äußerster Geheimhaltung und unter einem Schleier von leichten Streitkräften. Stets hat Sorge vor unseren U-Booten und Torpedobooten sie zu beschleunigter Umkehr bewogen. Wir konnten daher eine für uns **günstige** Schlacht leider **nicht** bekommen.

Der Nordseekriegsschauplatz. Die ersten Unternehmungen in der Nordsee waren Minenunternehmungen kleiner Kreuzer an der englischen Küste.

5. August **1914.** Hilfskreuzer „Königin Luise" legt Minen vor der Themse und wird durch überlegene feindliche Kräfte vernichtet. Englischer Kreuzer „Amphion" sinkt auf deutschen Minen. Alle Bemühungen, irgend etwas über den Feind, auch durch ausgeschickte U-Boote, zu erfahren, sind erfolglos.

28. August. Seegefecht bei Helgoland. Englische leichte, schnelle Streitkräfte stoßen in unsichtigem Wetter in der Morgendämmerung gegen unsere Sicherungslinien vor, rollen diese auf, V 187 geht verloren. Der englische Angriff wird durch „Stettin" und „Frauenlob" *abgeschlagen*. „Cöln", „Straßburg", „Stralsund", „Ariadne", „Mainz", „Stettin" und „Danzig" stoßen dem Feinde nach. Jeder dieser Kreuzer, von starkem Angriffsgeist getragen, arbeitet wegen des nebligen Wetters selbständig. Man stößt auf englische Schlachtkreuzer, die für ihre leichten Streitkräfte den Rückhalt bilden, so daß deutscherseits „Cöln" (Admiral Maaß), „Mainz" und „Ariadne" vernichtet werden. Eigene schwere Streitkräfte konnten wegen des niedrigen Wassers erst zu spät auslaufen. Der Erfolg lag auf seiten der Engländer.

Bei U-Bootsstreifen wurden am 5. September von U 21 („Hersing") der englische Kreuzer „Pathfinder" und am 22. September von **U 9** (Weddigen) die Panzerkreuzer „Hogue", „Aboukir", „Cressy" versenkt. Hierdurch wurden die Leistungen der U-Boote zunächst überschätzt. Ende Oktober legt der Hilfskreuzer „Berlin" Minen in der irischen See, auf denen das Großkampfschiff „Audacious" sinkt. Eine Torpedobootshalbflotille, bestehend aus vier Booten mit Freiwilligen unter Korvettenkapitän Thiele, welche vor der Themse Minen legen soll, wird völlig vernichtet.

Zu Beginn des November hatten die Engländer die **Hungerblockade** über Deutschland verhängt. Infolgedessen wurden Überlegungen für einen U-Bootshandelskrieg begonnen, der aber erst Anfang Februar 1915 einsetzte.

3. November wird von den Schlachtkreuzern „Seydlitz", „Moltke", „v. d. Tann", „Blücher" und einigen Kleinen Kreuzern **bei Yarmouth** die **englische Küste** beschossen. Seit den Kämpfen der Engländer gegen die Holländer im 17. Jahrhundert war kein Schuß mehr auf die englische Küste gefallen.

Am 16. Dezember beschossen die deutschen Schlachtkreuzer abermals die englische Küste bei **Hartlepool, Witby, Scarborough.** Obwohl die Engländer mit einem Schlachtgeschwader, Schlachtkreuzern und leichten Streitkräften die Deutschen unter Admiral Hipper abfangen wollten, gelang ihnen dies nicht. Für die Engländer, die von unserer Unternehmung Kenntnis hatten, aber auch für uns ist dies ein Tag der verpaßten Gelegenheit, denn die deutsche Flotte war ebenfalls in See.

24. Januar **1915** Schlacht bei der **Doggerbank.** Die deutschen Schlachtkreuzer unter Admiral Hipper sollten zusammen mit kleinen Kreuzern und Torpedobooten die Doggerbank von spionageverdächtigen Fischerfahrzeugen säubern. Die Geheimhaltung war nicht gelungen, und die Engländer hatten starke Streitkräfte zum Gegenstoß bereitgehalten. Das Verhältnis der Schlachtkreuzer zueinander an diesem Tage war Deutschland zu England zahlenmäßig wie 4 : 5, aber der Größe nach wie 9 : 13 und der Artillerie nach wie 1 : 2.

Es kam zu einem Rückzugsgefecht, bei welchem die deutsche Artillerie trotz ihrer geringeren Stärke die Feuerüberlegenheit hatte. Ein unglücklicher Treffer setzte jedoch die Geschwindigkeit und Gefechtskraft des „Blücher" wesentlich herab, und ein anderer unglücklicher Treffer auf „Seydlitz" verursachte den Ausfall von zwei Türmen und ergab 165 Tote. So lag doch der Enderfolg auf seiten der Engländer.

Anfang Februar 1915 holte Admiral v. Ingenohl seine Flagge nieder. Admiral v. Pohl wurde Flottenchef. An Stelle des Admirals v. Pohl wurde Admiral Bachmann Chef des Admiralstabes im Hauptquartier. Als letzte Handlung erreichte Admiral v. Pohl die Eröffnung des U-Bootskrieges. Die Leistungen der Flotte unter Admiral v. Ingenohl waren recht bedeutende. Man war bei Kriegsbeginn zu ungeduldig, man übersah, daß man vom Feinde nichts wußte, konnte aber selbst nicht bis nach England vorstoßen und alles auf eine Karte setzen, man glaubte an einen kurzen Krieg und hoffte, daß der Feind kommen würde. Die Größe der Verantwortung wurde unterschätzt. Alle späteren Unternehmungen bauen sich auf den Erfahrungen des ersten Flottenchefs auf.

Abgesehen von U-Bootsleistungen sind im Jahre 1915 nur eine Anzahl von Vorstößen, etwa bis 100 sm von Helgoland, unter dem neuen Flottenchef gemacht worden, die auch die Billigung des Großadmirals v. Tirpitz fanden. Ein Zusammentreffen mit dem Feinde fand nicht statt, weil die Engländer nicht kamen, so daß zwischen beiden Flotten in der mittleren Nordsee gewissermaßen eine neutrale Zone lag. Admiral v. Pohl benutzte das Jahr 1915, um auf Grund der Kriegserfahrungen alle Schiffe, namentlich die leichten Streitkräfte, materiell zu verstärken. Anfang 1916 wurde der schwerleidende Admiral v. Pohl seedienstunfähig und starb nach wenigen Wochen.

17. Januar **1916.** Der neue Flottenchef Admiral Scheer (Chef des Stabes Kapitän z. S. v. Trotha, Operationsoffizier Kapitän z. S. v. Levetzow) geht zum erstenmal zu Übungen in der Nähe von Helgoland in See.

Anfang März erhielt Großadmiral v. Tirpitz den erbetenen Abschied (s. S. 103).

24. April größere Unternehmung der Hochseeflotte gegen Lowestoft. Die Schlachtkreuzer beschießen die englische Küste.

Die Schlacht vor dem Skagerrak. 31. Mai 1916.

Unter Admiral Scheer tritt weiter eine lebhaftere Bewegung in der Flotte ein. Gleichzeitig werden die Engländer durch die Russen veranlaßt, mehr zu unternehmen. Durch diese beiderseitige Tätigkeit kommt es am 31. Mai 1916 zur Schlacht vor dem Skagerrak.

Im letzten Drittel des Mai war ein Vorstoß nach der englischen Küste geplant, und deshalb hatten die deutschen U-Boote Aufstellung vor den englischen Stützpunkten genommen. Wegen der ungünstigen Wetterverhältnisse, die eine Luftaufklärung nicht zuließen, wurde der Vorstoß hinausgeschoben und schließlich, um die U-Boote nicht

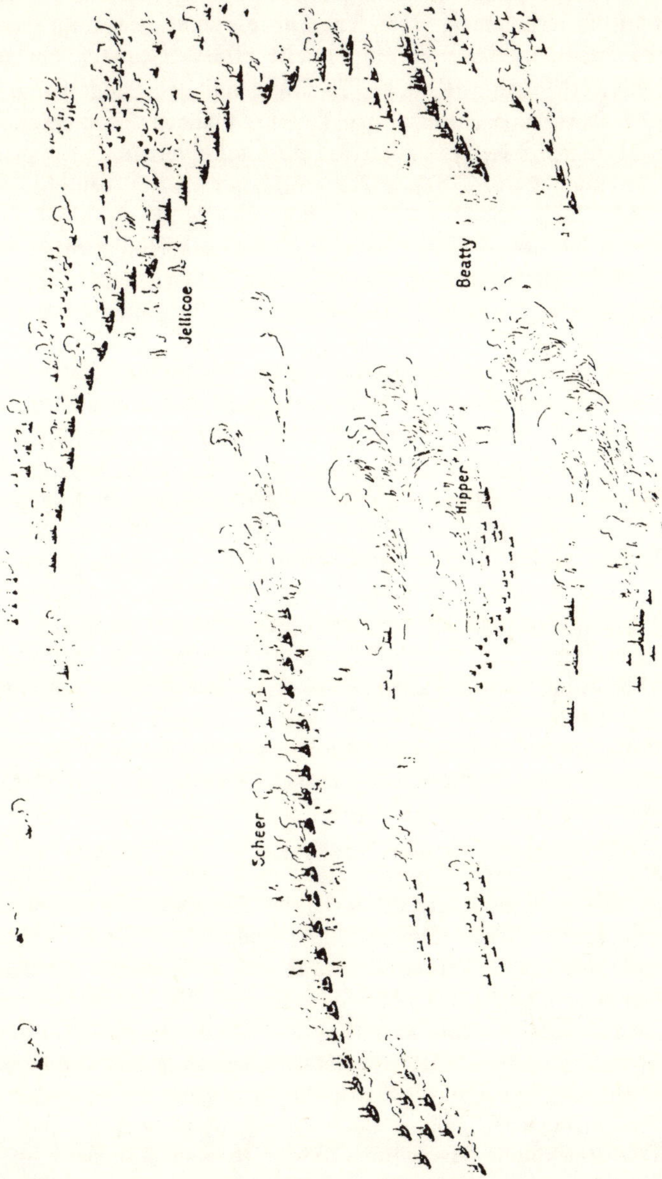

Skagerrakschlacht — abends 8^{15} Uhr. „Ran an den Feind!“

umsonst angesetzt zu haben, nach Norden in der Richtung auf das Skagerrak unternommen. Die Engländer, wohl veranlaßt durch russisches Drängen, liefen zufälligerweise wenige Stunden vor der deutschen Flotte ebenfalls in der Richtung auf das Skagerrak aus.

Am 31. Mai, nachmittags gegen 3 Uhr, sichteten sich gleichzeitig leichte Streitkräfte beider Parteien. Auf die Meldung „Feind in Sicht“ dampfen beide Schlachtkreuzergeschwader, das deutsche, bestehend aus 5 Schlachtkreuzern unter Admiral Hipper, und das englische, bestehend aus 6 Schlachtkreuzern unter Admiral Beatty, mit hoher Fahrt aufeinander zu. Beim Sichten nehmen beide Schlachtkreuzergeschwader Kurs Süd; es kommt zu einem laufenden Gefecht von ungefähr einstündiger Dauer. Um 4.48 Uhr fällt auf 154 hm auf „Lützow“ der erste schwere Schuß. 5.03 Uhr wird durch „v. d. Tann“ der englische Schlachtkreuzer „Indefatigable“ vernichtet. Fast gleichzeitig greift das V. englische Schlachtgeschwader, welches den englischen Schlachtkreuzern zu ihrer Unterstützung beigegeben war, auf 174 hm in den Kampf ein. 5.26 Uhr wird „Queen Mary“ durch „Seydlitz“ vernichtet. Zu seiner Entlastung befiehlt der englische Admiral einen Zerstörerangriff, der durch Gegenstoß der Flottille Goehle abgewiesen wird. Beim Insichtkommen der deutschen Hauptflotte macht der Engländer kehrt und wird nun nach Norden verfolgt. Da im Osten das 3. englische Schlachtkreuzergeschwader gesichtet wird, so zieht sich der weitere Kampf in östlicher Richtung. Die deutsche Flotte stößt hierbei mit der Spitze auf die fast im Halbkreis stehende englische Linie unter Admiral Jellicoe. Kurz vor diesem Aufeinanderprall werden „Defence“ und „Invincible“ vernichtet, „Warrior“ und „Warspite“ schwer beschädigt; gleichzeitig wird „Wiesbaden“ bewegungsunfähig. Da die deutsche Spitze schwerstes Feuer erhält, macht Admiral Scheer eine Gefechtskehrtwendung. Als nun das englische Feuer aufhört und „Wiesbaden“ liegenbleibt, wird eine zweite Gefechtskehrtwendung ausgeführt. Wieder erfolgt schwerstes Feuer des Feindes, worauf Admiral Scheer für seine Schlachtkreuzer und Torpedoboote das Signal „Ran an den Feind“ gibt. Da die englische Linie nun abstaffelt, hat Admiral Scheer volle Freiheit und führt eine dritte Gefechtskehrtwendung aus, die in den Nachtmarsch, an der Spitze „Westfalen“, übergeht. Signal „Durchhalten 16 sm laufen“. Schlachtkreuzer „Lützow“ ist nach der zweiten Gefechtskehrtwendung ausgefallen und wird vom Kommandanten,

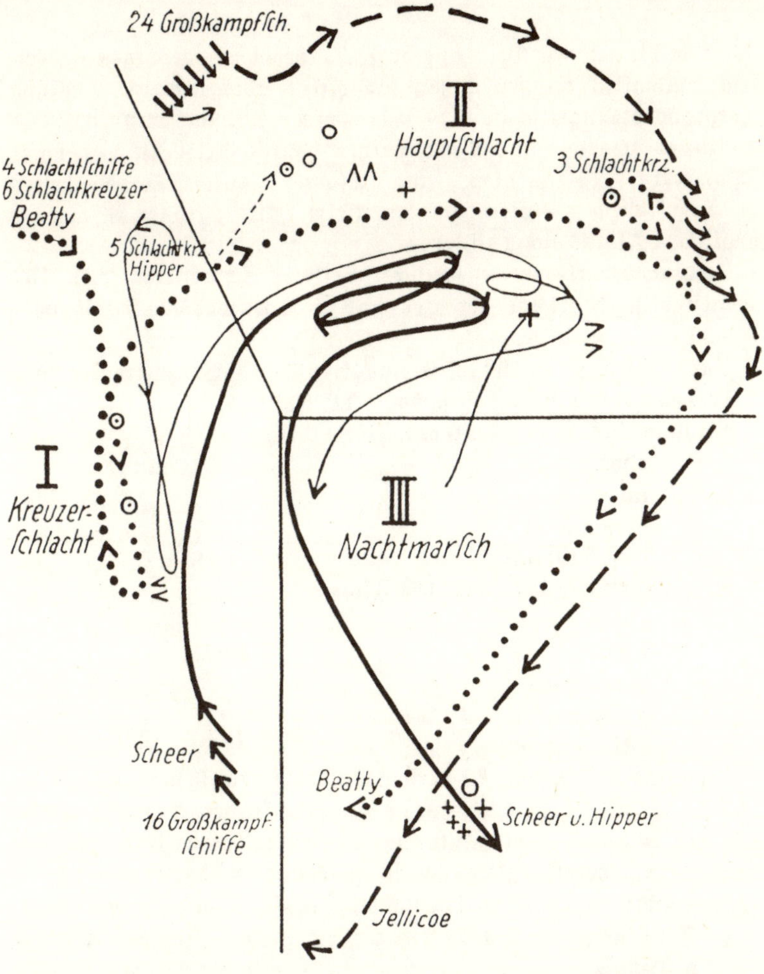

Schematische Darstellung der Skagerrak-Schlacht.

I Kampf der Schlachtkreuzer.

II Hauptkampf der Flotten (3 Gefechts<u>wendungen</u>. Ran an den Feind. Abstaffeln der Engländer)

III Nachtmarsch. Die deutsche Flotte kreuzt den Kurs der Engländer <u>hinter</u> dem Feinde.

ΛΛ Deutsche Torpedobootsangriffe.

\+ Ausfälle deutscher Schiffe.

⊙ Ausfälle engl. Großkampfschiffe O Panzerkreuzer.

nachdem die gesamte Besatzung durch Torpedoboote geborgen ist, versenkt. Admiral Hipper ist auf „Moltke“ übergestiegen. Englische Torpedobootsangriffe in der Nacht werden mit schweren englischen Verlusten abgewiesen. „Black Prince“ durch Artillerie vernichtet. „Pommern“, „Frauenlob“ und „Rostock“ durch Torpedotreffer, „Elbing“ durch Kollision gesunken. Beim Morgengrauen ist von der englischen Flotte nichts zu sehen.

Es gingen verloren auf deutscher Seite: 1 Schlachtkreuzer, 1 altes Linienschiff, 4 Kleine Kreuzer und 5 Torpedoboote. Zusammen 61 000 t.

Auf englischer Seite: 3 Schlachtkreuzer, 3 Panzerkreuzer und 8 Torpedobootszerstörer. Zusammen 115 000 t.

Besatzungsstärke der deutschen Flotte 1916:

etwa	45 000	Mann
tot	2 551	„
verwundet	507	„
Gesamtverlust	6,79	v. H.

Besatzungsstärke der englischen Flotte:

etwa	60 000	Mann
tot	6 094	„
verwundet	674	„
gefangen	177	„
Gesamtverlust	11,59	v. H.

Die Skagerrakschlacht ist personell und materiell die größte Seeschlacht der Weltgeschichte. Sie ist ein Beweis der Angriffsfreudigkeit der deutschen Flottenführung. Das Stärkeverhältnis, gemessen an der Zahl der Großkampfschiffe, ist deutsch zu englisch = 21 : 37 oder annähernd wie 3 : 5. Taktisch zerfällt die Schlacht in drei Teile:

1. Der Kampf der Schlachtkreuzer, ein großer Sieg des Admiral v. Hipper.
2. Der Kampf der Hauptflotten mit den drei Gefechtswendungen von Admiral Scheer zeigt die überlegene Führung der deutschen Flotte im Feuer.
3. Der Nachtmarsch beweist die höhere Durchbildung der deutschen Mannschaften in Artillerie, Scheinwerferdisziplin und Torpedobootsabwehr.

Die Kaiserlich Deutsche Marine kann auf den Sieg vor dem Skagerrak mit berechtigtem Stolze hinblicken. Neben den Beteiligten ist dieser Sieg dem Großadmiral v. Koester, dem alten Exerziermeister der Flotte, der die Gefechtswendungen einführte, dem Großadmiral v. Tirpitz, dem Erbauer der Flotte, dem Admiral Thomsen, dem Lehrmeister in der Artillerie, zu verdanken.

Die Schlacht ist aber, weil sie nach dem Signal „Ran an den Feind" abgebrochen wurde und in einen Nachtmarsch überging, nicht durchgeschlagen. Als Ergebnis der Schlacht ist zu buchen, daß die Engländer mehr noch als in den Monaten vor der Schlacht ihre Hauptflotte zurückhielten. Nur einmal, und zwar am 19. August, ist es zur Fühlung der Hauptflotten, jedoch ohne Kampf gekommen. Admiral Scheer betonte daher in seinem Schlachtbericht, daß der uneingeschränkte U-Bootskrieg besonders gefördert werden möchte.

6. Juni. Der englische Kreuzer „Hampshire" läuft bei der Fahrt nach Rußland auf Minen, die von U 75, Kapitänleutnant Beitzen, gelegt sind. Hierbei findet der englische Oberstkommandierende Lord Kitchener seinen Tod.

19. August. Vorstoß der ganzen deutschen Flotte nach der englischen Küste in Richtung auf „Sunderland". Der Gegenstoß der englischen Flotte, der zu einem großen Kampf hätte führen können, wird durch deutsche U-Bootsangriffe vereitelt. Die englischen Kreuzer „Nottingham" und „Falmouth" werden zum Sinken gebracht. Seit diesem Zeitpunkt legt sich die englische Flotte größte Zurückhaltung auf. Sie ist nicht mehr in der südlichen Nordsee aufgetreten.

Im weiteren Verlauf des Krieges tritt die Nordseeflotte ganz in den Dienst des U-Bootskrieges. Sie bildet den Rückhalt für die U-Boote und unterstützt und sichert das Minensuchen und das Freimachen der Ausfahrtswege. Hierbei ist es am 17. November 1917 zwischen den Aufklärungskreuzern unter Admiral v. Reuter und englischen Seestreitkräften etwa 100 sm von Helgoland zu einem kurzen Gefecht gekommen. Zwei Vorstöße, davon einer weit nach Norden, hatten kein Ergebnis.

Während der ganzen Kriegsdauer fanden zahlreiche Torpedobootsfahrten strahlenförmig aus der deutschen Bucht statt. Die weitesten und erfolgreichsten führten nach Flandern, in die Themsemündung und in die Straße von Dover. Erwähnt seien der Vorstoß Michelsen, Hollmann, Goehle, 24. Oktober 1916, die Torpedobootsflottille Max Schulz, 22. Januar 1917, die Flottille Tillessen, Februar und März 1917 und der Angriff Heinecke-Kolbe auf die Kanalstellungen, 14./15. Februar 1918.

17. Oktober 1917 vernichteten „Brummer“ und „Bremse“ auf der Breite von Bergen einen englischen durch Zerstörer gedeckten Geleitzug.

Von Beginn des Jahres 1915 bis Kriegsende setzten auch die Luftschiffsangriffe auf England ein. Nach zahlreichen Angriffen fand der Führer der Luftschiffe, Fregattenkapitän Strasser, am 5. August 1918 über England den Heldentod.

Wertvolle Dienste leisteten Teile der Hochseeflotte beim Eindringen in den Busen von Riga, August 1915, und namentlich vom 12. bis 18. Oktober 1917 in der Ostsee bei der Wegnahme der Baltischen Inseln (Ösel und Dagoe). März und April 1918 wurden 3 Linienschiffe der Hochseeflotte unter Führung von Admiral Meurer zur Befreiung von Finnland von den Bolschewiken entsendet.

Ende Juli 1918 wurde Admiral Scheer Chef der Seekriegsleitung im Großen Hauptquartier und Admiral v. Hipper wurde Flottenchef. Der bald eintretende Waffenstillstand zwang zum Aufhören des U-Bootskrieges. Es sollte daher Ende Oktober 1918 ein großer Flottenvorstoß stattfinden, der nach allen bisherigen Kriegserfahrungen vollen Erfolg versprach. Da aber leider Teile der Mannschaften dadurch irre geleitet waren, daß politische Verführer die falsche Behauptung verbreitet hatten, die Offiziere beabsichtigen gegen die Reichsregierung zu handeln und aus Ehrgeiz noch in einer Schlacht Schiffe und Mannschaften zu opfern, mußte der Vorstoß aufgegeben werden.

5. November. Kapitän z. S. Weniger, Kommandant des Linienschiffs „König“, wird schwer verwundet, als er das Setzen der roten Flagge mit der Waffe verhindert.

Der Ostseekrieg.

Der Schwerpunkt unseres Seekrieges lag in der Nordsee, weil die Engländer unsere Hauptfeinde zur See waren. Die Ostsee war nur Nebenkriegsschauplatz. Oberbefehlshaber der Ostseestreitkräfte war Großadmiral Heinrich Prinz von Preußen.

U-Boot (10—12) mit Petroleummotor.

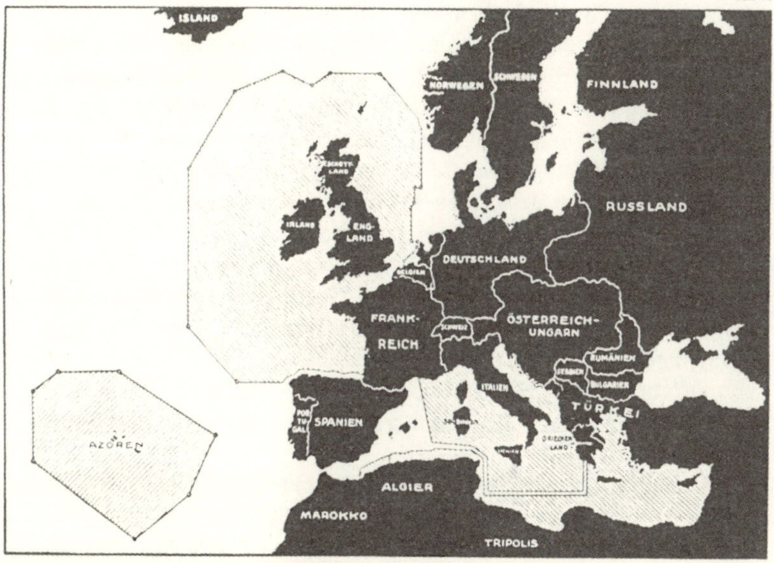

U-Bootsperrgebiet. 1915—18.

Im Jahre **1914** hat sich Konteradmiral Behring in der östlichen Ostsee mit den Schiffen „Augsburg“, „Magdeburg“, „Friedrich Carl“, „Thetis“, „Lübeck“ ausgezeichnet. In zahlreichen Vorstößen bis in den Finnischen Meerbusen hielt er die überlegenen russischen Streitkräfte in Schach. „Magdeburg“ ging am 26. August durch Strandung im Finnischen Meerbusen, „Friedrich Carl“ am 17. November durch Minentreffer vor Libau verloren.

3.—9. September und 19.—24. September führte der Großadmiral Prinz Heinrich die ihm unterstellten Schiffe, wozu noch „Blücher“ als Flaggschiff und acht ältere Linienschiffe von der Flotte hinzugetreten waren, persönlich bis vor den Finnischen Meerbusen.

Besondere Erwähnung verdienen der Hilfsminendampfer „Deutschland“, Korvettenkapitän von Rosenberg; U 26, Frhr. v. Berckheim, der den russischen Panzerkreuzer „Pallada“ versenkte, und von den Torpedobootskommandanten die Kapitänleutnants Wieting, Frhr. v. Roeder und Ehrhardt.

Die Eisverhältnisse im Winter unterbrachen die Kriegführung für mehrere Monate.

7. Mai **1915** wurde von Heer und Marine **Libau** genommen und in großzügiger Weise als deutscher Stützpunkt eingerichtet.

Von Libau aus begann nunmehr ein sehr bedeutender Stellungskrieg in der Irbenstraße, dem Zugang zum Rigaischen Meerbusen, der durch englische U-Boote erschwert wurde. Der Minenkrieg, in dem die Russen Meister waren, spielte sich in großem Maßstabe hauptsächlich zwischen Libau und dem Finnischen Meerbusen ab. Die Russen legten sogar Minen bis in die Gewässer von Rügen.

2. Juli 1915. Russischer Kreuzervorstoß bis in die Gegend von Memel, Zusammentreffen mit „Augsburg“, „Albatros“, „Lübeck“ und „Roon“. „Albatros“ geht verloren. Die Russen ziehen sich zurück.

August 1915. Zwei Einbrüche in den Busen von Riga. 2 russische Kanonenboote vernichtet.

23. Oktober **1916.** Panzerkreuzer „Prinz Adalbert“ durch Torpedoschuß vernichtet und 17. Dezember Kreuzer „Bremen“ auf Minen verloren.

10. November. Mißglückter Vorstoß von 11 Torpedobooten gegen Baltischport (7 Torpedoboote sinken auf Minen).

12.—18. Oktober **1917.** Die Ostseestreitkräfte, Teile der Nordsee-Hochseeflotte und eine große Transportflotte nehmen die Inseln **Ösel**

und Dagoe. Seemännischer Führer Admiral Ehrhardt Schmidt, Befehlshaber der Landtruppen General v. Kathen.

März—April 1918. **Befreiung von Finnland** und Besetzung von Helsingfors durch Admiral Meurer mit 3 Linienschiffen, 3 kleinen Kreuzern, 11 Transportdampfern und den erforderlichen Eisbrechern, Torpedobooten usw. Führer an Land General Graf Goltz.

Auf dem Ostseekriegsschauplatz ist während des Krieges, trotz bedeutender Verluste an Schiffen und Fahrzeugen, durch planmäßige Arbeit und namentlich gestützt auf Libau ein voller Erfolg zu verzeichnen. Die Unterstützung der Engländer für die Russen bestand in gut geführten U-Booten. Die Ostsee blieb fest in deutscher Hand, und dies war auch unbedingt notwendig, weil die Kriegführung der Armee auf die Erztransporte aus Schweden angewiesen war. Der Geleitzugsdienst dieser Erztransporte sowie die Sundbewachung erforderte viel seemännisches Geschick und zähe Ausdauer.

Der U-Bootshandelskrieg.

Noch bei Kriegsbeginn dachte niemand an einen U-Bootshandelskrieg. Erst als die Engländer Anfang November 1914 die Hungerblockade erklärten, wurde überlegt, die U-Boote gegen den Handel anzusetzen. Die Lösung dieser Frage wurde dadurch erschwert, daß bei der Versenkung der Schiffe der Feind und die Neutralen leicht verwechselt werden konnten, zumal die englische Admiralität ihren Schiffen empfohlen hatte, unter neutraler Flagge zu fahren. Der deutsche Admiralstab rechnete bestimmt damit, daß wenn man einen uneingeschränkten U-Bootskrieg führte, sich die neutralen Schiffe vom Verkehr zurückziehen würden. Da man aber aus Menschlichkeit nach bestem Vermögen alle Leute von sinkenden Schiffen rettete, war die Gefahr für neutrale Seeleute nicht sehr groß, und gleichzeitig waren die Heuerlöhne sehr hohe. Infolgedessen hörte die neutrale Schiffahrt nicht auf, und es entstanden sofort die schwierigsten politischen Reibungen. Die Vereinigten Staaten von Nordamerika betrieben als Neutrale einen schwungvollen Handel mit Munition und Kriegsgerät mit unseren Feinden und verlangten, daß jeder amerikanische Bürger ungefährdet die See befahren könne.

Die ungeheure Gefahr, die der Eintritt Amerikas in den Krieg auf seiten unserer Gegner bedeutete, hatte man in allen verantwortlichen Stellen, Regierung, Heer und Marine durchaus erkannt. Von der Marine wurde gefordert, die Engländer zu bekämpfen, gleichzeitig aber die Neutralen und namentlich Amerika zu schonen. Dieses beides ließ sich aber in der Praxis nicht vereinigen. Die Marine mußte von ihrer Seite aus den uneingeschränkten U-Bootskrieg erstreben, während die Politik eine starke Beschränkung aus Sorge vor den riesigen Kräften Amerikas wünschte. Durch diese durchaus verständlichen Gegensätze sind zahlreiche Reibungen zwischen Marine und Politik entstanden. Die Politik setzte es durch, daß der U-Bootskrieg mehr verzögert wurde als der Marine lieb war.

4. Februar **1915** werden die Gewässer um England als Kriegsgebiet erklärt, weil am 18. Februar der uneingeschränkte U-Bootskrieg einsetzen sollte. Für den Handelskrieg standen damals in der Nordsee ungefähr ein Dutzend U-Boote zur Verfügung. Da mit drei Ablösungen gerechnet wurde, war die Zahl der Boote am Feinde nur äußerst gering.

12. Februar. Einspruch von Amerika gegen den U-Bootskrieg.

18. Februar. Beginn des U-Bootskrieges, Schonung von neutralen Schiffen.

Amerika versucht zwischen Deutschland und England zu vermitteln, England lehnt ab.

7. Mai. Versenkung des englischen Schnelldampfers „Lusitania" durch U 20 (Kapitänleutnant Schwieger). Der Dampfer hatte Munition an Bord. Etwa 1200 Menschen, darunter viele Amerikaner, verlieren das Leben.

Scharfer Notenwechsel zwischen den Vereinigten Staaten und Deutschland. Die Folge ist, daß der U-Bootskrieg mit Rücksicht auf den Passagierverkehr der Amerikaner starke Beschränkungen erleidet.

19. August. Versenkung des Passagierdampfers „Arabic" (3 Amerikaner tot). Erneuter Notenwechsel. Der Chef des Admiralstabes Bachmann tritt zurück, an seine Stelle kommt Admiral von Holtzendorff.

Am gleichen Tage wird durch das englische Hilfsschiff „Baralong", das unter amerikanischer Flagge fährt, die Besatzung von U 27 ermordet.

Anfang September. Alle Passagierdampfer sollen geschont werden. Der Handelskrieg mit U-Booten darf nur noch in englischen Gewässern und nach Prisenordnung geführt werden. Damit hört der U-Bootskrieg fast völlig auf.

Am 4. März **1916** fand im Hauptquartier eine Besprechung über den U-Bootshandelskrieg statt, woran der Großadmiral v. Tirpitz nicht teilnahm. Da die Entscheidung aber nicht in seinem Sinne ausfiel, erbat er seinen Abschied.

24. März 1916. Torpedierung des französischen Dampfers „Sussex" (1 Amerikaner tot). Die Folge ist wieder ein scharfer Notenwechsel zwischen Amerika und Deutschland. Deutschland gibt aus politischer Rücksicht und Sorge vor den Kräften Amerikas nach. Der U-Bootskrieg darf nur nach Prisenordnung geführt werden. Admiral Scheer für die Nordsee und Admiral von Schröder für Flandern befehlen, daß die U-Boote nicht mehr gegen Handelsschiffe, sondern nur gegen Kriegsschiffe einzusetzen sind. Daher auch die Verwendung der U-Boote vor der Skagerrakschlacht.

Herbst 1916. Die Marine drängt erneut auf uneingeschränkten U-Bootshandelskrieg. Da um diese Zeit Generalfeldmarschall von Hindenburg die Heeresleitung übernimmt und gleichzeitig Rumänien in den Krieg eingetreten ist, wird auf Wunsch der Heeresleitung der uneingeschränkte U-Bootskrieg bis zur Niederwerfung Rumäniens verschoben.

Nach Ablehnung des deutschen Friedensangebotes Dezember 1916 beginnt der **uneingeschränkte U-Bootskrieg am 1. Februar 1917.**

6. April 1917. Die Amerikaner erklären Deutschland den Krieg.

Der uneingeschränkte U-Bootskrieg bringt trotz der amerikanischen Hilfe die Engländer nach ihrer eigenen Aussage an den Rand des Verderbens.

Im Jahre 1917 werden insgesamt versenkt 2566 Handelsfahrzeuge mit zusammen 5,8 Millionen Tonnen.

Im Jahre 1918 bis Kriegsende werden versenkt 1046 Fahrzeuge mit 2,5 Millionen Tonnen. Während des ganzen Krieges sollen nach englischen Angaben 5861 Schiffe mit über 13 Millionen Tonnen versenkt worden sein. Die höchste Versenkungsziffer in einem Monat war im April 1917 mit 919 000 Tonnen feindliche und 257 000 Tonnen neutrale Schiffe. Etwa 45 U-Bootskommandanten erreichten Versenkungszahlen von 100 000 Tonnen und darüber. Die Erfolgzahlen der U-Boote lassen sich jedoch schwer vergleichen, weil die Gegenwirkung in Flandern ganz unverhältnismäßig größer war als im Mittelmeer.

Während des Krieges in Dienst gestellt . . .	343 Boote.
Kriegsverluste	178 Boote,
in neutralen Häfen interniert	7 „ ,
bei Kriegsende gesprengt	14 „ ,

Der Monatsdurchschnitt des Verlustes an U-Booten bis zum Eintritt von Amerika in den Krieg betrug nur 2 Boote. Der Monatsdurchschnitt nach dem Eintritt von Amerika in den Krieg betrug im Monat etwa 6—7 Boote, doch war der Zugang an Booten stets größer als der Verlust. Der unglücklichste Monat in bezug auf den Verlust war der Mai 1918 mit 13 Booten. Die Höchstzahl der Boote, die gleichzeitig vorhanden waren, betrug 140 Boote, und von diesen waren etwa ein Drittel an der Front.

Auf U-Booten fanden den Heldentod 5132 Mann. Dies ist mehr als 50 Prozent der kämpfenden U-Bootsmannschaften.

Der Kreuzerkrieg.

Das Kreuzergeschwader.

Graf Spee mit dem Kreuzergeschwader, bestehend aus „Scharnhorst", „Gneisenau", „Nürnberg" (Emden wird detachiert) und einer Anzahl Kohlendampfern weicht nicht dem englischen, sondern vielmehr dem japanischen Druck aus und tritt von Pagan den Marsch über den Ozean nach Südamerika an. Unterwegs wird das Kabel bei Fanning zerstört, in Samoa nach einem Feinde erfolglos gesucht und vor Papeete ein französisches Kanonenboot vernichtet. Bei den Osterinseln treten „Dresden" und „Leipzig", die bis dahin selbständig waren, hinzu.

1. November 1914. Schlacht bei Coronel. Englischer Panzerkreuzer „Good Hope" und „Monmouth" werden vernichtet. „Glasgow" und „Otranto" entkommen. Glänzende Führung durch Graf Spee. Nach Anlaufen von Valparaiso Marsch um Kap Hoorn nach den Falklandsinseln.

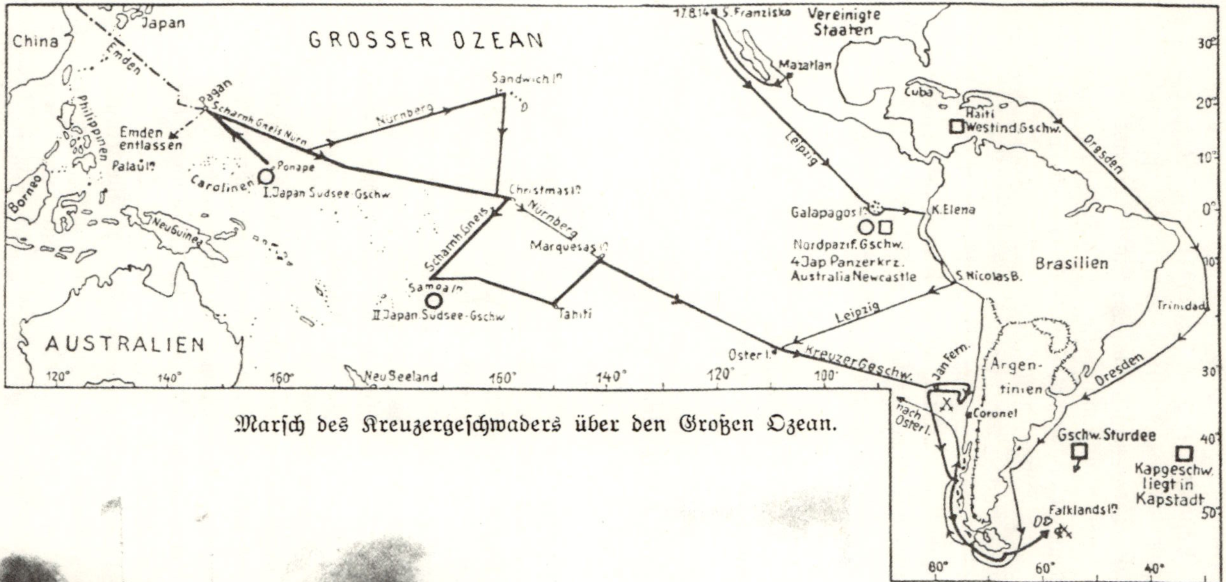

Marsch des Kreuzergeschwaders über den Großen Ozean.

Nebenstehend:

Die Falklandschlacht.
Nach einem englischen Bilde.
8. 12. 1914.

8. Dezember 1914. Schlacht bei den Falklandinseln. Nach der Niederlage von Coronel hat die englische Admiralität zahlreiche Geschwader gegen Graf Spee aufgestellt. Das stärkste dieser Geschwader, in welchem zwei Großkampfschiffe vorhanden sind, tritt dem Grafen Spee gegenüber. Schwerer Kampf der beiden Panzerkreuzer „Scharnhorst" und „Gneisenau" gegen „Invincible" und „Inflexible". Graf Spee hat seine Kleinen Kreuzer „Leipzig", „Nürnberg", „Dresden" entlassen. Sie werden von überlegenen Kräften verfolgt. Sämtliche deutschen Schiffe sinken mit wehender Flagge. Nur „Dresden" entkommt und wird am 14. März 1915 vor Anker in neutralem Gebiet von zwei englischen Kreuzern vernichtet.

„Emden, „Königsberg", „Karlsruhe".

„Emden" (Kapitän z. S. Karl v. Müller) nimmt russischen Hilfskreuzer „Rjäsan". Wird Mitte August vom Grafen Spee detachiert, bricht südlich von Sumatra nach den Indischen Ozean durch und führt dort bedeutenden Kreuzerkrieg. Beschießt Madras, vernichtet in dem Hafen von Penang den russischen Kreuzer „Schemtschug" und den französischen Torpedobootszerstörer „Mousquet".

9. November. „Emden" bei den Kokosinseln. (Landungskorps Mücke an Land zum Zerstören der Funkstationen.) Zweikampf zwischen „Emden" (10,5 cm) und dem stärkeren englischen Kreuzer „Sydney" (15 cm). „Emden" kampfunfähig, wird auf den Strand gesetzt und vernichtet. — Mücke entkommt auf dem Segelschiff „Ayesha" nach Padang. — „Emden" hat 71 000 Tonnen versenkt.

„Königsberg" (Fregattenkapitän Looff) bricht aus dem Hafen von Daressalam aus, kreuzt von dem Eingang des Roten Meeres bis Madagaskar. Größte Schwierigkeit in der Kohlenfrage. Einlaufen in die Rufijimündung wegen Maschinenschaden.

20. September. „Königsberg" versenkt englischen Kreuzer „Pegasus" vor Sansibar und kehrt in die Rufijimündung zurück. Der Kreuzer wird zeitweilig von 17 feindlichen Schiffen blockiert.

6. Februar 1915. Gewaltsame Erkundung der Engländer gegen „Königsberg" wird abgewiesen.

6.—11. Juli. Großangriff mit zehnstündigem Artilleriekampf. Nachdem alle Mittel erschöpft sind, wird „Königsberg" versenkt.

Die Besatzung der „Königsberg" hat dann an Land unter ihrem Kommandanten gemeinsam mit General von Lettow gekämpft.

„Karlsruhe“ (Fregattenkapitän Erich Köhler) führt in Westindien und an der südamerikanischen Küste einen erfolgreichen Kreuzerkrieg, bei welchem 72000 Tonnen feindlicher Schiffe versenkt werden.

4. November ging „Karlsruhe“ infolge einer Innenexplosion unter. Dieser Untergang war geheimgehalten worden, so daß die Engländer noch bis März 1915 nach „Karlsruhe“ gesucht haben. Die Überlebenden wurden durch den deutschen Dampfer „Rio Negro“ in die Heimat gebracht.

Hilfskreuzer „Kronprinz Wilhelm“, von „Karlsruhe“ ausgerüstet, kreuzt 251 Tage ohne zu ankern im Südatlantischen Ozean. „Kaiser Wilhelm der Große“, aus der Nordsee kommend, nach kurzer Fahrt völkerrechtswidrig an der afrikanischen Küste unter Verletzung spanischer Neutralität vernichtet. „Prinz Eitel Friedrich“ begleitet Graf Spee bis an die chilenische Küste und kreuzt selbständig um Südamerika bis März 1915. — „Kap Trafalgar“ im September 1914 bei Trinidada durch englischen Hilfskreuzer vernichtet. — „Berlin“ legt Minen in der Irischen See, auf denen das Schlachtschiff „Audacious“ sinkt, später in Norwegen interniert. — „Meteor“ legt Minen vor Archangels und auf einer zweiten Fahrt im Forth of Moray, vernichtet englischen Hilfskreuzer und versenkt sich bei der Verfolgung durch englische Kreuzer selbst. — „Möwe“ macht zwei erfolgreiche Reisen in den Südatlantischen Ozean. — „Wolf“ macht eine Fahrt von 445 Seetagen in den Indischen Ozean und um Australien, legt Minen und führt Kreuzerkrieg (Flugzeug Wölfchen). — „Seeadler“ segelt um Südamerika nach der Südsee. Strandet. — „Leopard“ und „Greif“ werden bei der Ausreise vernichtet. — „Libau“ wird nach Irland geschickt und versenkt sich dort selbst, bevor der Feind sich des Schiffes bemächtigen kann.

Mittelmeerdivision.

Konteradmiral Souchon mit „Goeben“ und „Breslau“ beschießt bei Kriegsbeginn die Küste von Algier. Glänzender Durchbruch von Messina nach Konstantinopel. Beide Schiffe fahren nunmehr unter türkischer Flagge. — Türkei tritt in den Krieg auf deutscher Seite.

27. Oktober. Großangriff auf alle russischen Häfen im Schwarzen Meer, dazu zahlreiche türkische Schiffe, besetzt mit deutschen Kommandanten.

„Goeben“ und „Breslau“ haben durch sehr zahlreiche Fahrten im Schwarzen Meer die Russen beunruhigt und die Kohlenversorgung der Türkei gesichert. Zahlreiche kleinere Gefechte.

19. Februar 1915. Erste Beschießung der Dardanellen durch die Engländer. Deutscher Seebefehlshaber an Land Admiral v. Usedom.

18. März. Großer deutsch-türkischer Sieg bei Verteidigung der Dardanellen unter Admiral Merten gegen 16 englische und französische Linienschiffe. 4 Linienschiffe gehen verloren.

13. Mai. Kapitänleutnant Firle versenkt mit einem türkischen Torpedoboot englisches Linienschiff „Goliath“.

Ende Mai. U 21 (Kapitänleutnant Hersing) versenkt zwei englische Linienschiffe.

Bei den Großkämpfen um die Halbinsel Galipoli zahlreiche türkische Schiffe mit deutschen Mannschaften beteiligt.

Nach dem Waffenstillstand mit Rußland stoßen „Goeben“ und „Breslau“ unter Admiral v. Rebeur aus den Dardanellen gegen die Engländer vor. „Breslau“ sinkt durch Minentreffer.

Das Marinekorps in Flandern unter Admiral Ludwig v. Schröder. Schon bei der Einnahme von Antwerpen waren Marinetruppen beteiligt. Die Marine hat dann während des ganzen Krieges den Seeflügel der großen Landstellungen im Westen gehalten und namentlich gegen dauernde englische Angriffe von See verteidigt.

Hierbei haben sich besonders ausgezeichnet die leichten Streitkräfte, Torpedoboote, U-Boote und Minensucher. Die Verluste, namentlich der U-Boote, in Flandern sind sehr große gewesen. Ein englischer Überfall auf Zeebrügge in der Nacht 22./23. April 1918 wird erfolgreich abgewiesen. Das Marinekorps Flandern hat bis Kriegsende tapfer durchgehalten.

Kiautschou wurde Ende August 1914 von japanischer Übermacht angegriffen und hielt sich in „Pflichterfüllung bis zum äußersten“, bis die letzte Munition verfeuert war. Verteidiger Admiral Meyer-Waldeck. Nach dreitägigem Sturm fällt Tsingtau in die Hände der Japaner am 7. November.

Erwähnenswert sind die Leistungen der Marineartillerie gelegentlich der Beschießung von Paris im März 1918 auf einer Entfernung von 128 km.

Anfang November 1918 trat der Zusammenbruch ein. Irregeleitete Mannschaften versagten im Dienst, untergruben das Vertrauen zu ihren Offizieren und heißten die rote Flagge, die nichts weiter wie Feigheit und Disziplinlosigkeit bedeutet. Die Revolution im Jahre 1918 ist von Anfang bis Ende undeutsch gewesen und stützte sich nur auf Lüge und Verhetzung gewissenloser Aufwiegler.

Die Folge dieses Zusammenbruches war, daß die Flotte den Feinden ausgeliefert werden mußte. Die deutschen Schiffe wurden unter den traurigsten Umständen nach Scapa Flow überführt. Am 31. Mai 1919 haben unsere Kriegsschiffe dort zur Erinnerung an Skagerrak noch einmal Toppflaggen gesetzt.

21. Juni versenkte Admiral von Reuter (Stabschef Oldekop) die Flotte. Die Schiffe gingen mit wehender Flagge unter. 1860 Mann kamen in englische Gefangenschaft. 1 Offizier und 8 Mann wurden von den Engländern niedergeschossen.

Ende November 1918 hat der Kaiser seine Abdankungsurkunde unterzeichnet. Im Januar 1919 wurde der größte Teil der Kommandobehörden aufgelöst. Die Admirale Ritter v. Mann-Tiechler und Rogge versuchten eine Räteregierung in der Marine zu verhindern und die Ordnung aufrechtzuerhalten.

Die Reichsmarine 1919—1935.

26. März 1919. Konteradmiral v. Trotha wird Chef der Admiralität. Die „Verfassunggebende Deutsche Nationalversammlung“ beschließt ein Gesetz über die Bildung einer „Vorläufigen Kriegsmarine“.

Nach dem Versailler Vertrag darf Deutschland nur 6 Panzerschiffe, 6 Kleine Kreuzer und 24 Torpedoboote in Dienst halten. Die Höchstgrenze des Personalbestandes beträgt 15000 Köpfe einschließlich 1500 Offiziere. Die Größe der Panzerschiffe, Kreuzer und Torpedoboote wird vom Feinde festgesetzt und sehr niedrig gehalten. In jener Zeit der Verwirrung zeichneten sich besonders die Marinebrigaden v. Löwenfeld und Ehrhardt aus. Die verbliebenen Offiziere haben mit größter Pflichttreue die Mannschaft wieder an Manneszucht und Pflichttreue gewöhnt.

Im März 1920 wirkte der Kapp-Putsch sich besonders ungünstig aus. Admiral v. Trotha wurde verabschiedet und durch Admiral Michaelis bis Herbst 1920 ersetzt. Diesem folgte Admiral Behncke, der vorher schon verabschiedet war. Dieser blieb bis 1924 an der Spitze der Marine. Ihm folgten bis 1928 Admiral Zenker und dann Admiral Raeder.

Die ersten großen Aufgaben nach der Revolution bestanden darin, daß die vielen Minen, die während des Krieges gelegt worden waren, auf Befehl unserer Feinde geräumt werden mußten. Im Frühjahr 1919 wurde mit über 300 Minenfahrzeugen begonnen, im Oktober 1922 waren die Minensucharbeiten beendet. Die Minensucher waren gezwungen, einzelne nordische Häfen anzulaufen, sonst bestand bis 1922 noch keine Möglichkeit einen fremden Hafen zu besuchen. Erst die Sommerreise in dem genannten Jahre führte einige deutsche Schiffe und Torpedoboote in norwegische, finnische und schwedische Häfen. Die Marine mußte erst einmal ihren guten Ruf wiedergewinnen und das Vertrauen des eigenen Volkes zu erreichen suchen.

Um eine engere Fühlung mit der Handelsmarine zu bekommen, wurden Marinedienststellen in Hamburg, Bremen, Lübeck, Stettin und Königsberg eingerichtet. In den harten Wintermonaten leisteten unsere Schiffe in den mittleren und westlichen Teilen der Ostsee vielfach Eishilfe. Ganz allmählich kam wieder Ordnung in alle Verbände und gleichzeitig wurden die meist alten Schiffe modernisiert und der Dienst nach neuen Gesichtspunkten geregelt. Der Aufbau begann.

Im Jahre 1924 wurde nach dem Kriege zum ersten Male die Linie Dover—Calais von verschiedenen deutschen Kriegsschiffen passiert. Der Kreuzer „Berlin" ging nach den Azoren und Kanarischen Inseln, und im Sommer machten drei Linienschiffe eine Spanienreise. Eine zweite Fahrt des Kreuzers „Berlin" wurde sogar bis Westindien ausgedehnt.

1925 lief der erste neue deutsche Kreuzer „Emden" in Wilhelmshaven von Stapel. — Mitte April trat das Vermessungsschiff „Meteor" unter Fregattenkapitän Spieß eine große wissenschaftliche

Reise nach dem Südatlantischen Ozean an. Die Rückkehr fand im Mai 1927 statt.

Bis zum Frühjahr 1925 gab es dem Namen nach keine Flotte, sondern die schwimmenden Streitkräfte unterstanden einem „Oberbefehlshaber der Seestreitkräfte" (OdS.). Jetzt wurde der alte Titel Flottenchef wieder angeordnet und Admiral Mommsen zum Flottenchef ernannt.

Der Schulkreuzer „Berlin", der im September 1925 eine Auslandsreise antrat, dehnte diese gegen das Vorjahr erheblich aus. Er fuhr durch den Panamakanal um Südamerika, durch die Magellanstraße unter Anlaufen brasilianischer Häfen zurück nach Kiel.

Im Jahre 1926 trat der Schulkreuzer „Hamburg" eine Reise von Ost nach West um die Erde an, von der er im März 1927 zurückkehrte. Die deutsche Flotte unter Admiral Mommsen ging bis ins Mittelmeer, und im November 1926 ging „Emden", der erste nach dem Weltkriege erbaute Kreuzer, zu einer Weltreise in See. Diese führte das Schiff südlich um Afrika, über Sansibar, Sumatra, Japan, Alaska, dann südwärts um Kap Hoorn, nordwärts bis Westindien aus, und nach der Heimat zurück.

1927 liefen die beiden Kreuzer „Königsberg" und „Karlsruhe" von Stapel. Außerdem kommen in diesem Jahre schon ein Teil der neuen Zerstörer der Wolf- und Seeadlerklasse als Kräftezuwachs hinzu. An Stelle von Admiral Mommsen wird Admiral Oldekop Flottenchef.

Der Ausbau der Flotte geht planmäßig weiter. Es kommen bis 1930 die Kreuzer „Cöln" und „Leipzig" hinzu. Die Schulkreuzer machen regelmäßig jedes Jahr ihre großen Fahrten.

Am 19. Mai 1931 lief das erste deutsche Panzerschiff, vom Feldmarschall v. Hindenburg auf den Namen „Deutschland" getauft, von Stapel. Beim Herbststellenwechsel wurde Admiral Gladisch Flottenchef. In seiner Flotte befinden sich bereits drei neue Kreuzer für den Aufklärungsdienst, während zwei neue Kreuzer im Schuldienst fahren.

Im Winter 1932/33 werden Marineattachéstellen bei unseren Botschaften im Auslande geschaffen, und zwar in England, Frankreich, Italien und den Vereinigten Staaten.

Am 26. Juli 1932 wurde die Marine von einem schweren Unglücksfall betroffen. Das Segelschulschiff „Niobe" kenterte bei einer plötzlichen Sturmbö im Fehmarnsund; 69 Mann, darunter die meisten aus dem jüngsten Jahrgang Seekadetten, fanden den Seemannstod. Das ganze Volk trauerte mit und raffte sich einmütig zusammen, sofort einen Ersatzbau zu schaffen. Dieser Ersatzbau war das Segelschulschiff „Gorch Fock“, das im Sommer 1933 in Dienst gestellt wurde.

Am 1. April 1933 lief das zweite Panzerschiff „Admiral Scheer“ von Stapel, und am gleichen Tage wurde das erste Panzerschiff „Deutschland“ unter Kapitän z. S. v. Fischel in Dienst gestellt.

Die großen politischen Ereignisse, die Reichskanzlerschaft des Führers Adolf Hitler und der Sieg des Nationalsozialismus wirkten sich auch in der Marine stark aus. Es wurde freudig empfunden, daß der Reichspräsident Feldmarschall v. Hindenburg der Marine die schwarzweißrote Flagge mit dem Eisernen Kreuz gab. Hiermit verschwanden die schwarzrotgoldenen Farben, die eine sehr traurige Rolle gespielt haben. Gleichzeitig wurde das Hoheitszeichen des nationalsozialistischen Staates eingeführt.

Im Juni 1934 lief als drittes Panzerschiff „Admiral Graf Spee“ von Stapel. Inzwischen war Admiral Foerster Flottenchef geworden.

Am 2. August 1934 starb der Reichspräsident Generalfeldmarschall v. Hindenburg. Mit dem Heimgange des alten Generalfeldmarschalls hat der Führer und Reichskanzler Adolf Hitler den Oberbefehl über die Reichsmarine übernommen. Die Reichsmarine wurde nunmehr auf den Führer vereidigt.

Mit dem Kreuzer „Nürnberg“ wurde der sechste der neuen Kreuzer fertig. Hiermit hätte ein Stillstand im Kreuzerbau eintreten müssen, wenn nicht zwei gewaltige politische Ereignisse die Zukunft der Wehrmacht und der Marine günstig gestaltet hätten.

Am Heldengedenktag, 16. März 1935, verkündete der Führer Adolf Hitler die **„Allgemeine Wehrpflicht“**. Im Juni fanden in London auf Anregung des Führers Verhandlungen statt mit dem Ergebnis, daß die deutsche Marine nicht mehr an die Fesseln des Versailler Vertrages gebunden war, sondern 35 v. H. der Stärke der englischen Marine haben solle. Dieser Erfolg läßt nun einen bedeutenden Weiterbau zu und führt über diese Verständigung in der

Seerüstung zwischen Deutschland und England dazu, daß diese beiden Staaten einem gleichen hohen Ziele, dem Frieden Europas, gemeinsam zustreben.

Der Titel Chef der Marineleitung wurde abgeändert in „Oberbefehlshaber der **Kriegsmarine**“. Die Stationschefs werden Kommandierende Admirale der Stationen.

Am 15. September, gelegentlich des Reichsparteitages der Freiheit, beschloß der nach Nürnberg einberufene Reichstag einstimmig die Annahme eines Gesetzes, welches für die Marine folgendes anordnet:

1. Die Reichsfarben sind Schwarz-Weiß-Rot.
2. Die Reichs- und Nationalflagge ist die Hakenkreuzflagge. Sie ist zugleich Handelsflagge.
3. Der Führer und Reichskanzler bestimmt die Form der Reichskriegsflagge und der Reichsdienstflagge.

Unsere Kriegsmarine hat im Walten der Geschichte ihre Notwendigkeit und ihre Lebenskraft bewiesen, möge sie zum Segen unseres Vaterlandes sich weiter kraftvoll entwickeln.

Die vorstehende Marine-Geschichtsfibel gibt über die Geschichte der deutschen Seefahrt, namentlich der militärischen Entwickelung und der kriegerischen Tätigkeit nur einen kurzen Überblick. Wer sich aber über Einzelheiten der Kurfürstlichen, der Preußischen und der Kaiserlichen Marine, *namentlich aber über alle Daten des Weltkrieges und des Aufbaues der Flotte in den Jahren bis zum Kriege, des Unterganges und Wiederaufbaues*, näher unterrichten will, wird auf das von dem gleichen Verfasser in unserem Verlage erschienene Buch „Unsere Kriegsmarine“ verwiesen.

Anhang.

Die Handelsmarine.

Träger des deutschen Seehandels im Mittelalter war die Hansa. Wenn auch der Zusammenhalt der Hansa sich immer mehr lockerte, so blieben doch diejenigen Seestädte, die der Hansa angehört hatten, immer im Seehandel führend.

Der Große Kurfürst hatte sich die größte Mühe gegeben, den Seehandel zu fördern. Trotzdem war es um den Seehandel nach dem Tode dieses Fürsten noch außerordentlich schlecht bestellt. Der ganze Ostseehandel (Korn, Hanf, Schiffbauholz) lag in den Händen der Holländer. Noch 1732 erklärten die Königsberger Handelsleute, „daß kein Bedürfnis zu eigener Reederei vorliege, da reichliches Angebot von fremder Schiffsgelegenheit vorhanden" sei. Der eigentliche Begründer des preußisch-deutschen Seehandels ist Friedrich der Große gewesen. 1742 mit der Erwerbung von Schlesien wurde die ganze Oder preußisch. Der König beabsichtigte den Seehandel durch Sperrung im Magdeburgischen nach Möglichkeit von der Elbe fortzulenken und auf die Oder zu ziehen. Die näheren Angaben über den Zuwachs an Seeschiffen unter dem großen König befinden sich auf Seite 22. Als am Ende der Regierung Friedrichs des Großen England gegen Frankreich und Spanien Krieg führte und die Kaperschiffe dieser Länder die Meere unsicher machten, trat Preußen einer „bewaffneten Seeneutralität" bei. Es ging hierbei Hand in Hand mit Rußland, das diese Seeneutralität gegen England angeregt hatte. Hierdurch wuchs der Schiffsverkehr der neutralen Nordmächte und vor allen Dingen Preußens. Die preußischen Werften Emden, Stettin, Königsberg und Pillau erhielten Schiffbauaufträge wie niemals zuvor. Die napoleonische Zeit brachte durch die Kontinentalsperre und die Blockade der Engländer einen vollkommenen Zusammenbruch des Seehandels. Aber nach den Freiheitskriegen entstanden in allen Seestädten kleine Reedereien. Es wurden Schiffe gebaut, jedoch fehlte ihnen die Einheitlichkeit der Flagge und der notwendige Schutz. Deutsche Seeschiffe fuhren unter Preußischer, Hamburger, Bremer, Mecklenburger, Oldenburger und Hannoverscher Flagge, und jeder Staat machte besondere Handelsverträge. Erschwerend waren die Zölle, der hannoversche Elbzoll, der oldenburgische Weserzoll und der dänische Sundzoll.

In Deutschland entwickelte sich die Großschiffahrt aus der „Linienfahrt", während sie in England aus der „Trampfahrt", d. h. der Gelegenheitsfahrt entstand. Die Anpassung an den Auswandererverkehr nach Amerika ist für Deutschland bestimmend gewesen. Etwa um die Jahrhundertwende umspannte das deutsche Liniennetz die ganze Erde. Das Wort „mein Feld ist die Welt" hatte für den deutschen Seehandel wörtliche Bedeutung. Infolgedessen wuchs die Handelsschiffstonnage von diesem Zeitpunkt an ganz außergewöhnlich. 1900 besaß Deutschland 2,5 Millionen Tonnen Handelsschiffsraum, 1904 war bereits eine weitere Million hinzugekommen, 1907 waren es über 4 Millionen, 1913, d. h. in 13 Jahren, hatte sich der Handelsschiffsraum verdoppelt und betrug 5 Millionen, und in dem nächsten Jahre, unmittelbar vor dem Kriege, hatte er 5,5 Millionen Tonnen erreicht. Daß auch hierauf die Engländer mit Sorge und Neid sahen, obwohl sie einschließlich aller Kolonien noch das Vierfache besaßen, ist zu verstehen.

Im Jahre 1826 eröffnete Bremen eine regelmäßige Paketschiffahrt*) mit Segelschiffen nach den Vereinigten Staaten. Zehn Jahre später folgte die Reederei Slomann in Hamburg dem Beispiel von Bremen. Um jene Zeit nahm der Auswandererstrom aus Deutschland nach Amerika beträchtlich zu, so daß ein allgemeines Aufblühen der Reedereien nach Amerika erfolgte. Im Jahre 1846 gründete Bremen in New York die „Ozean Steam Navigation Company" als erste direkte Dampferlinie zwischen Deutschland und Amerika, aber noch unter amerikanischer Flagge. Nunmehr forderte der Hamburger August Bolten auf, sich nicht durch Bremen ins Hintertreffen bringen zu lassen. Es erfolgte 1847 die Gründung der „Hamburg-Amerikanischen Paketfahrt-Aktiengesellschaft" (Hapag) zunächst nur mit drei Segelschiffen. Erstes Segelschiff „Deutschland" (1848 erste Reise mit 220 Passagieren). Unmittelbar vor dem Kriege besaß die Hapag 170 Ozeandampfer und 225 Hilfsfahrzeuge.

1850 gründete Slomann in Hamburg eine Linie Hamburg—New York mit Dampferbetrieb. Es war dies die erste Dampferlinie unter deutscher Flagge. In Bremen wurde durch H. H. Meier ebenfalls eine Dampfschiffahrtsgesellschaft gegründet, jetzt entschloß sich auch die Hapag zum Dampferbetrieb überzugehen. 1856 wurden die ersten beiden Schraubendampfer von je 2000 t in ihre Linie eingestellt. Ein Jahr später (1857) wurde durch H. H. Meier der Norddeutsche Lloyd gegründet, der mit 4 Dampfern von je 3000 t die Linienfahrt Bremen—New York unter bremischer Flagge aufnahm.

Die beiden großen Linien in Hamburg und Bremen traten nun in den Wettbewerb. Im Jahre 1861 einigten sie sich, indem sie umschichtig ihre Dampfer laufen ließen. In Bremen war man besonders rührig. Es wurden Linien nach Baltimore und nach New Orleans gegründet. Während des Krieges 1870 ging der Dampferdienst um Schottland herum.

1885 wurde der Vertrag mit dem Reich über Einrichtung von Postdampferlinien nach Ostasien und Australien abgeschlossen. — 1889 setzte sich der Bremer Lloyd mit dem Bau von Schnelldampfern an die erste Stelle von allen Schiffahrtslinien der Welt. Die Bremer Dampfer gewannen das „Blaue Band", d. h. die schnellste Fahrt über den Ozean. Nun setzte aber auch die Hapag scharf ein. Sie hatte bereits eine Linie nach West-Indien eingeführt und stand in scharfem Wettkampf mit anderen hamburgischen Reedereien, der im Jahre 1886 zu einer Einigung führte. Albert Ballin übernahm die Leitung der Hapag. Ein glänzender Aufstieg begann. Doppel-Schraubenschiffe wurden eingeführt und durch Einwirkung des damaligen Prinzen Wilhelm (später Kaiser Wilhelm II.) wurde der erste Bauauftrag an eine deutsche Werft, den Stettiner Vulkan, gegeben; bisher waren alle Schiffe der beiden Großreedereien in England gebaut worden. Der Lloyd ging nun auch zum Doppelschraubendampfer über. 1892 wurde ein

*) Der Ausdruck „Paketschiffahrt" kommt daher, daß die Briefpost in Paketen gebündelt war.

nordatlantischer Dampferlinienverband gegründet, dem die Hapag, der Lloyd und verschiedene ausländische Dampferlinien beitraten. Hierdurch wurde das Auswanderergeschäft und der Frachtverkehr einheitlich geregelt. Eine Übereinkunft mit dem Lloyd führte zur Teilnahme der Hapag an dem Ostasiendienst und sicherte damit der deutschen Flagge in Ostasien die erste und angesehenste Stelle. Die Betriebsgemeinschaft mit der Hamburg-Südamerikanischen Gesellschaft brachte 1900 die Ausdehnung des Liniennetzes nach Südamerika.

Die Hamburg-Südamerikanische Dampfschiffahrt-Gesellschaft stand vor dem Kriege an dritter Stelle, sie war 1871 gegründet und hatte 1900 den Schnelldampferverkehr eingeführt. Die Kriegsverluste waren so ungeheuer und die Nachkriegszeit so schwer, daß sie in bezug auf Tonnage von der Hansa-Reederei in Bremen überholt wurde; diese ist aber eine reine Fracht- (nicht Passagier-) Reederei.

Im folgenden seien die größten Reedereien aufgeführt:

	Vor dem Kriege	1919	Gegenwärtig
Hapag	1 260 000 t	war der	970 000 t
Lloyd	908 000 t	Bestand	771 000 t
Hansa	139 000 t	aller	300 000 t
Hamburg-Süd . . .	346 000 t	Reedereien	180 000 t
Neptun	56 000 t	fast	70 000 t
Ostafrika	111 000 t	Null	60 000 t
Woermann	112 000 t		60 000 t
Horn (Lübeck-Hambg.)	36 000 t		45 000 t Motorschiffe
Rickmers	63 000 t		37 000 t

Es folgen dann in der Reihenfolge nach der gegenwärtigen Tonnage: Sloman jr., Levante, Oldenburg-Portugiesische Linie, die erst nach dem Kriege gegründete Tankschiff-Gesellschaft Eßberg, die bereits 1824 gegründete und durch ihre Segelschiffe berühmte Reederei Laeisz, Ruß, Flensburger Dampfschiff-Comp., Argo und die alte noch aus der Zeit Friedrichs des Großen stammende Reederei Griebel in Stettin.

Es ist hier nochmals zu betonen, daß unmittelbar nach dem Kriege alle Reedereien fast auf Null (!) standen. Dies geht deutlich aus folgenden Zahlen hervor: Vor dem Kriege besaß Deutschland 5,5 Millionen t (2388 Schiffe), nach dem Kriege besaß Deutschland 0,3 Millionen t. Die Kriegsverluste durch Wegnahme unserer Schiffe in allen Häfen bei Kriegsbeginn und während der Kriegsdauer betrugen 2,75 Millionen t, auf Grund des Waffenstillstandes mußten 1,8 Millionen t, und nach dem Friedensvertrage noch 0,65 Millionen t abgeliefert werden. Dies ergibt zusammen 5,2 Millionen t. Es blieben uns von unserer stattlichen Handelsflotte nur 5,8 %, d. h. $^1/_{17}$. Wenn jetzt Deutschland mit 3,6 Millionen t sich einen ehrenvollen Platz in der Handelsschiffahrt wieder errungen hat — das Zwölffache von dem, was nach dem Kriege vorhanden war —, so ist das ein Zeichen, welcher Wagemut, welche Kraft und Fähigkeit in unserer Großreederei und der Handelsschiffahrt stecken. Aber nicht nur die trockenen Zahlen geben dies kund, sondern Schiffe wie „Europa" und „Bremen" zeigen aller Welt, daß auch im Schiffbau Deutschland führend geblieben ist. Navigare necesse est, vivere non.

Die für die Geschichte der Kriegsmarine wichtigsten Admirale.

Admiral Prinz Adalbert von Preußen. Schöpfer der preußischen Marine.
Vizeadmiral Schröder. Ältester Offizier bis 1861 in der preußischen Marine.
Vizeadmiral v. Jachmann. Gefecht bei Arkona. Ältester Offizier bis 1873.
Admiral Batsch. Bedeutendster Seeoffizier der 70er Jahre bis 1883.
Admiral v. Stosch. Chef der Admiralität, ursprünglich General. 1872—1883.
General v. Caprivi. Chef der Admiralität. 1883—1888.
Graf v. Monts. Chef der Admiralität, nur ein halbes Jahr, starb 1889.
Frhr. v. d. Goltz. Kommandierender Admiral 1889—1895.
v. Knorr. Kommandierender Admiral 1895—1899.

Älteste Admirale auf der Heimatflotte

(diese wechselte mehrfach die Bezeichnung in Manöverflotte, Übungsflotte, aktive Schlachtflotte, Hochseeflotte).

v. Knorr
v. Kall
Deinhard
Schröder (Wilhelm)
v. Koester
v. Thomsen
Hoffmann
v. Koester (zum 2. mal)
Prinz Heinrich
v. Holtzendorff
v. Ingenohl
v. Pohl
Scheer
v. Hipper

Staatssekretäre:

Heusner
v. Hollmann
v. Tirpitz
Capelle
Ritter v. Mann-Tiechler

Kabinettschefs:

Frhr. v. Senden-Bibran 1888—1906
v. Müller 1906—1918

Stabschefs beim Oberkommando:

Karcher
v. Tirpitz
Barandon
v. Bendemann

Chefs des Admiralstabes:

v. Bendemann
v. Diederichs
Büchsel
Graf Baudissin
v. Fischel
v. Heeringen
v. Pohl
Bachmann
v. Holtzendorff
Scheer (Seekriegsleitung)

Artillerie-Inspekteure:

v. Thomsen
Geißler
Galster (Karl), 1904 Teilung in Schiffs- und Küsten-Artillerie

Schiffsartillerie.

v. Schröder (Ludwig)
v. Pohl
Jacobsen
Schmidt (Ehrhard)

Torpedo-Inspekteure bis 1914.

v. Tirpitz
Barandon
v. Bendemann
v. Arnim
v. Bodenhausen
Fritze, später Geschwaderchef
Zeye
v. Lans
Koch

Chefs des Kreuzergeschwaders:

v. Knorr
Paschen
Deinhard
Valois
v. Pawelsz
Hoffmann, Kreuzerdivision
v. Tirpitz, Kreuzerdivision
v. Diederichs
Prinz Heinrich
v. Bendemann
Geißler
v. Prittwitz
Breusing
v. Coerper
v. Ingenohl
Gühler
v. Krosigk
Graf Spee,
† im Kriege geblieben

Stationschefs 1888–1914:

Ostsee

v. Blanc
v. Knorr
v. Thomsen
v. Koester
Prinz Heinrich
v. Prittwitz
v. Schröder (Ludwig)
v. Coerper
Bachmann

Nordsee

Graf Monts
Paschen
Deinhard
Schröder (Wilhelm)
Valois
Karcher
v. Thomsen
v. Bendemann
v. Fischel
Graf Baudissin
v. Heeringen
v. Krosigk

Offiziere in besonderen Stellungen:

Stabschefs der Flotte

Breusing
Poschmann
v. Lans
Schütz
Scheer
Ritter v. Mann
Eckermann
v. Trotha

BdA.:

Borckenhagen
Schmidt (Gustav)
v. Pohl
v. Heeringen
Bachmann
v. Hipper

Offiziere in besonderen Kriegsstellungen:

Flottenchefs

v. Ingenohl
v. Pohl
Scheer
v. Hipper

Admiralstab

v. Pohl
Bachmann
v. Holtzendorff
Scheer (Seekriegsleitung)

Prinz Heinrich v. Preußen, Oberbef. d. Ostseestreitkräfte
Ludwig v. Schröder, Kommandierender Adm. in Flandern
Souchon, Chef der Mittelmeerdiv. Türkei
v. Usedom, Befehlshab. Sonderkomdo. Türkei
Merten, Verteidiger der Dardanellen
Meyer-Waldeck, Gouverneur von Kiautschou
Maaß, Bef. d. Torpedobt. -- gefallen
Strasser, Befehlshab. d. Luftschiffe — gefallen
Bauer, Befehlshab. d. U-Boote
Michelsen, Befehlshab. d. U-Boote

Nach dem Kriege.

Chefs der Marineleitung:

v. Trotha
Michaelis
Behncke
Zenker
Raeder, jetzt Oberbefehlshaber der Kriegsmarine

Flottenchefs:

Mommsen
Oldekop
Gladisch
Foerster